岩溶区井巷开拓涌水量预测实用方法

徐世光　李晨晨　徐梓矿　等著

地质出版社
·北　京·

内容提要

岩溶区井巷开拓突涌水问题是影响矿山生产安全及隧道掘进安全的重要因素。本书基于岩溶区井巷开拓实例，阐述了利用综合野外调查、地球物理勘探和钻探取样等资料系统分析岩溶发育规律的方法，提出了以岩溶洼地形态统计确定岩体渗透张量的方法，对比验证了大型抽水试验流场、裂隙调查计算渗透张量等结果，可为类似岩溶含水层渗透张量的确定提供新的方法。

本书针对岩溶区井巷开拓工程常见的岩溶层开拓充水型和底板直接充水型两种井巷开拓涌水类型，基于岩溶分层与渗透张量，推导出水池模型法、井巷出水法和改良大井法具体的涌水量预测方程，并与某些矿山涌水量动态监测数据相拟合，佐证了所述涌水量预测方法的合理性。

本书可供水文地质、矿山开发设计、矿产勘查等相关专业技术人员借鉴和参考，也可供高等学校相关专业的师生阅读和参考。

图书在版编目（CIP）数据

岩溶区井巷开拓涌水量预测实用方法 / 徐世光等著．
北京：地质出版社，2025.5. -- ISBN 978-7-116-14632-7

Ⅰ. TD742

中国国家版本馆 CIP 数据核字第 202595K7H1 号

YANRONGQU JINGXIANG KAITUO YONGSHUILIANG YUCE SHIYONG FANGFA

责任编辑：王朝嘉
责任校对：关风云
出版发行：地质出版社
社址邮编：北京市海淀区学院路 31 号，100083
电　　话：(010) 66554528（邮购部）；(010) 66554471（编辑室）
网　　址：https://www.gph.clmpg.com
印　　刷：北京地大彩印有限公司
开　　本：787mm×1092mm 1/16
印　　张：11.75
字　　数：280 千字
版　　次：2025 年 5 月北京第 1 版
印　　次：2025 年 5 月北京第 1 次印刷
定　　价：78.00 元
书　　号：ISBN 978-7-116-14632-7

前　言

地下涌水问题一直是困扰井巷开拓工程建设和日常安全运营的难题，尤其是岩溶区的地下涌水问题表现得更为复杂，危害更大。在岩溶区矿井、隧道施工中，岩溶水突涌随时可能发生，极易造成设备冲毁、坑道淹没、人员伤亡等种种灾害事件。例如，2006年宜万铁路马鹿箐隧道突发大规模涌水，涌水量高达$30m^3/s$，瞬间淹没了隧道内的施工区域；又如，2022年河北唐山迁西桃树峪铁矿有限公司在基础建设施工过程中发生透水事故，直接经济损失约3508万元。由此可见，根据水文地质条件评判矿井、隧道工程区地下水突涌现象发生的可能性及控制因素，较为准确地预测涌水量，成为减缓或消除涌水灾害的重要前提。

岩溶又称喀斯特，是水对可溶性岩石（例如石灰岩、白云岩等）进行以化学溶蚀为主，包括流水冲蚀、潜蚀和崩塌等机械作用的综合地质作用过程，以及由此产生的地表和地下各种独特地貌形态的统称。中国岩溶区面积多达$130\times10^4km^2$，分布范围北起黑龙江、南至海南岛、东始黄海之滨、西抵青海察尔汗盐湖，其中云南、贵州、四川、重庆、广西、湖北、湖南等省（自治区、直辖市）部分地区岩溶最为发育。这些地区恰是西部大开发中公路和铁路隧道穿越的主要区域，同时也是各类矿床形成的有利场所。岩溶发育能造就壮观的峰林、天坑、石林、地下溶洞、地下河等景观，但同时岩溶区地下水突涌问题也给采矿活动和隧道建设带来了巨大的安全隐患。

岩溶涌水是岩溶含水介质系统、水动力系统及围岩力学平衡状态因地下工程开挖而发生急剧变化，存贮在地下水体的能量瞬间释放，并以流体的形式高速地向井巷空间内运移的一种动力破坏现象。在岩溶区交通隧道开挖与矿山井巷开拓工程中，由于可溶岩层中发育和赋存不同类型的导水构造和岩溶水体，施工过程中不可避免地扰动或揭穿隔水结构，诱发突泥涌水等地质灾害，进而造成严重的工程损失和人员伤亡。随着隧道修建工程与矿山井巷开拓工程朝着长、大、深的方向发展，在岩溶地区进行隧道建设和矿山开采面临诸多挑战，而岩溶形态极为复杂，地下溶洞、地下河分布不均，致使岩溶涌水途径和涌水量难以预测，因而积极探索、建立较为准确的岩溶井巷涌水量预测方法意义重大，是解决岩溶区隧道建设与矿山开采瓶颈问题的先决条件。

多年来，云南地矿工程勘察集团有限公司承担并完成了多个矿山及隧道工程水文地质专项工作。本书选取贵州贞丰H金矿矿区、云南保山X铅锌矿矿区、云南个旧G矿田及云南会泽C铅锌矿矿区的井巷开拓工程实例，系统总结了岩溶发育规律的分析方法，研究了岩溶洼地形态统计确定岩体渗透张量的可行性，并针对井巷开拓工程中常见的岩溶层开拓充水型和底板直接充水型两种井巷开拓涌水类型，基于岩溶分层与渗透张量，借鉴并推导出水池模型法、井巷出水法和改良大井法具体的涌水量预测方程，并与上述矿山涌水量动态监测数据相拟合，研究所述涌水量预测方法的合理性。

本书前部分详细阐述了岩溶发育规律与渗透张量确定方法，为后部分所推导的井巷涌水量预测方法和公式提供推导依据。其中，第1章绪论由李晨晨、徐世光、徐梓矿、蔡定雍、秦家翔、王龙宇、宗吉松、颜阳天执笔；第2章岩溶发育规律由徐世光、李晨晨、陈载林、唐琼、张鑫、秦家翔、蔡定雍、宗吉松、颜阳天执笔；第3章渗透张量确定方法由徐世光、李晨晨、王龙宇执笔；第4章集中参数法由李晨晨、徐世光、徐梓矿、冯小波执笔；第5章井巷出水法由李晨晨、徐世光、徐梓矿、冯小波、陈刚执笔；第6章改良大井法由徐梓矿、徐世光执笔；第7章成果与展望由徐世光、李晨晨、秦家翔执笔。全书由徐世光、李晨晨统稿，张佳伟、李娴、娄经敏校对，图件清绘由李晨晨、张佳伟、娄经敏、李娴、鲁志豪、罗应鑫、郑超、容乾洲、任博文完成。

本书基础数据和出版资金来自云南地矿工程勘察集团有限公司，同时还受昆明学院引进人才项目“地下线性工程突水机理及涌水量预测研究”（XJ20220015）支持。在本书的撰写过程中，昆明理工大学多名博士研究生、硕士研究生参与成果整理，在此表示衷心的感谢。

本书是开展岩溶区井巷开拓工程涌水量预测研究的阶段性成果，有些认识还需要进一步论证、提高，出版的目的是为后续研究提供一定的基础资料。书中难免有纰漏和不足，敬请读者批评指正。

作者

2024年11月

目录

1 绪 论

1.1 研究意义及研究方法

工程建设领域中，交通隧道开挖和矿山井巷开拓这两项重要的工程作业，都不可避免地面临着地下水突涌问题，极可能导致工程施工进度受阻、工程成本增加，甚至会对施工人员的生命安全造成严重威胁。

在经济建设快速发展的进程中，隧道工程因其具有缩短路线长度、减少开挖工程量、降低后期运营成本、维持生态平衡等优点而在道路交通、水利工程等领域得到了广泛应用（蒙彦等，2003；刘招伟，2004；王纯祥等，2008）。大量的隧道工程正在筹备或建设中，未来隧道的发展将以长、深、大为主要特点（钱七虎，2012；郑顺华等，2023）。特长、超深山岭隧道的建设和运营维护常面临高地温、高水压、高地应力、特殊不良地层及工程活动诱发的各种灾害问题（Zhu et al.，2019），特别是岩溶区的隧道工程在修建过程中，因岩溶地质环境较为复杂，加之施工技术的限制，突水、突泥等现象频发，以隧道突涌水问题最为常见。突涌水灾害具有发生概率高、发生速度快、预报难度大等特点，尤其在丰水期，若隧道处于地下水季节变动带内，涌水量将有可能急剧增加，对施工安全的威胁巨大，造成损失严重，且善后工作困难大（杜学才等，2022）。我国西南岩溶区许多长大隧道在修建的过程中均不同程度地遭受岩溶水突涌的危害，约 38.6％的隧道在施工过程中曾发生过较大规模岩溶突涌水灾害（刘招伟，2004）。渝怀铁路圆梁山隧道、武隆隧道、歌乐山隧道，成昆铁路沙马拉达隧道，宜万铁路马鹿箐隧道、野三关隧道等在建设过程中均发生过重大突水、突泥灾害，尤其是宜万铁路的多条隧道在建设过程中曾多次发生突水、突泥灾害，被视为“世界上最难修的山区铁路”，例如宜万铁路的马鹿箐隧道在建设过程中曾先后 19 次发生严重突水、突泥灾害，瞬间突水量创世界铁路建设之最，导致 15 人死亡（李术才等，2014）。大规模的突水、突泥可能会淹没坑道、冲毁机具，甚至造成重大的人员伤亡，同时造成施工被迫中断，影响施工进度。若施工措施不当，进行了大规模的疏干排水，在隧道建成以后，可能会诱发地下水资源枯竭、地面沉降、塌陷，进一步导致水质污染等环境地质问题，使地表生态环境恶化。

隧道涌水量预测影响隧道工程的安全性、施工效率及运营成本等。隧道涌水量预测有助于优化隧道防水设计，准确确定防水层的厚度、防水材料和施工方法，可为运营期环境治理提供可靠判据，从而提高防水效果，降低维护成本。在隧道施工过程中，通过对涌水量的准确预测，施工单位可以提前制定针对性的施工布置方案及突涌水防治方案，有效控制突泥、涌水风险。同时，有助于施工单位合理安排施工进度和人员配置，减少因突泥、涌水问题导致的工程停工和施工进度延误，以及因排水设备购置和维护等增加的额外费用，降低施工成本，提高隧道工程的整体效益。在隧道建设和运营维护过程中，通过准确预测隧道涌水量，可以更好地了解隧道工程对周边环境水资源的影响，从而制定更加合理的水资源利用方案，实现隧道工程建设的可持续发展及其与自然环境的和谐共生。

对于埋藏型矿产资源开采，许多矿床的工业储量都位于地下水位之下，一些原本被认为不适宜开采的大水矿床也纳入了开采范围。深部地下工程的开展势必打破矿山原有的平衡状态，使其水文地质、工程地质条件发生改变，巷道顶板和底板失稳、突涌水、岩爆等一系列的水文地质、工程地质问题随之而来。不少矿山开采工程前期对浅部水文地质条件的分析已不足以支撑深部开采的需求，影响了井巷开拓与回采，使矿山开采面临更加严重的地下水害问题，甚至造成惨重的人员伤亡和淹井事故（陈酩知等，2009）。我国碳酸盐岩分布广泛，据不完全统计，出露地表的碳酸盐岩面积多达 $130\times10^4\mathrm{km}^2$，约占全国陆地总面积的 13%（丛山，2008），其主要分布于西南地区，包括贵州、广西及云南东部地区等。以碳酸盐岩为直接顶板、底板的非金属矿床和金属矿床资源丰富，然而，许多矿床都因不同程度地受到岩溶含水层系统的威胁而不能开采或被延缓开采。例如，华北地区的早三叠世煤层，邯邢地区的矽卡岩型金属矿床，山东中部地区的铁矿床，以及山东莱芜顾家台铁矿、青州店子铁矿和文登铁矿等，都有因排水费用过高或涌水量过大而使采矿成本大幅度增加的问题（李保珠，2012）。河北峰峰煤矿是华北平原典型的煤矿之一，在采掘历史上曾多次发生突水事故，据了解，1966—2019 年，峰峰矿区发生突水事故 72 次，其中 60 次由太原组薄层石灰岩和奥陶系石灰岩含水层突涌所致；矿区最大突水事故因奥陶系石灰岩含水层突水（突水量达 $34000\mathrm{m}^3/\mathrm{h}$），造成巨大的经济损失和 17 人伤亡（杨新安等，1999；刘博等，2021）。我国南方岩溶区许多金属矿山水文地质条件复杂，福建马坑铁矿是一个水文地质条件复杂的岩溶充水矿床，2008 年发生 8 次突水淹井事故，造成多次停工停产，经济损失巨大（陈彦美等，2012）。

由此可见，不论是岩溶区的隧道工程建设，还是地下矿山的开采，突涌水问题都是影响地下工程安全的重要因素。由于水文地质参数难以准确确定，涌水量预测是地下工程防治水工作中最重要、最困难的问题（管恩太等，2005）。国内外学者在生产和研究过程中积累并改进了多种矿井涌水量的计算方法，但其适用范围与精度都尚待提高。纵观前人在相关领域的工作成果，在理论研究和工程实践方面均取得了一定的认识和成果，但由于各个地区的地质背景和工况条件千差万别，地下水动态机理复杂，涌水量预测方法和结果均存在一定的不足之处。目前，在因人类工程活动导致的水文地质条件快速变化的情况下，岩溶地下水系统的研究和地下工程的涌水量预报仍处于探索阶段。

在隧道工程方面，隧道涌水量预测通常假定水流遵循达西定律（又称线性渗透定律），然而，高流速、高水压、高水头等条件使岩溶裂隙含水层水流流动显著偏离达西定律，往往呈现出非达西定律流动特征，导致预测结果偏离工程实际（刘洪斌，2023）。隧道涌水量预测需要大量的地质、水文和地下水监测数据作为基础，但是在涌水量预测的过程中可能存在数据数量不足或质量不高、模型假设条件简化、地质条件变异性和水文地质参数确定困难等问题。若地下水位和渗流量的监测点分布不均匀，数据采集频率低或者数据存在误差等，将会影响涌水量预测的准确性。在进行涌水量预测时，研究者通常会建立数学模型来描述地下水系统的运动规律，但模型中可能存在一些简化的假设（例如忽略了地下裂隙和岩石渗透性的空间变化、水力耦合效应等因素），而与实际情况存在一定的误差。再者，隧道所穿越地段的地质条件在垂直方向和水平方向上往往存在较大的变异性，岩石的渗透性、裂隙系统的发育情况、地下水位的变化等都可能在不同的位置存在较大差异，而现有的隧道涌水量预测方法往往难以充分考虑这种空间变异性，导致预测结果可能不够准确。另外，由于试验条件的限制或现场情况的复杂性，水文地质参数的确定可能存在困难，隧道涌水量预测的不确定性增加。为了提高隧道涌水量预测的准确性，需要加强数据采集与监测工作，改进预测模型，深入研究地质条件的空间变异性，并开展更多精确的水文地质参数确定方法的研究。

在采矿工程方面，据统计，将勘探阶段预测的矿井涌水量与开采后实际矿井涌水量相比，误差小于30%的仅占10%，80%的矿区矿井涌水量预测误差超过50%，有的甚至误差达到数十倍。近年来，涌水量预测方法和矿山防治水技术均取得了较大的进步，但是各种涌水量预测方法又在一定程度上存在局限性，受到涌水量长期观测资料、抽水试验条件、地域性差异等因素的制约。随着开采条件的复杂化，特别是开采深度不断加大，矿井涌水量预测面临着更大的挑战，矿井涌水量的不准确预测将可能严重影响矿山开采方案的制定。因此，在传统水文地质学的基础上，进一步运用新的理论和技术方法，系统深入地研究矿区的水文地质条件，并针对矿床充水条件，准确地预测矿井涌水量，对于矿山安全生产、降低开采成本等极为重要。

岩溶的不均匀发育导致岩溶区水文地质条件复杂，岩溶含水介质的各向异性较为突出，地下水流态往往难以准确刻画。传统的涌水量预测方法是基于渗流理论及井流理论对地下工程涌水量进行预测，较少考虑岩溶不均匀发育及各向异性等问题。鉴于岩溶发育的期次性、不均匀性等因素，本书针对岩溶区不同充水条件下的地下工程，总结了岩溶发育规律和表征岩体各向异性特征的渗透张量的确定方法；基于岩溶发育特征、岩体的渗透张量特征，以水均衡理论和能量守恒为指导思想，提出了具有普适性的集中参数模型、井巷出水模型、改良大井法等解析模型预测井巷涌水量，并开展了实例验证，以期对工程生产实践产生一定的指导作用，方法探索具有显著的理论和实践意义。

1.2 国内外研究现状

井巷开拓涌水量预测以渗流理论为基础，经过不断地探索与创新，渗透张量理论及以渗透张量理论为指导思想的双层水位流理论逐步被应用到岩溶充水工程的涌水量预测中。

1.2.1 渗流理论研究

1852—1856 年，法国水力学家亨利·达西通过渗透实验，得出了水在岩土孔隙中的渗流规律，也就是著名的达西定律。从此，人们对渗流有了定量的认识，也标志着水文地质学进入了定量研究阶段，为进行渗流研究提供了理论基础，随后达西定律被广泛地应用在各领域中。经过 100 多年的发展，渗流理论已经取得很大的进步，成为流体力学一个重要的分支。19 世纪 60 年代，裘布依基于达西定律，假设含水层中地下水渗流速度在垂向上的分量忽略不计，通过研究地下水的单向稳定运动及平面径向运动，提出了稳定井流公式，也就是国内俗称的裘布依公式。1904 年，法国人布森内斯克推导出了潜水不稳定运动的微分方程。随着地下水开采规模的扩大，美国某些地区地下水位明显下降，人们开始意识到开采地下水将会在一定范围内影响含水层；1935 年，美国人泰斯提出了表示地下水向承压水完整井流动的非稳定流计算公式，即泰斯公式。1937 年，马斯卡特运用数学物理方法较为全面地总结了均质流体在多孔介质中的渗流规律，出版了专著《多孔介质中均质流体的流动》。1972 年，以色列学者贝尔出版了专著《多孔介质流体动力学》，对渗流理论做了进一步的研究，标志着渗流理论步入了一个崭新的阶段（Bear et al.，1983）。进入 21 世纪以来，随着基础学科、计算机技术等相关学科的发展，渗流力学已经进入了新的阶段（吴吉春等，2009；黄琨等，2012）。

渗流力学的发展基本可以分为两个阶段。第一阶段为达西渗流力学阶段，是以法国工程师达西通过大量试验，总结出著名的线性渗透定律作为开端，该定律成为之后进行渗流力学研究及其工程应用的理论基础，也是诠释渗流现象的理论。1857 年，法国学者裘布依研究非均匀渐变渗流的运动规律时，提出了适用于渐变渗流的裘布依公式。1889 年，俄国学者儒可夫斯基根据数学原理，利用拉普拉斯方程描述渗流运动，进而提出了渗流微分方程。直到今天，达西定律仍然作为渗流力学的基本定律。第二阶段为非达西渗流力学阶段。对于非达西渗流，国内外学者进行了大量的研究（吴金随，2015；冯文光，1986；王卓甫，1989），许多学者通过试验发现达西定律只适用于牛顿流体的层流运动，对于紊流、非牛顿流体等情况是不适用的。曾有人对达西定律适用范围的渗流速度进行研究，发现当渗流速度增大到某一个值时，会发生偏离达西定律的现象，渗流速度与压力梯度之间的关系不满足达西定律；当渗流速度很低的时候，同样也会出现偏离达西定律的现象。1924 年，布兹列夫斯基在做试验的时发现，只有当外加压力梯度超过某一起始压力梯度时流体才会开始流动。1940 年，萨柯夫在研究渗流问题时，通过试验发现，渗流速度与压力梯度的变化不成线性关系，提出了非达西渗流问题。1945 年，特列宾首次提出石油渗流的非达西渗流问题。还有不少学者通过对单相流体渗流研究，也发现达西定律的渗流运动存在一定范围（秦峰等，2009；辛莹娟，2010；闫庆来等，1990）。随着研究的深入，紊流被纳入非达西渗流，在渗流运动微分方程中出现了惰性力项；渗透力学研究者又提出了启动压力和滑脱效应等问题，进而提出了非达西低速渗流规律（Rowan et al.，1964）。

随着渗流力学理论的发展，非达西渗流理论研究也取得了许多成果。自萨柯夫、特列宾等学者在渗流研究中发现偏离达西渗流的现象起，国内外许多学者渐渐加入非达西渗流问题研究的行列中，研究成果也越来越丰富。1968 年，艾尔梅研究非达西渗流问题时，提出了最小启动梯度（或称初始梯度），即实际水力梯度小于最小启动梯度时，流体不会流动，同时给出了达西定律的修正公式，成为目前拟启动压力梯度模型的最初模型。此外，20 世纪 50—60 年代米勒、吐恩、斯沃茨德鲁贝雷克、雅库姆、雷米等学者也对水在土壤中的非达西渗流问题进行了研究（Zhang et al.，2014；朱长军等，2004；Miller et al.，1963）。1973 年，纽曼提出同时考虑饱和与非饱和两种状态的渗流研究，不足之处在于渗流场的控制方程在正压区为椭圆，在负压区为抛物线，不同类型的方程转换较为烦琐。1979 年，阿凯在渗流研究中，考虑渗流的饱和区和非饱和区，利用有限单元法求解，提出了饱和-非饱和渗流问题的有限单元分析法。20 世纪 90 年代，郭尚平、吴望一等学者提出了多重介质渗流模型（郭尚平等，1996）。对于低渗介质中的渗流，20 世纪 80 年代国外学者进行了大量的研究并总结出了许多的结论（Stormont et al.，1992）。

随着计算机技术和基础学科的发展，例如高性能计算机的出现，核磁共振及其他先进试验方法逐渐应用于渗流研究，推动了渗流力学的进一步发展。近年来，随着非线性理论及渗流力学的发展，将混沌理论及分形理论用于渗流研究，建立了许多渗流理论。美国学者克拉夫与伍德沃德在 20 世纪 60 年代将有限单元法理论首次应用于土坝渗流分析。随着有限单元法在岩土工程界的广泛应用，其还可用来求解非稳定渗流问题、土坝饱和-非饱和渗流数值方程等（Chapuis，1996）。瑞典学者 Jing 在 20 世纪 90 年代，提出了岩体地下水渗流场、应力场、温度场耦合作用的渗流研究模型（Chapuis et al.，2001）。邓祥辉等在 2006 年利用水头实测资料，以渗透系数为待反演的参数，在采用基本遗传算法进行参数反演研究的基础上，针对简单遗传算法难以确定交叉率和变异率的最佳值及计算量较大、易早熟等缺点，提出以自适应遗传算法来解决工程中的这类反演问题。

1.2.2 渗透张量理论研究

地下水因含水介质的不同，分为孔隙水、裂隙水、岩溶水三大类。在松散含水系统中，孔隙较均匀连续分布。在岩层中，由于裂隙的不均匀发育，裂隙水表现出显著的各向异性，使流体在裂隙介质中的渗流较流体在孔隙介质中的渗流要复杂。对裂隙介质和裂隙水运动的系统研究，国外也仅开始于 20 世纪 40 年代。20 世纪 60 年代中期，美国学者雪德等为评价裂隙岩体渗透性，引入了裂隙岩体渗透张量的概念，并对裂隙水力学进行了开创性的理论和实验研究，发现由光滑的平板构成的裂隙的流量与裂隙宽度的三次方成正比，也称为立方定律（Snow，1969）。由于裂隙岩层是世界上许多油田的主要油、气储集层，因而该项研究率先在石油地质领域发展起来，并在矿山、水库、隧洞等工程的地质评价中得到进一步发展和补充。针对裂隙介质和裂隙水运动的系统研究，从宏观视角出发，在多孔介质渗流理论的基础上，粗略地将裂隙介质划分为等效连续多孔介质、双重介质。当需要求解大范围的水量问题时，多采用等效连续多孔介质的方法，即采用一个虚拟的连续多孔介质场来替代复杂的不连续裂隙介质场。当裂隙介质中存在两种导水能力差距较大的孔隙时，可采用等效双重介质的方法，即将大小不同的孔隙分别等效成两种不同的多孔介质进行研究。但是，宏观地将裂隙介质等效为多孔介质和双重介质并未涉及裂隙介质的内部结构，而非连续介质法可弥补这一不足。非连续介质法能够详细刻画裂隙介质内部结构，计算出裂隙网络内部任一点的流速、流量等，适用于小范围求解孔隙水压力、流速等问题，但对资料搜集的要求过高，计算较为复杂。

我国在渗透张量领域的研究始于 20 世纪 70 年代，田开铭在交叉裂隙模型的模拟实验中发现了裂隙交叉对水流的影响，提出了裂隙水偏流理论。田开铭等（1989）在进行大量的野外裂隙统计工作及室内和室外试验研究中，发现了北方奥陶系巨厚层石灰岩各向异性裂隙介质渗透性随埋深的变化规律，以及大裂隙系统与微裂隙系统在同一地质剖面上渗透张量随埋深变化的相似原理，在建立基岩含水层渗透张量场的研究上取得了重大突破。

三维空间岩体裂隙渗透张量的计算方法主要有试验法和数值模拟法。在试验法方面，周志芳等（2015）利用单孔振荡式微水试验确定裂隙岩体各向异性渗透张量，Zheng et al.（2020）通过单井抽水试验确定裂隙岩体的渗透张量，但在实验成本较高、工期较长且工程条件较为复杂的情况下难以展开。数值模拟法可以弥补试验法的缺点，重复性强且成本消耗低，数值模型中的离散裂隙网络模型能够具体模拟裂隙网络体系中的每个裂隙，模拟裂隙岩体渗流时精度较高，被国内外学者广泛应用（夏露等，2015；Pham et al.，2020）。二维离散裂隙网络模型结构简单，在裂隙渗透张量研究领域发展较快，黄庭威（2021）研究裂隙的密度、迹长和粗糙度对裂隙岩体表征单元体（Representative Elementary Volume，REV）和渗透性的影响；李崴等（2019）对比了辐射流与平行流条件下，裂隙岩体产状对表征单元体尺寸和渗透系数的影响。三维离散裂隙网络模型能够相对精确地模拟裂隙岩体渗流情况，张礼等（2021）通过建立采动裂隙环形体三维模型与辨别其边界的方法来计算裂隙场渗透率；蒋中明等（2020）建立裂隙单元模型，分析模型单元尺度对渗流计算准确性的影响；牛玉龙等（2020）通过改进立方定律的线素法，获得了非达西系数张量和非达西渗流表征单元体；陈玉婷等（2023）通过管网模型分析岩体的三维稳定渗流。部分学者则是通过优化裂隙岩体水力路径的方法，有效减少管单元模型渗透张量计算的工作量，王鑫永等（2020）根据现场裂隙参数生成离散裂隙网络模型，以圆管作为单元体确定了表征单元体尺寸，并通过迪杰斯特拉算法识别最优路径计算渗透张量；王俊奇等（2022）通过遗传算法进行管单元模型反分析，确定了渗透张量，但遗传算法缺乏明确的导向性，搜索效率低且影响求解精度。针对遗传算法存在搜索精度不高和易陷入局部最优解的缺陷，模拟退火算法（岳潇，2022）则可以概率性地跳出局部最优解，达到在解空间中随机寻找最优解的目的；赵文举等（2009）提出的模拟退火遗传算法可以发挥模拟退火算法和遗传算法的优势。象群优化算法具有搜索速度快且兼顾全局搜索和局部搜索的特点。王俊奇等（2023）通过比较遗传算法和象群优化算法的计算时间和计算精度，提出了象群优化算法与模拟退火算法相结合的反演方法来优化离散裂隙网络模型，进而确定渗透张量。Baghbanan et al.（2007）基于 UDEC 计算软件，结合离散裂隙网络模型，研究了裂隙开度及迹长对渗透张量的影响，并对渗透各向异性进行了分析，表明离散裂隙网络模型可以用于研究复杂裂隙的渗流特性。杨天鸿等（2009）借助 3GSM 三维岩体不接触测量技术，建立了三维岩体结构面空间分布模型，并进一步得到研究区域的裂隙网络切面，分析了范各庄煤矿渗透张量参数。王培涛等（2013）应用离散裂隙网络模型，基于 VC++6.0 软件，建立了平面渗流分析方法，分析了节理岩体不同几何分布情况下的渗透率张量特征。

在各向异性裂隙介质数值模拟方面，张奇华等（2012）对比分析了两个方法：整体求解法和流量交换法，提出针对任意闭合回路在不增加节点的前提下的简洁三角形划分法。叶祖洋（2013）针对岩体裂隙网络区域的偏微分方程，提出了不等式解法，并将此方法应用到了边坡非稳定渗流问题中。针对三维模型，Long（1982）对岩体裂隙渗流问题采用圆盘裂隙网络模型进行分析，其在空间形态上与岩体实际形态较为相似。Dershowitz（1987）提出了应用多边形裂隙网络模型划分岩体来研究裂隙渗流中的问题。Cacas et al.（1990）为了提高计算效率，提出了圆形管道模型。张丽等（2009）利用动态松弛技术对裂隙岩体稳定和非稳定渗流数值模型进行优化，使求解节点水头值更加方便、准确。张奇华等（2010）把空间块体搜索（三维块体切割）技术作为研究渗流通道的手段，提高了渗流通道的搜索效率。刘洋等（2011）为了避免孤立裂隙带来的不利影响，基于简化的纳维-斯托克斯方程，提出一种计算效率较高的数值模型。刘晓丽等（2008）注重研究岩体裂隙的几何流态对于岩体裂隙渗流的影响程度。

1.2.3　双层水位流理论研究

20 世纪 80—90 年代，我国学者对双层水位流开展了研究。1985 年，田开铭首次提出了双层水位的概念，认为岩层渗透性随埋深的变化规律不仅仅是上强下弱的递减关系，若以渗透张量表征碳酸盐岩层状裂隙网络的渗透性，其各向异性的特征主要取决于垂层方向渗透度主值与顺层方向渗透度主值的差异（田开铭，1985）。夏日元（1989）、田开铭等（1989）通过分析湖南辰溪煤矿的出水点情况、涌水量情况、水压分布情况、水化学分布特征情况等，证明了二叠系岩溶矿床中存在双层水位。王建荣（1991）通过分析应力与渗透系数的关系，得出了并不是所有地方的垂直方向上和水平方向上的渗透张量都可以形成交点，如果交点形成于岩溶发育带，对于形成双层水位没有意义。陈光亮等（1994）以山东金岭铁矿为例，观察到石灰岩含水层中双层水位的水文地质现象。20 世纪 60 年代初期，在铁山矿床的观测孔施工中发现了钻孔中上层向下层漏水，继而在分层观测孔中观测到两个水位。代群力（1993）、田开铭等（1994）又提出了连续介质中也可能发生非连续流现象，即在巨厚石灰岩介质中，各向异性渗透张量随埋深递减的同时，若在顺层渗透度主值大于垂层渗透度主值的深度内抽排地下水，那么在原先具有统一流场或一个压力分布的渗透性垂向连续介质中，可能形成上下重叠的两个流场，地下水以滴状渗漏的形式垂向补给同一含水系统的下部，流量连续，但压力分布不再连续，即在连续介质中出现了非连续流现象；在断块构造中，若断层两盘渗透性相差较大、人工排泄较剧烈的情况下，也容易发生非连续流现象，又叫作“地下跌水”。铁山矿床开采过程中的水位监测，恰好再次验证了“地下跌水”现象及其理论分析，并且根据“地下跌水”特点，利用“深层局部疏干方法”治理石灰岩含水层地下水，得到了良好的效果（陈光亮，1994）。1995 年，在山东金岭铁矿召口矿床开采方案中，也采取了“深层局部疏干法”，在生产实践中同样获得了成功，收到了理想的治水效果。显然，对双层水位现象的深入研究，将推进深部疏干方法的推广应用，降低矿井的生产成本。上述研究成果为双层水位流理论的提出和应用奠定了一定基础。

从山（2008）在山东金岭铁矿中针对双层水位进行计算时，根据矿区的水文地质条件，将每延米井巷概化成非稳定流状况下的承压完整井，假设含水层为均质、等厚、各向异性的无限含水层，含水层顶板和底板与静止水位保持水平，有垂向补给和侧向补给且补给量为常量，再运用泰斯公式进行计算。李海峰（2015）通过建立不同渗透率比值的双层介质物理模型，探讨矿山排水条件渗流机理变化及其影响因素，得出：①上层介质对下层介质的补给量小于下层介质的排泄量导致渗流场发生改变，形成双层水位现象，渗流场的渗流状态发生改变。②排水量及砂样高度对双层水位的形成产生影响，排水量决定是否会形成双层水位现象，排水量不变时，砂样高度决定了出现双层水位现象所需排水时间的长短。吴亮（2017）依据介质渗透率变化实验及理论推导，明确了发生双层水位现象时的临界水力梯度与介质渗透率比值成指数关系。田志伟等（2024）以河南省受底板石灰岩承压水突水威胁的大水矿井为例，对不同水文地质单元的双层水位效应进行了剖析，发现井田范围内水文地质条件存在着时空变化，甚至会出现双层水位等现象。

双层水位现象在山东金岭铁矿经历了一个发现—研究—实践的过程，为相似水文地质条件矿山的防治水工作提供了一种新方法——“下层局部疏干法”，使矿坑实际涌水量与预测涌水量相比大幅度减少，同时在矿山预防突然涌水、环境地质灾害等方面起到了积极作用。双层水位现象从发现至今，在理论研究方面一直未能导出双层水位流形成的地下水动力学公式，因此，预测该类型矿山的涌水量仍采用解析法、比拟法等传统的计算方法，为该理论的推广和应用造成了一定的阻碍。

1.2.4 岩溶发育机理与规律研究

喀斯特（Karst），这个名称来自前南斯拉夫西北部伊斯特拉半岛的一个石灰岩高原，那里发育着各种奇特的石灰岩地貌，在当地它被叫作喀斯（Kras）。19 世纪末，喀斯特研究在此地开始发展，因此，欧洲学者们用“喀斯特”一词称呼石灰岩地区的地貌、水文现象及景观。之后，随着喀斯特研究的不断发展，“喀斯特”一词演化为被世界所承认的地质学、地貌学专业术语（周末，2014）。直到 1966 年我国第二次“喀斯特”会议之后，才将其改称为岩溶。在我国的许多古籍中均有关于洞穴、地下河、石钟乳等岩溶现象的描述，例如《周易》《山海经》《神农本草经》《水经注》《梦溪笔谈》等（朱德浩等，1991）。明朝地理学家徐霞客对我国南方亚热带岩溶地区进行了详细的考察，对亚热带岩溶、岩溶作用机制、洞穴形成等都有深刻的科学认识，提出了很多我国沿用至今的岩溶专业术语，例如“石山”“环洼”“峰林”“峰丛（丛立之峰）”“离立”“天生桥”等，对世界岩溶学作出了重要的贡献，相关工作比俄国的罗蒙诺索夫早了一个世纪，比西欧学者则早了 200 多年（杨文衡，1983；任美锷，1984；缪钟灵，1986）。在国外，对岩溶的认识最初是从对岩溶泉水和洞穴的利用开始的，特别是古代文明较为发达的古罗马、古希腊等地中海沿岸地区，一些古罗马时代岩溶泉的引水工程，迄今还发挥着重要的作用（LaMoreaux et al.，2015）。

19 世纪中期以前，国外一些学者对洞穴、泉水、钟乳石、石笋、洼地等岩溶现象开始有了一定的描述，但对于岩溶的研究还多处于初步的认知阶段，发展缓慢。1893 年塞尔维亚地理学家斯维依奇的博士论文《岩溶现象》和 1930 年威廉·莫里斯·戴维斯的长篇论文《石灰岩地区的洞穴》发表以后，欧洲和美洲相关国家或地区对岩溶的研究进入了快速发展时期，而此时我国对岩溶的研究发展滞后（蒲俊兵，2022）。20 世纪初，我国地学先驱丁文江在云南、贵州地区开展地质矿产调查时，对岩溶地貌进行了相关调查，随后高振西对我国岩溶地形进行了初步的总结（高振西等，1936）。袁铁铮（1957）对云南丘北六郎洞地区喀斯特地貌发育规律进行了归纳总结，为后来的六郎洞地下水电站建设提供了一定的理论基础。苏联学者索科洛夫（1962）总结了岩溶发育的4个基本条件——可溶性岩石、岩石的透水性、侵蚀性的水和水的运动性，这就是基于水-岩相互作用的岩溶学研究指导思想，该思想在我国岩溶学术界被广泛接受。彭汉兴（1983）研究湖南洛塔岩溶发育与构造关系、地表溶蚀强度与地下溶蚀强度关系、碳酸盐岩岩石类型特征及变化对岩溶发育的影响等，探讨了该区岩溶发育的基本规律，并得出在一般条件下地表溶蚀强度大于地下溶蚀强度的结论。卢耀如因在岩溶研究方面的巨大成就，被国内外学者称赞为“喀斯特卢”，他对岩溶发育规律及溶蚀机理进行了系统的研究，提出了多种水动力条件、三相流的作用机理与混合溶蚀作用等问题及理念，在岩溶地质研究方面形成了自己的一套理论体系，并发表多部专著，其中专著性岩溶图集《中国岩溶——景观、类型、规律》，系统反映了我国岩溶发育基本规律与分区及有关岩溶水文地质和工程地质条件。1993—2002年，袁道先从全球碳、水、钙耦合循环的思路出发重新认识了岩溶作用的过程和机制，提出了岩溶作用是在碳循环及与其相偶联的水循环、钙循环系统中碳酸盐岩的被溶蚀或沉积，而各种岩溶形态则是这一复杂循环系统的运动在碳酸盐岩上留下的轨迹的岩溶动力系统思想，并指出岩溶动力系统是控制岩溶形成和演化，且常受制于已有岩溶形态的，在岩石圈、水圈、大气圈、生物圈界面上的，以碳、水、钙循环为主的物质和能量传输、转换系统（袁道先，2002）。岩溶的期次性影响着岩溶的发育状况，进一步影响着地下水的赋存空间和径流排泄方式。在地下水饱和带以上，岩溶裂隙主要作为导水通道，其展布方向、密度、连通性等因素共同控制着地下水的径流方向和流速的大小，进而影响着浅部岩溶的发育形态，以及岩溶在平面方向和垂直方向上的发育状态；在地下水饱和带以下，随着井巷的开拓，岩溶裂隙兼有赋存空间和导水通道的功能（Perrin et al.，2003；Jacob et al.，2009；Fu et al.，2016）。岩溶的发育程度还与断裂构造紧密相关，何才华等（1997）对贵州龙宫喀斯特地貌发育与洞穴成因进行了研究，发现地下河往往沿断层发育；龙宫地区岩溶在发育过程中受区域构造裂隙的影响，溶洞沿构造发育，并具有垂直裂隙洞的特点，在两组断层交会处形成塌陷洼地或在洞穴中发育成厅堂。岩溶的发育与泉相互影响、相互依存，流量较大且稳定的泉，通常表明其补给区域的岩溶发育较好；水温异常的泉则可能暗示了深层岩溶的存在及特殊的地质构造，因此，泉的流量、水温、水质等参数可以为研究岩溶地区的地下水运动规律和岩溶发育状况提供重要的线索，其中山西娘子关泉域、山东趵突泉最为典型（韩行瑞等，1985；杨凤鸣，2020；袁学圣，2022）。

早苗秋山等（2015）使用电阻率断层扫描成像、地下二氧化碳浓度测量、土壤水化学分析及石灰岩石片和微失重技术对日本西南部秋吉大喀斯特高原的石灰岩剥蚀速率进行了估计，得出其剥蚀速率受土壤孔隙水饱和的持续时间（此处定义的条件是水饱和度大于97%）所强烈控制，土壤水分条件较高的区域剥蚀速度较快。李荣等（2019）根据岩芯、薄片、测井和地震资料对川中地区中二叠统断溶体发育特征及形成机制进行了研究，识别出川中地区存在溶洞-裂缝型、裂缝型和裂缝-溶洞型3种类型的断溶体，其中断溶体类型受断裂和岩溶储层发育规模和期次控制；溶洞-裂缝型断溶体主要是因沉积断裂带叠加茅口组暴露剥蚀的岩溶洞而形成的；裂缝型断溶体是加里东期及海西期形成的深大断裂在后期复活后受到大气淡水溶蚀、热液溶蚀及有机酸溶蚀共同作用下形成的；裂缝-溶洞型断溶体是加里东运动和海西运动产生的次生断裂在大气淡水和有机酸溶蚀中二叠统颗粒滩形成的断控复合面状溶蚀体。Bagheri et al.（2021）首次采用水文地质、化学同位素方法对伊朗东北部跨国界岩溶区部分泉水的地下水成因、流向、停留时间和岩溶发育进行了研究，结果表明了北霍拉桑省希尔万县萨拉尼地区发育更多的岩溶和管道流态，在扩散流态中占主导地位，而其他地区的岩溶发育不充分。沈莽庭等（2023）对巴西圣弗朗西斯科河谷克拉通地区岩溶发育机理进行研究，发现硅质碎屑含量控制着碳酸盐-硅质碎屑序列中地层的密封模式和岩溶的发育。李梦萍等（2024）分析影响塔里木盆地柯坪地区奥陶系岩溶洞形成的主要因素，研究中使用无人驾驶飞机生成了洞穴结构和裂缝集的三维数字模型，通过应用多元线性回归和统计分析，确定了岩溶空洞的发育受断裂系统综合模式的影响。

1.2.5 井巷开拓涌水量预测研究

通过查明岩溶井巷区，特别是矿区的水文地质条件，分析井巷的充水条件，进而预测涌水量是研究井巷开拓工程水文地质的主要目的。一直以来，如何准确地预测井巷开拓涌水量，为安全生产提供决策方案是困扰国内外学者的首要问题。由于对复杂自然条件与地下可溶岩层特殊性的认识局限、对开掘活动引起地下水及地表水天然动态的改变认识不足，以及地下水向井巷运动过程中，无论是在空间上还是时间上均呈现复杂的运动形式，且在计算方法上常将自然条件理想化和简单化，故而影响井巷开拓涌水量计算结果的精度。

不少学者通过大量的井巷开拓涌水量预测研究，提出多种预测方法。早期井巷开拓涌水量多借助单孔渗流理论来进行预测，由于勘探程度低、条件复杂且理论方法简单，预测结果存在较大偏差。在矿山开采阶段，对矿井实际排水资料进行分析，建立回采面和井巷的回归方程，分析影响因素之间的相关关系，预测矿井涌水量。杜敏铭等（2009）对矿井涌水量的预测方法进行了概括总结和评述；张剑英（1994）、郑华萍（1997）和温文富等（2021）分别对不同的矿井涌水量预测方法及其预测结果进行了分析和比较；朱学愚等（1983）采用有限单元法成功地计算了湖南斗笠山煤矿裂隙岩溶水矿井涌水量；崔光中等（1988）成功模拟出了广西桂北山区北山矿区开采疏干式通道的最大过洪量。尽管理论和方法取得了较大进展，但限于矿山水文地质条件的复杂性，矿坑涌水量预测的准确性仍旧有待提高，此项工作依然任重而道远。

目前，井巷开拓涌水量预测方法大致分为两类：第一类为确定性的数学模型法，其中具有代表性的方法为水均衡法、解析法、数值法；第二类为统计分析法，例如水文地质比拟法、涌水量-降深曲线法、时间序列分析法等。对数学模型法而言，如果水文地质参数不可靠，水文地质条件没有查清，或因水文地质情况复杂而条件概化不准确，都有可能直接导致计算结果出现大的误差。统计分析法则受限于实测资料的积累程度，只能用于地质条件和井巷开拓条件具有相似性的区域，而且无法考虑开采条件下影响井巷充水因素的动态变化，缺乏推广价值。

1.2.5.1 水均衡法

水均衡法是利用水均衡原理，通过研究某一时段内矿区地下水的补给和排泄平衡来预测矿坑涌水量，通常用来验证其他方法的正确性。水均衡法预测井巷开拓涌水量的关键是均衡区、均衡因素的确定和均衡式的建立。对于水文地质条件简单的矿区，当均衡区是一个具有涌水边界的完整水文地质单元，并且有长期观测资料时，相关的均衡量较易测定，使用水均衡法可较快地预测井巷涌水量。但是，水均衡法仅有对水量的描述，没有对水位分布的描述，有一定的局限性。国内外学者依据实际情况，在水均衡原理的基础上不断改进水均衡法，张义之（1983）在苏联地质学家总结的水力均衡法的基础上，充分考虑矿区含矿层的倾斜程度、冒落带和裂隙带的特征、矿体上部地层情况及均衡期内大气降水的补给情况，总结出不同情况下降水入渗系数的取值情况和水均衡方程，预测矿山涌水量，进一步减小了水均衡法预测矿山涌水量的误差。在分水岭地段，裸露的岩溶矿床岩溶管道发育，水文地质条件复杂，适合运用水均衡法进行涌水量预测（董兴文，1995）。李智等（2023）运用水均衡法预测了内蒙古白音锡勒牧场萤石矿矿坑涌水量，为矿床开采设计提供了可靠科学依据。王锐等（2022）通过分析西藏某露天煤矿的水文地质条件，选择相适应的水均衡法预测矿坑涌水量，为同类型的露天矿矿坑涌水量预测计算提供了一个案例参考。

1.2.5.2 解析法

解析法是根据地下水动力学原理，对一定的边界条件和有确定的初始条件下的地下水运动建立定解公式，利用定解问题的解析解来预测矿坑涌水量，是矿坑涌水量预测和水文地质参数计算中较为常用的一种方法。目前，应用最广泛、最基本的理论有裘布依稳定流理论和泰斯非稳定流理论。

在矿坑排水疏干的过程中，地下水呈现出向井巷运动的非稳定流状态，一般采用非稳定流公式进行计算。但在足够长时间的疏干以后，且在有补给源的情况下，地下水流的状态可能趋于稳定，此时采用稳定流公式进行计算。虽然严格意义上的稳定流状态很难达到，但是在实际生产过程中，在允许的误差范围内，稳定流公式仍然被广泛应用。

解析法预测矿坑涌水量的方法很多，较为常用的有大井法、映射法等。传统的解析方程往往是在一定的假设条件下建立的，例如含水层需均质、等厚、各向同性、顶板和底板需水平、边界要为无限边界等（陈崇希，2010）。针对稳定井流模型的影响半径问题，陈崇希（2012，2014）、薛禹群（2011）、朱大同（2012）等学者进行了商榷，并在传统解析法的基础上，根据抽水井的实际情况，提出了地下水混合井流解析模型。王旭升等（2002）在考虑含水层顶板弯曲的情况下，结合弹性板理论对泰斯非稳定井流模型进行了改进。段乃金（2010）基于抽水试验，用解析法求取潜水含水层的水文地质参数。文章等（2015）分析了承压含水层非完整井附近地下水流态问题，进行了模拟，得出了近似的解析解。由于解析解使用条件的限制，在使用以前需查清矿区的边界条件、含水层的均质性，确定矿坑的位置、形状、大小等几何因素，以此来确定是否需要用映射法、矿井抽水的影响半径等。为了使传统大井法预测更为精准，陈思佳等（2016）按掘进进度将矿井工作面进行分段，分别用大井法对各个分段进行涌水量预测，使矿坑涌水量预测值较传统大井法预测值更加精确，但此方法的本质和传统大井法预测涌水量是一致的，而且也大大增加了计算的工作量。

1.2.5.3 数值法

相对于其他方法，数值法可以较好地反映复杂条件下的地下水流状态，具有较高的仿真度，接近井巷开拓区水文地质条件和疏干、排水条件，能够实现涌水量预测的各项任务而备受水文界人士的青睐，因此在理论和实际应用方面都得到了较快的发展。数值法是采用离散化的方法来求解数学模型，从而得到例证区域内有限个离散点上的未知函数值。离散化的方法是将例证区域划分成若干个较小的子区域或称为单元，即化整为零，这些单元的集合体代表的例证区域，又积零为整。虽然，数值法计算所得解为数值解（即数值的集合，是数学模型的近似解），但是只要将单元大小和时段长短划分得当，即对空间步长和时间步长取值合适，计算所得的数值解便可较好地逼近实际情况而满足计算精度的要求。由于建立代数方程组的方法不同，也就产生了各种不同的离散化方法，即不同的数值法。目前，地下水流计算常用的数值法有有限差分法（FDM）、有限单元法（FEM）、边界元法（BEM）、有限分析法（FAM）及由此发展而形成的特征有限单元法和特征有限差分法，其中最常用的方法为有限差分法和有限单元法。

秦贞娜等（2021）采用解析法和数值法对安徽某矿床矿坑涌水量进行预测，但矿区含水系统含水介质特征及边界条件不完全符合解析法的假定条件，而数值模拟的结果更符合实际。罗奇斌等（2022）基于数值模拟方法对煤矿开采涌水量进行预测分析。陈帅（2024）采用GMS软件建立了地下水流数值模型，预测了－200m以下中段的矿坑涌水量。

近年来，矿坑涌水量预测数学模型不断更新发展，精度也随之提高，传统数学模型由于难以详实地刻画地质体水文地质特征而逐渐被新的数学模型取代。

1.2.5.4 水文地质比拟法

水文地质比拟法主要源于矿山建设。在新建矿山与已开采矿山水文地质条件相似的情况下，依据已开采矿山的水文地质资料（水文地质参数、矿井涌水量等），通过相似比拟关系，近似地推算新建矿山的涌水量。新建矿山与已开采矿山的水文地质条件不可能完全相同，即使是同一矿山的不同开采水平，水文地质条件也可能会发生变化，故水文地质比拟法只是一种近似的计算方法。但是，当相似矿井拥有长期的水量观测资料时，可以保证涌水量与各影响因素之间相关关系的可靠程度。对于水文地质条件简单、含水层透水性变化不大、生产历史比较长、经验比较多、资料丰富的矿床来说，水文地质比拟法比较适用（祝小辉，2012；黄卓广，2006；刘大野，2010）。

在实际生产中，涌水量动态变化与井巷开拓面积、开采深度等因素有关。首先，在充分分析矿坑充水条件的基础上，经对比分析后选取与涌水量相关的比拟因子；其次，初步建立涌水量与比拟因子之间的数学表达式，采用最小二乘法、分组平均法等拟合有关参数，建立适用的比拟方程；最后，对比拟方程进行验证。

水文地质比拟法简单、灵活，与确定性数学模型法相比，其计算过程中避免了水文地质参数及其他因素对涌水量的影响，数据处理简单、直接。但是，水文地质比拟法需要充分对比分析新的井巷开拓区和已有井巷开拓区的水文地质条件，依据不同的井巷充水条件选取不同的比拟因子，并且需要大量的观测数据来减小涌水量与各影响因素之间的预测误差；当各因素之间的相关关系比较复杂时，难以拟定回归方程。

1.2.5.5　涌水量-降深曲线法

涌水量-降深曲线法，又称 $Q-S$ 曲线法，其原理是通过观测抽（放）水试验的水位变化、流量（Q）和降深（S）之间的关系建立涌水量和水位降深关系方程。在井巷即将开拓阶段与抽水阶段水文地质条件相似的情况下，将 $Q-S$ 曲线外推，预测井巷开拓涌水量。大量试验研究表明，$Q-S$ 曲线有直线型、幂函数曲线型、抛物线型、对数曲线型等。严格意义上来讲，通过抽水试验建立起的回归曲线不允许外推，但是在实际应用中往往会进行外推，此时外推的范围不宜过大，当 $Q-S$ 曲线为直线型时，外推范围应限制在抽水试验水位降深的 1.50～1.75 倍以内；当 $Q-S$ 曲线为曲线型时，外推范围应限制在抽水试验水位降深的 2.00 倍以内。吴兵等（2014）在梁家矿 1111 工作面几组抽水试验数据的基础上，模拟了矿井 $Q-S$ 曲线法的具体预测过程，在判断曲线方程类型时，分别采用了曲度法、差分法、直线图解法、Matlab 拟合法，最后用还原检验法对所求曲线方程进行了验证。郑燕等（2016）以开滦林南仓煤矿和东欢坨煤矿典型充水含水层历史抽水试验数据为研究基础，对比分析了曲度法、作图法和 Excel 趋势线法 3 种常用判别方法在 $Q-S$ 曲线类型判别中的适宜性，以及典型充水含水层中抽水试验 $Q-S$ 曲线类型与 10m 降深单位涌水量，结果表明曲度法适宜性较差，作图法与 Excel 趋势线法适宜性较好，两者的判别结果具有高度的一致性。

1.2.5.6　时间序列分析法

时间序列分析法分为时域分析法和频域分析法两大类。时域分析法是通过对数据序列进行预处理后建立自回归滑动平均模型（ARMA 模型）或其衍生模型，然后根据最小信息准则对模型进行求解，采用线性最小方差预测未来，进而达到涌水量预测的目的；频域分析法是把时间序列看作无数具有随机振幅和相位的周期波叠加，把复杂的波形分解成简单的波形组合，从而揭示出固有的性质，给出定量的结果，因此可用来研究涌水量时间序列的周期性，进而判断其影响因素，该方法还可以研究涌水量影响因素的权重性（杜敏铭等，2009；Virabhadrasinh et al.，2014；Moliner et al.，2019）。

1.2.5.7　黑箱理论方法

由于岩溶地下水系统内部结构较为复杂，现有资料往往不能精确地刻画含水介质的一些特性，因而建立的岩溶地下水数值模型存在很大的不确定性。自黑箱理论（系统理论）被引入水文地质学界以后，岩溶地下水的求解取得了新的进展。黑箱理论着重研究输入与输出函数之间的响应关系，忽略含水层内部的结构和水的流态，将含水层视为一个黑箱，用响应函数来表示其内部的特征，用卷积方程来表述整个响应过程。此方法对数据要求低，只需要有降水和泉排泄的数据，易于操作，适用于工作程度低的区域大尺度范围的模拟，但是模型没有物理意义，不能反映地下水系统动力场。黑箱模型提出之初，较为成功的模型主要包括离散态混合模型和全混模型（缪钟灵，1990）。离散态混合模型（Discrete-State Compartment Model）由 Simpson et al.（1976）提出，用于对岩溶管道水资源进行评价。王瑞久（1984）、连炎清（1989）运用全混模型，以氢的同位素氚为示踪剂研究泉流域地下水资源量的计算。目前，常用的黑箱模型主要有统计回归模型、自适应神经模糊推理系统模型、人工神经网络模型等（魏加华等，2015）。Scanlon et al.（2003）建立了集中参数模型，在地下水开采量、泉流量、降水量等资料较全时，评价抽水量对泉排泄的影响。Wicks et al.（1999）利用黑箱模型模拟了岩溶盆地中地下水流动和溶质运移特征。Hu et al.（2008）应用人工神经网络模型模拟岩溶泉排泄量和降水量的关系。

1.2.5.8 灰色预测法

灰色预测指的是应用专门的理论和方法对灰色系统进行的定量预测。灰色系统理论从广义上来说也是一种时间序列分析方法。它是将随机变量看作在一定范围内变化的灰色量，将随机过程看作一定范围内变化的、与时间有关的灰色过程。通过数据处理，将杂乱无章的原始数据整理成规律性较强的生成数据。GM（1，1）模型是灰色系统理论中最常用的预测模型。施龙青等（2016）采用灰色系统理论中的 GM（1，1）模型对济宁三号煤矿矿坑涌水量进行了预测，建立了矿井涌水量和时间的函数关系，根据最小二乘法、精度检验等对其进行了求解与预测，预测了该地区 2015—2017 年的矿井涌水量，为矿区下一步生产和防治水工作提供技术支撑。李建林等（2023）提出灰色-多步马尔科夫模型，结果表明：灰色-多步马尔科夫模型预测精度明显高于单一灰色 GM（1，1）模型和灰色-马尔科夫模型；灰色-多步马尔科夫模型对波动较大的非平稳序列拟合效果良好，可在一定程度上减少预测主观性，预测精度较高，是进行矿坑涌水量预测的一种有效方法。

1.2.5.9 改进的灰色预测法

灰色系统介于黑色系统和白色系统之间，是指部分信息已知、部分信息未知的一类系统，其研究内容和方法主要包括灰色关联分析、灰色建模、灰色预测、灰色决策和灰色控制 5 个方面，其中灰色关联分析、灰色建模和灰色预测在研究中应用最多，灰色系统理论模型和其他模型的组合预测及与数学、计算机领域的结合也为其主流方向。从近几年灰色预测方法的发展来看，灰色系统理论组合预测模型的研究大致可以分为 4 类：①灰色系统理论和马尔科夫模型的组合；②灰色系统理论和人工神经网络模型的组合；③灰色系统理论和小波分析相结合；④灰色系统理论与优化算法相结合。年宾（2022）为了准确预测矿坑涌水量，构建了支持向量机-马尔科夫链预测模型，并将得到的预测值通过转移矩阵进行二次拟合，提高了对波动性影响较大的随机变量的预测精度，同时扩大了该模型的预测应用范围，对于煤矿矿坑涌水量预测具有重要意义。王档良等（2022）采用改进的多元线性回归模型，在收集涌水量数据的基础上，对凉水井矿区 14 个工作面实测涌水量进行了公式拟合，并对各影响因素进行了权重分析，得到了基于多元线性回归、层次分析法、熵权法相结合的矿坑涌水量预测模型，该模型相对于其他传统数学预测模型具有较高的预测精度。张鹤缤（2023）采用等维新息灰色GM（1，1）预测模型和改进的马尔科夫模型相结合的方式建立了等维新息灰色马尔科夫预测模型，实现了涌水量波动性预测。

其他的研究包括灰色理论与模糊数学、灰色理论与回归分析、灰色理论与时间序列模型等，这些研究在相应领域都取得了一定进展。

1.2.5.10 模糊数学预测法

模糊数学被广泛用于社会科学与自然科学各领域。模糊评价法是一种基于模糊数学的安全评价法，是根据模糊数学的隶属度理论将定性化评价转化为定量化评价（Bouchet et al.，2017），是一种对多因素制约事物或对象作出的总体评价，其结果清晰、明了，能够较好地评价难以量化的问题（Li et al.，2019）。模糊评价模型是对于多因素且难以确切描述的事物或对象进行评价的庞大评价系统（Alexandru et al.，2018），通常需要建立多层次评价模型进行分析。对于多层次评价而言，最基本的是要建立单层次评价子集，将各个单层次评价子集作为新节点进行多层次评价，其是多层次评价的基础（Rivaz et al.，2018）。

影响井巷开拓涌水量的因素很多。采用模糊综合评价法预测涌水量时，首先要建立起各影响因素对井巷水涌出的隶属函数，并确定各影响因素对水涌出的影响权值，然后建立数学模型进行综合评判，再根据最大隶属度原则，判断涌水量的等级，确定其危害程度，给出防治措施。苗阶等（2014）运用模糊数学法预测大孤山铁矿涌水量，通过与传统比拟法对比，模糊综合评价法将水头降深、矿山开采面积以外的导水系数、渗透系数等因素均引入涌水量预测中，其预测结果误差更小，更符合该地区露天开采铁矿山涌水量的实际情况。姬亚东（2019）采用模糊数学法对塔然高勒煤矿西一盘区3-1煤层顶板含水层涌水危险性进行了预测，对各个涌水区危险性进行了综合评价。

1.2.5.11 人工神经网络模型

人工神经网络模型起源于20世纪40年代，直到20世纪80年代才在实际中得到广泛的应用。人工神经网络模型是人脑的一种仿真，是一种不同于数学中映射的映射，它无法找到一种确定的映射关系。人工神经网络模型一般可以分为输入层、隐含层和输出层。在井巷涌水量预测中，可以将充水水源和充水通道作为输入层的节点神经元，经过隐含层的处理输出到输出层的节点神经元，输出层神经元节点即为井巷涌水量（郭海，2016）。

人工神经网络模型是指用大量的神经元构成的非线性系统，在一定程度和层次上模仿人脑神经系统的信息处理、存储及检索功能，具有学习、记忆和计算等智能处理功能。由于水文地质条件的复杂性，很难用准确的数学模型对井巷涌水量进行有效预测，而比较可行的方法就是建立一个井巷充水因素与涌水量的映射关系，人工神经网络模型恰好体现了这方面的优点，不需要建立精确的数学模型，就能实现从输入空间到输出空间的非线性映射，因此人工神经网络模型适用于井巷涌水量预测。

井巷开拓工程的涌水问题是一个非常复杂的水文地质综合问题，很难准确地采用数学模型进行有效的涌水量预测，而通过人工神经网络模型建立一个涌水量与充水因素的映射关系，将样本提供给人工神经网络模型后，系统会随机生成权值，进行重复计算并传输结果，直到输出结果，将理想结果与计算结果进行对比分析，确定其阈值。随着误差不断被纠正，直到输出的结果满足条件并达到预期结果，人工神经网络模型训练结束（Liang et al.，2018；Golnoush et al.，2015；Wang et al.，2015）。

丁莹莹等（2024）基于钻孔水位和微震能量数据与涌水量的强关联性，选择其作为多因素特征变量，提出SSA－CG－Attention多因素矿井工作面涌水量预测模型。该模型在门控循环单元（Gated Recurrent Unit，GRU）提取时序特征的基础上，与卷积神经网络（Convolutional Neural Network，CNN）融合，形成新的网络结构，提取数据的有效非线性局部特征，并且加入注意力机制（Attention），在预测过程中将注意力集中在输入元素上，提高模型的准确性。为了提高矿井涌水量的预测准确度，吴煌等（2023）提出了基于长短期记忆神经网络矿井涌水量预测模型，通过区别对待各时段的样本数据，弥补了以往矿井涌水量计算方法中没有充分考虑各影响因素重要性差异存在的部分缺陷。

1.3 研究思路及技术路线

1.3.1 研究思路

地下工程所处环境较为特殊，多年来，井巷涌水一直是困扰地下工程安全的重要问题。地下采矿或隧道等地下工程施工因岩溶涌水造成的灾害是我国极为严重的环境地质问题之一。从渗流理论开始发展至今，已涌现出多种涌水量预测的方法，但每种方法的适用范围不同，均存在一定的局限性。在岩溶区修建地下工程，岩溶发育的不均匀性及岩体的各向异性，导致岩溶区地下水流态复杂，适用于非岩溶区的基于水资源评价的涌水量计算方法，在理论上对于岩溶井巷的涌水量预测基本不适用。结合岩溶发育规律和工程条件，构建不同工况下岩溶井巷涌水量预测模型进行涌水量预测，为保障工程安全提供一定的参考，是本书的宗旨。

岩溶区地下水流态主要受岩溶裂隙和岩溶管道发育情况的影响，可溶岩体表现出较强的各向异性特征。岩溶发育初期，岩溶水主要沿裂隙渗流，水流速度较慢，水流流态呈现层流状态，地下水流动方向与岩体裂隙发育主方向一致，并受其控制；经过长时间的溶蚀作用，岩溶裂隙逐步扩大，在优势水流的作用下形成岩溶管道，水流流态也由层流状态转变为紊流状态；随着岩溶作用的逐渐增强，岩溶裂隙、岩溶管道进一步发育，优势水流作用更加突出，水流流态呈现出更为明显的方向性，形成岩溶管道、地下暗河、溶洞等地下岩溶形态。加之构造运动等因素的影响，使岩溶发育在垂直方向上也表现出一定的分层发育规律。对于地表岩溶而言，岩溶洼地是岩溶长期作用的结果，是在岩溶裂隙的基础上发育而来的，受构造的控制作用较为明显。裂隙发育的主方向控制着地下水的径流方向，裂隙宽度影响着地下水的径流强度；在岩溶裂隙较为发育的方向上，地下水向较宽的裂隙中汇集，形成强径流带，同时对围岩进行差异性溶蚀，进一步影响着岩溶洼地的形态与规模。可见，可溶岩体的各向异性影响着区域地表和地下岩溶发育规律。

在地下工程修建以前，为了分析工作区岩体的富水性和渗透性，常通过抽水试验获取相关的水文地质参数。因岩体裂隙发育的主方向和裂隙宽度不同，导致地下水流向和径流强度在各个方向上表现出一定的差异性，使抽水试验的结果在空间上表现为近半球状或半椭球状降落漏斗，抽水试验降落漏斗的形成恰恰反映了岩体的各向异性特征。本书结合岩溶发育规律、抽水试验降落漏斗形态及岩溶裂隙测量结果进行对比分析，总结可溶岩体的各向异性特征。

岩溶井巷涌水受多种因素影响，除了基础的地质和环境因素外，还与涌水部位、涌水方式、涌水量的动态变化等因素有关。虽然岩溶区井巷涌水具有不确定性和多变性，但是在宏观上也有一定的规律可循。本书主要从总结岩溶发育规律、分析可溶岩体各向异性特征、构建岩溶区不同充水条件下的涌水量预测解析模型三大方向展开研究，具体研究思路包括：①结合区域构造发展史，在总结岩溶发育规律的基础上，分析地下水流态，对不同地质环境下的地下工程进行涌水量预测；②针对自然界较为常见的岩溶裂隙底板充水型井巷、裸露型岩溶裂隙顶板与侧壁同时来水型井巷、裸露型岩溶管道充水型井巷，结合例证区地质测绘、地球物理勘探、抽水试验等资料，通过理论建模，探求不同岩溶发育条件下，地下井巷涌水量预测的新方法，并进行实例验证，论证其普适性，以期为保障井巷开拓工程安全提供一定的理论支撑。

1.3.2 技术路线及研究内容

在例证区进行岩溶地质调查，查明野外岩溶洼地、溶洞、岩溶裂隙的发育情况，分析地表岩溶发育规律，综合地球物理勘探成果和抽水试验资料，结合区域构造发展史，总结区域岩溶发育规律，探究区域岩体的各向异性特征。基于例证区水文地质条件，结合井巷开拓工程概况，构建适宜的概念模型，预测涌水量，通过实例验证模型预测误差，以期得到岩溶区井巷开拓涌水量预测的新方法（图 1.1）。

1.3.2.1 岩溶发育规律

岩溶发育规律影响着地下工程的选址设计、施工方法、处理方案的选择及运营维护期间的安全，查清例证区的岩溶发育规律是岩溶区地下工程能够安全稳步推进的前提。首先，通过总结岩溶发育的控制因素、岩溶形态及形成机制，并结合野外调查手段，形成岩溶发育规律分析与展示方法；其次，选取地质资料较为丰富的贵州贞丰 H 金矿矿区、云南保山 X 铅锌矿矿区、云南个旧 G 矿田和云南会泽 C 铅锌矿矿区作为涌水量预测方法研究的例证区，进行岩溶规律分析阐述，特别是进行岩溶分带归纳，在验证例证区岩溶发育规律及调查分析方法可靠性的同时，为本书所推衍的岩溶区井巷开拓涌水量预测实用方法验证提供基础依据。

1.3.2.2 渗透张量的确定

渗透张量是表征各向异性岩体渗透性能的重要参数，地下水流会在某个方向上表现出比较强的优势方向，在各向异性较为发育的地层中，如何确定岩体渗透性特征对于井巷开拓工程涌水量预测精确度至关重要。统计结果表明，在不同的工况或地质条件下可根据实际情况选取合适的方法确定渗透张量，本书选取贵州贞丰 H 金矿矿区、云南保山 X 铅锌

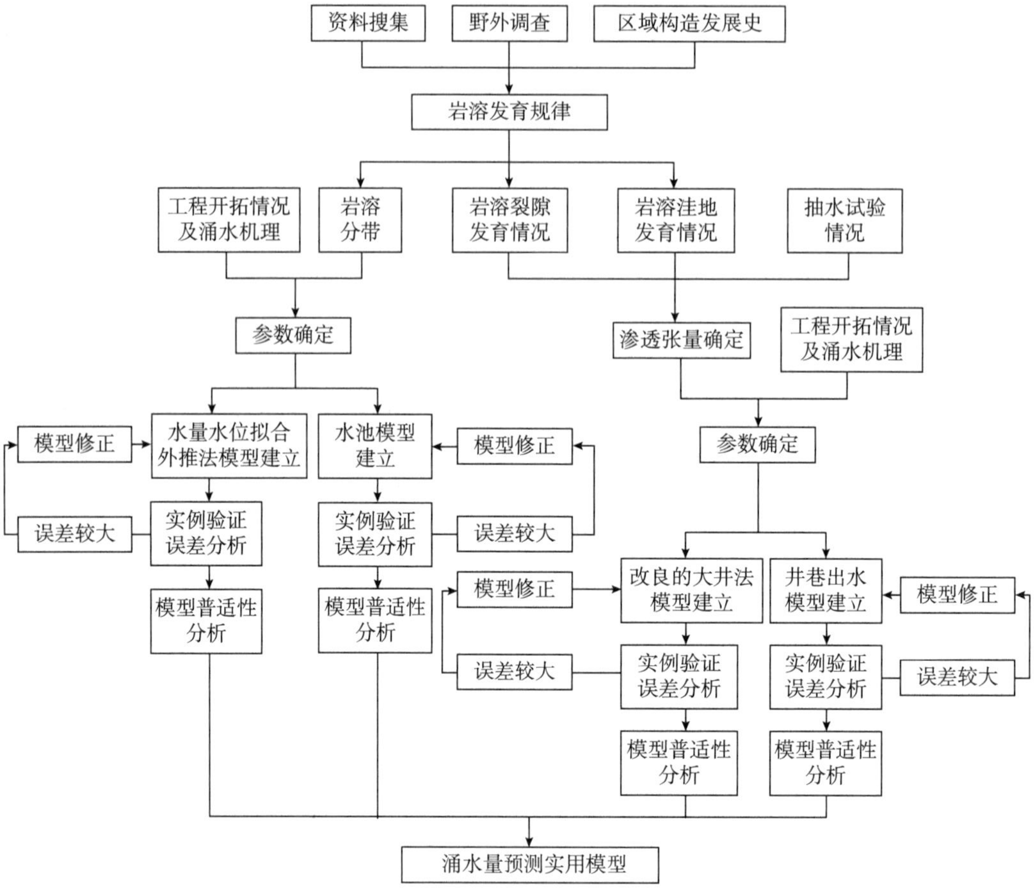

图 1.1　涌水量预测技术路线图

矿矿区、云南个旧 G 矿田和云南会泽 C 铅锌矿矿区，通过大型抽水试验、岩溶洼地统计分析、裂隙测量调查等手段，总结各向异性岩体渗透张量的确定方法，并进行对比验证，力求为类似岩溶含水层渗透张量的确定提供一种新的方法。

1.3.2.3　集中参数法预测涌水量

在岩溶发育地区地下水流态难以准确刻画时，可将其进行模糊处理。集中参数法预测涌水量是把岩溶地下水当作一个不稳定的系统，建立降水与地下水位或泉水流量之间的量化关系，求出反映岩溶水系统总体特征的集中参数，多属于用随机的不确定模型或概率模型来预测涌水量，例如，泉水瞬间曲线分析法、数理统计方法（如相关分析法、时序模型）、小波分析、灰色系统理论方法等。本书的集中参数法引用了水量水位拟合外推法，同时推导提出了水池模型法。

水量水位拟合外推法将地下水系统视为一个灰箱，着眼于研究主含水层输入与输出的响应关系，而不深究地下水系统内部本身所发生的运动或动力特征及规律。重点关注主含水层平均压力产生变化后，在与之发生联系的其他含水层通过多个渗流通道或途径产生渗流补给的情况下，随着排水量的调整，主含水层的平均压力对不同储水和水文地质模式作出的相应响应。通过理论分析建立概念模型，并以贵州贞丰 H 金矿矿区进行实例验证，论证其实用性。

水池模型法主要针对岩溶成层发育的地区，仅考虑水池的补给量与排泄量，将一个含水层或一个连续的岩溶发育带看作一个水池，上部水池接受大气降水的补给，或当地下线性工程区所在范围内存在地表水补给时，根据实际情况调试水池模型的源汇项，在水均衡理论的基础上，结合能量守恒定理，分别在雨季和旱季推算出各时段水池中不同井巷的涌水量大小。选取个旧 G 矿田为研究对象，分析其岩溶发育情况，结合矿田井巷开拓情况进行拟合验证。

1.3.2.4　井巷出水法预测涌水量

井巷是地下工程中最常见的工程形式，由于井巷工程的开拓位置和地质背景的差异，井巷充水情况不同。在各向异性较为发育的岩层中，地下水的渗流方向和强度存在明显差异，涌水问题给井巷的开拓和运营带来一定的隐患。井巷出水法预测涌水量是基于渗透张量理论，在各向异性较为显著的岩层中，以井巷为研究对象，探索不同充水条件下地下线性工程涌水量的预测实用新方法，并以贵州贞丰 H 金矿矿区和云南会泽 C 铅锌矿矿区为例进行验证。

1.3.2.5　改良大井法预测涌水量

大井法是常用的涌水量预测的稳定流解析方法，但是其适用条件有一定的局限性。在实际工况下，传统的大井法往往不能精确地预测矿井涌水量。在使用大井法预测涌水量的过程中，可根据实际情况将大井法的公式进行改良，提高预测精度。本书结合工程区岩溶发育情况，考虑了岩体各向异性的条件下，基于渗透张量理论，建立底板直接充水型改良大井法涌水量预测模型，并选取贵州贞丰 H 金矿矿区进行实例验证，力求提升解析法预测涌水量的精度。

2 岩溶发育规律

众所周知，岩溶发育的前提是可溶岩体中的水在裂隙中流动，并且在活跃的二氧化碳的作用下，对沿程的围岩进行溶蚀。构造对岩体裂隙的发育起着控制作用，在各个方向上形成了密度、开度和延伸长度不同的裂隙，进而影响可溶岩体的透水性；同时，构造又通过控制主要汇水通道来影响地下水的流动（罗焕炎，1988）。岩溶发育初期，受裂隙展布方向等因素的控制，地下水主要沿层间裂隙流动。在长期内动力和外动力地质作用下，裂隙在各个方向上均有所展布，形成交叉的裂隙网络，地下水在裂隙网络中流动（图 2.1）。由于可溶性岩石的非均质性和各向异性，使地下水在各个方向上的流量具有差异性，裂隙宽度较宽处地下水较易流动，成为地下水流动的主方向，水循环速度加快，对可溶岩的溶蚀作用增强；裂隙宽度较窄处地下水流速较为缓慢，对可溶岩的溶蚀作用相对较弱。随着地下水的流动，水流向某些通道集中，软弱的可溶岩逐渐被溶蚀，裂隙宽度逐渐增大，地下水循环速度加快，紊流开始出现，水流对围岩的机械溶蚀能力增强，进而形成各种规模的溶洞。地下水对可溶岩的溶蚀作用在地表表现为形态、规模及大小不同的溶洞、岩溶漏斗、落水洞、岩溶洼地等形态。

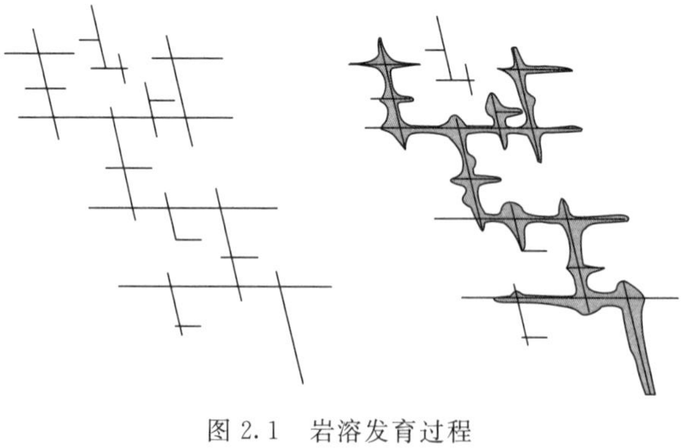

图 2.1　岩溶发育过程

（据张人权等，2010，有改动）

岩溶的发育为地下水提供了良好的存储空间和运移通道。在地下水资源勘查和论证中，碳酸盐岩地层因其良好的富水性而成为抗旱找水的重要方向。对于岩溶区的矿床和交通隧道而言，在井巷开拓过程中，碳酸盐岩类溶洞水和裂隙水涌向坑道，易于诱发矿井或隧道涌水问题。由此可见，岩溶区水资源具有双面性。现阶段的岩溶大多是多期次溶蚀作用的结果，岩性组分和水的溶蚀能力是影响岩溶发育的重要内因，加之构造运动、温度、气候等因素的共同影响，使岩溶的发育程度在垂直方向和平面方向上均有所差异。由于岩溶的不均匀发育，不同期次的岩溶连通性相对较弱，可能形成多个不连续的地下水面，此状况对于地下水资源开采及矿床开采前的疏排水方案的制订均有一定的影响。因此，在岩溶矿床开采前及向地下深部水平开拓的过程中，依据野外地质调查情况及矿床水文地质勘探、水文地质试验等资料，对岩溶发育规律进行垂直方向和平面方向上的研究至关重要。

2.1 岩溶发育控制因素

岩溶发育的基本条件包括可溶性岩石、流动的水和侵蚀性的二氧化碳。从本质上来讲，影响岩溶发育的因素主要包括地层岩性、地质构造、构造运动与岩溶规模、地形地貌、气候条件及酸根离子等。

2.1.1 地层岩性

可溶性岩石的组分和岩石结构构造是岩溶发育的基础条件。碳酸盐岩在不同的沉积环境中形成了特有的结构构造，直接影响着岩溶发育的强弱。碳酸盐岩地区岩石主要由方解石、白云石等碳酸盐类矿物组成，其主要化学成分为 CaO、MgO、CO_2 等。郭纯青等（2001，2015）认为碳酸盐岩中 CaO 和 MgO 的含量及比值决定了岩组被溶蚀的难易程度，在其他因素的共同影响下形成差异性溶蚀。在地质历史时期的石灰岩中，低镁方解石稳定性较高，现在观察到的洞穴等均是在低镁方解石的基础上发育而来的。戎昆方等（2009）认为，石灰岩在自然界中并不一定比白云岩更容易溶蚀，并非所有石灰岩的岩溶发育程度均是相同的；仅用氧化物的百分含量来表征岩溶野外调查所取的岩石标本的化学成分，这种方法过于宽泛且不够精确。再者，水流对矿物颗粒进行溶蚀，并非是对矿物元素进行溶蚀，以岩石化学成分来表述仅能反映岩石中钙镁离子的含量，并不能反映岩石中方解石和白云石的含量，并不能真正反映该碳酸盐岩被溶蚀的难易程度。一般认为，碳酸盐岩中钙镁比值越高，比溶蚀度和比溶解度越大，但是毛健全等（1986）对贵州独山南部黄后、尧花、架桥 3 条地下水系的研究中并未发现这一规律。俞锦标等（1990）对贵州普定南部地区采集的岩石样品进行室内溶蚀实验分析，得出不同地层的比溶蚀度和比溶解度差异较大，与前人得出的“黏土矿物越多，溶蚀速度越小”的结论有很大出入。戎昆方等（2009）认为这种现象与溶蚀作用无关，而是岩石中的泥质因物理破坏作用而形成的“颗粒”脱落现象。

在野外调查的过程中发现，岩石的构造对碳酸盐岩溶蚀程度的影响不容小觑。同时分布在不同层厚的一套石灰岩地层中，厚层至块状、具有生物碎屑结构的石灰岩更易溶蚀。任美锷等（1983）认为在某些情况下，石灰岩的生物碎屑结构、鲕状结构等对岩溶发育程度的影响远大于其化学成分对岩溶发育的影响；生物碎屑的矿物成分主要为文石，在淡水环境中易被溶蚀，使石灰岩具有较高的孔隙率，渗透性较高，与野外岩溶对岩石“选择性”溶蚀相对应。

岩石的地层结构对岩溶的发育也有一定的限制作用，碳酸盐岩地区的地层常出现可溶性的碳酸盐岩与非可溶性的泥岩、砂岩等碎屑沉积岩互层，或者含有非可溶性岩石夹层的情况。在此情况下，非可溶性岩石阻碍了岩溶的发育，厚层块状的石灰岩较薄层状石灰岩更有利于岩溶的发育与发展。若可溶性岩石下伏地层为泥岩等隔水层时，地下水在可溶性岩石与隔水层的接触带上流动受阻，岩溶作用较为强烈。碳酸盐岩的倾角、层厚，以及其与非碳酸盐岩的互层、夹层情况也影响着岩溶地貌的形态，在热带地区尤为显著。

综合地层岩性、岩石结构构造、地层结构可以得出，热带岩溶以非可溶性岩石夹层较少或无非可溶性岩石夹层，且石灰岩为厚层、粗晶的地区最为发育。

2.1.2 地质构造

地质构造是岩溶演化最为重要的基础条件之一（冉涛，2014），对岩溶演化的影响最为明显的地质构造是断裂和褶皱。在断裂和褶皱影响下，可溶性岩石中形成裂隙或裂缝，从而为水的侵入和运移创造了条件。我国南方岩溶主要分布在华南地台区，从震旦纪到三叠纪，沉积了5000～6000m厚的石灰岩建造，为岩溶的发育提供了物质基础。

从较小的地质构造单元来看，山字形构造的前弧、后弧、构造转折端、褶皱、断层等地质构造是岩溶发育的重要控制因素，主要控制着可溶性岩石地层的产状及其展布。次生节理裂隙在褶皱转折端和断裂带附近较为发育，形成不同方向、延伸长度、密度的裂隙组、裂隙网络。节理裂隙网为地表水下渗及地下水流动提供了通道。岩溶发育之初，地下水主要沿岩层节理裂隙流动，岩层倾角较小时，地层平缓，易发育水平岩溶带；岩层倾角较大时，地下水在重力作用下加速运动，不断有未饱和的水流入岩体，地下水循环加快，促进了溶蚀作用，直接影响着岩溶的发育程度及形态分布。节理裂隙越发育的岩体内，岩溶相对来说也较为发育。

2.1.3 构造运动与岩溶规模

地质历史时期的构造运动影响着区域地层的沉积过程和地质构造的发展，形成了区域上的褶皱、断裂等构造体系。构造运动控制着地形地貌的发展过程，也影响着岩溶发育的差异性，形成多种类型的岩溶。构造运动的抬升期，地壳大幅度隆升，遭受风化剥蚀，节理裂隙较为发育，此时的地下水以垂直运动为主，形成落水洞等岩溶地貌；在构造运动的稳定期，地下水以水平运动为主，主要发育水平溶洞等岩溶地貌，且随着时间的推移，溶蚀作用逐渐增强，溶隙、溶洞等岩溶形态的规模随之发展变大，稳定期时间越长，溶蚀作用越充分，岩溶形态规模越大。区域上各个断块体或局部块体经历的构造运动可能不一致，遭受的溶蚀作用强弱和期次不同，多期次构造演化、复合，形成了复杂的断裂系统，使地貌类型复杂多变，岩溶不均匀发育。

2.1.4 地形地貌

地形地貌影响着一个地区的汇水条件和径流方式，大气降水的径流排泄为岩溶的发育提供了一定的物质基础，含活跃二氧化碳的大气降水汇入地表水，进一步向下渗透，进入新的地下水循环，增加了地下岩溶发育的强度。在地表相对高差较大、坡度较陡的地区，地表径流速度较快，不利于大气降水入渗；但是在地形起伏较大的地区，地下水水力坡度大，水循环速度较快，从而进一步加深地下水对围岩的溶蚀程度，岩溶形态进一步发展、规模逐渐变大。在地表相对高差较小、坡度较缓的地区，地表径流速度缓慢，为地表水入渗补给地下水提供了一定的条件，同时地形坡度较缓，导致地下水运移缓慢，对围岩的侵蚀性弱，岩溶形态规模相对较小。

过去很长一段时间内，岩溶学学者认为岩溶发育程度从河谷到分水岭逐渐减弱，溶洞的高程可与相应的河流阶地进行对比。任美锷等（1979）认为上述规律不具有普遍适用性。在云南、贵州、四川的部分地区，某些分水岭属于古近纪的岩溶夷平面，古岩溶和现代岩溶相互叠加，其岩溶发育程度较为强烈。我国岩溶地区河流多具有山区河流的特征，年水位变幅很大，可超过数个“溶洞层”之间的高差，在进行溶洞高程和河流阶地对比时，需考虑溶洞类型、阶地类型及水文因素。

2.1.5 气候条件

气候条件是地表岩溶形态发育的主要控制条件之一。我国岩溶类型依气候条件可分为热带岩溶、亚热带岩溶、温带岩溶。各类岩溶地貌有各自的特点，不同的岩溶形态反映了岩溶发育程度的差异。气候条件对地貌类型的影响主要表现在降水量大小和气温变化上。降水量大小直接影响着其对地下水补给量的大小及地下水循环速率，进而影响了溶蚀作用强度。热带地区降水充沛，湿度和气温均较高，水与碳酸盐岩之间的化学反应速率快，溶蚀率高，岩溶在地表的表现形式以峰林为主，其间分布有封闭的圆形或漏斗状岩溶洼地，规模较小。亚热带岩溶主要以洼地负地形和平缓的丘陵为主，多发育地下岩溶管道系统，其水量动态变化较大。温带地区地表岩溶发育较弱，地下溶蚀裂隙较为发育，形成裂隙富水带，以干谷和岩溶泉为主，泉流量动态稳定，为溶蚀裂隙型岩溶。

岩溶发育是一个缓慢的地质过程。据报道，我国南方以石灰岩和白云岩类为主的某地区，其溶蚀速率为78.9mm/ka。许多岩溶形态均是地质历史时期古气候下的产物。例如，云南东部的峰林是古近纪发育的古地形，依据板块构造学说，古近纪以来中纬度地区的海洋和陆地布局发生了较大的变化，同时古近纪气温也较现在高，而峰林是热带岩溶典型的地貌类型。研究某地区的岩溶发育程度，需考虑古气候的影响。

生物条件和气候条件的差异使岩溶地貌相差较大。与干冷地区相比，湿热地区植被茂盛、种类繁多，土壤层的理化性质被植被演替所影响，不同层位土壤中的含水率、孔隙度、有机质含量、CO_2 含量、pH 及土壤中 Ca、Mg 含量都随植被的演替而发生改变，进而影响土壤下部岩石的溶蚀率。植物种类不同，其对钙的吸收和转化能力不同，使土壤中钙的含量处于动态变化中，呈现出的规律性较为复杂。有机碳含量在不同的土壤层中有所差异，并随植被演替而发生变化。土壤中的 CO_2 主要来自生物呼吸作用及微生物的分解作用，其浓度的大小也因植被种类的不同而发生变化。植物枯落物在微生物的分解作用下生成大量的有机酸和 CO_2，表层土壤中的 CO_2 随孔隙度的增大而逸出，深层土壤中的 CO_2 逸出能力相对较小，其浓度在生物作用、土壤水分、温度、季节、降水等因素的共同影响下呈现动态变化，和有机酸一起融入下渗的地表水中，增强了水的溶蚀能力。含有大量 CO_2 的未饱和地表水下渗补给地下水，为地下水循环提供了新的水动力及溶蚀条件，进一步增加了地下岩溶的发育强度。

2.1.6 其他因素

碳酸盐岩岩体底板控制着岩溶过程的下限。我国许多矿区，硫化矿床与碳酸盐岩接触带上常发育串珠状的深部溶洞，有的规模很大，例如，云南会泽硫化矿床与白云岩接触带发育的深部溶洞，高度超过 200m，宽度为 14m。因硫化矿物在氧化过程中分解出大量硫酸根离子，岩溶水侵蚀性增强，硫化金属矿体与石灰岩接触带附近应力集中，裂隙发育，为地下水流动提供了通道。

综上所述，岩溶的发育程度受上述影响因素的综合作用，并不具有绝对性。石灰岩地区的岩溶发育程度一般较白云岩地区强，但是在某些特定条件下，实际情况并非如此。例如，云南东北部高原的某矿区位于背斜核部，张性断裂等构造较为发育，中粗粒白云岩接近矿体，受热液蚀变作用和重结晶作用影响，白云岩孔隙率和孔隙度均有所增加，并且矿区地下水中硫酸根离子浓度较高，使白云岩较易被破坏，岩溶发育程度较高。因此，在分析某地区的岩溶发育规律时，需综合分析，避免经验主义带来的分析误差。

2.2 岩溶形态及形成机制

地表岩溶是呈现在岩溶化地块表面的形态和现象，分为正地形和负地形，表现形式主要包括溶痕、石牙、溶沟、岩溶裂隙、落水洞、竖井（也称天坑）、漏斗、溶蚀洼地、岩溶盆地、岩溶平原、岩溶准平原、岩溶夷平面、盲谷、干谷、岩溶嶂谷、岩溶天窗、天生桥、岩溶湖、岩溶泉、峰林、孤峰、残丘、溶蚀丘陵、岩溶石柱、岩溶高原、溶洞、红土台地 27 种。

地下岩溶形态是岩溶水在可溶性岩体内经过长期运移、溶蚀、堆积的结果，主要包括溶洞、暗河（或伏流）、地下廊道、岩溶管道、地下湖、溶孔、晶孔、洞穴堆积等表现形式。

裂隙深度的不同会导致地下水循环的深度不断发生变化，地下水循环深度又影响着岩溶发育的深度。岩溶山区的地下水在包气带上存在地下水位变动带，地下水位变动带以下的地下水处于饱和状态，虽然在构造运动的作用下，岩石中形成了复杂的裂隙网络，但是裂隙网络的延展性和连续性均次于层间裂隙，因此，地下水在接受大气降水补给之后，在裂隙网络中主要沿层间裂隙流动，不断溶蚀围岩，并形成岩溶裂隙、溶孔、溶洞等岩溶现象。地下水因受地形切割或者岩性变化等因素影响，以泉的形式排出地表。随着构造运动的发展，若该地区的地壳处于下降阶段，则此泉点逐渐被上部新近沉积物覆盖，在其上部由于地形切割变化而形成新的泉点；若该地区的地壳处于上升阶段，则之前的泉点由于地壳抬升而干涸，形成干溶洞，地下水跌落至新的排泄基准面，形成新的泉点，由此便形成多层岩溶。

在裸露岩溶区，根据岩溶水动力条件，可在垂向上将岩溶发育带分为表层岩溶带、包气带、季节交替岩溶带、浅饱水岩溶带、压力饱水岩溶带、深部缓流带 6 个部分（图 2.2）。表层岩溶带（A）是在可溶性岩石山区，赋存于地表浅层强岩溶化岩体孔隙中的地下水，与包气带关系较大。包气带（B）即为垂直下渗带，处于丰水期地下水位以上、表层岩溶带以下，包气带多发育垂直状的溶隙及溶洞等，可通过溶隙、岩溶管道与地表的岩溶洼地相连通，将大气降水和地表水补给给地下水。包气带水流在时空方面多为不连续水流，地下工程通过包气带时可能会受季节性地表水灌入和洞穴充填物涌入的威胁。季节交替岩溶带（C）是由于季节交替引起地下水位发生动态变化的地带，属于丰水期地下水位以下、枯水期地下水位以上的过渡地带的岩溶发育带，地下工程通过季节交替岩溶带时，可能会在雨季受到自下而上的有压涌水和突泥的危害。浅饱水岩溶带（D）为处于枯水期地下水位以下、暗河排泄影响带以上的饱水岩溶发育带。浅饱水岩溶带岩溶发育强烈，一些水平状洞穴、地下主河道、充水溶洞等常发育于此，其涌水现象对地下工程威胁很大，一般为有压突水、突泥。压力饱水岩溶带（E）是暗河出口水面以下、当地排泄基准面影响带以上的岩溶发育带。该地带的岩溶水循环主要受当地河流排泄基准面的影响，其涌水突泥现象对地下工程威胁很大，许多特大型涌水、突泥都出现在压力饱水岩溶带。深部缓流带（F）是处于压力饱水岩溶带以下的岩溶水带，该区域的地下水运动基本不受当地河流排泄基准面的影响，缓慢向深部、向远方径流，岩溶发育情况较浅部岩溶发育带弱，但在构造发育带附近可能形成大规模的岩溶发育带，交通隧道工程涉及深部缓流带的工况较少，但在水电工程施工中应引起重视。

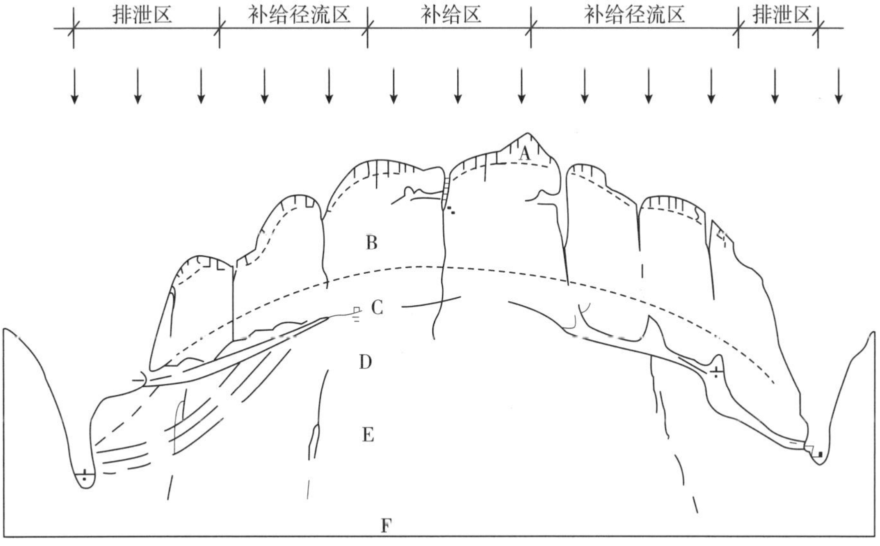

图 2.2 岩溶水动力分带

我国西南地区和华北部分地区碳酸盐岩大面积分布，西南地区主要出露二叠系、三叠系、石炭系、泥盆系碳酸盐岩，华北地区奥陶系厚层、巨厚层石灰岩较为发育。这些富水性较好的岩溶含水层既是良好的水源地，又是矿山开采、交通隧道等工程安全开拓的绊脚石，但为了保证工程活动的安全进行，一味地疏干排水又会引起岩溶塌陷、泉水干涸等一系列的岩溶环境问题。

在岩溶矿床或隧道涌水（突水）方面，古岩溶往往呈封闭状态，与外界水力联系较弱，相当于埋藏在地下的一个封闭水池，在地下坑道揭露古岩溶时易引起突水。研究古岩溶的发育规律，对于涌水量预测也相当重要。

古岩溶在以往地质时期的地质营力作用下形成，在现代地质营力作用下继续发育，通常被较新的沉积物或沉积岩所覆盖。由于多期次的岩溶过程相互叠加，古岩溶的形态相对于之前有所改变，是古岩溶形态和现代岩溶叠加的结果。据悉，世界上许多油气储藏层均与古岩溶的发育有关。目前，对于古岩溶类型尚无明确的分类，部分古岩溶在形成以后，或随构造运动的发展抬升至高处，或深埋地下，与现代岩溶可能以不同的形式表现。

在古岩溶后期埋藏阶段，深部岩溶在人类工程活动和地下水深循环作用的影响下可能进一步发育，但此时因大气降水在径流途中与可溶性岩石的化学作用使其逐渐达到近饱和状态，而对古岩溶的改造作用有所减弱。若岩体中含有碳酸盐岩类烃源岩，则其中的有机质热演化和生烃、排烃过程中产生酸性流体，对前期形成的岩溶进一步改造溶蚀，进而提高岩体的储渗性能。

为了研究古岩溶的形成环境和影响因素，国内外学者采用阴极发光等现代岩矿分析手段分析岩溶形成时的氧化还原环境。$^{87}Sr/^{86}Sr$、^{13}C、^{18}O、^{55}Mn 含量是判断大气降水作用程度的最重要的地球化学标志。库丽曼等（2007）采用阴极发光特征、稀土元素特征、碳氧同位素组成特征、锶同位素特征来识别和分析大气淡水对济阳坳陷下古生界碳酸盐岩的岩溶作用。

部分现代岩溶是以古岩溶的残留形态存在，在古岩溶的基础上继续发展、叠加，地表岩溶发育程度和地下岩溶发育程度均较为强烈，形成了规模较大的岩溶。例如，云南个旧地区分水岭地带的岩溶发育程度较河谷地带高，原因是其分水岭地带位于古近纪古岩溶的夷平面上，现代岩溶在古岩溶的基础上继续发育，发育程度较高。

构造运动是地壳运动的一种重要形式，它包括地壳隆起、抬升或沉降，使地貌形成巨大的反差，同时也影响着岩溶的发育条件，进而控制岩溶发育的格局。在适宜的条件下，古岩溶先形成，并在后期构造运动的影响下进一步发育。若地壳隆升，则使老溶洞层逐渐上升，形成高溶洞层，由饱水带进入包气带，多为干溶洞；若地壳相对沉降，隐伏的岩溶含水层长期处于饱水带以下，可能为暗河及伏流的出口。因岩溶发育的继承性，不同的岩溶形态之间互相连接，进一步发展为现代岩溶。在多期次构造运动的影响下，形成多层岩溶。

2.3 调查分析方法

对于岩溶的调查研究有多种方法，最常见的是地面形态调查法，可将地表平面上的岩溶发育规律和垂向上的岩溶发育规律综合研究，总结出区域岩溶发育特征。在钻孔资料翔实的地区，可依据钻孔编录资料，进一步研究不同深度岩溶的发育特征。

2.3.1 地面形态调查与分析

岩溶形态的调查是区域水文地质调查的工作内容之一，按追踪法、穿越法对区内地表出露的主要岩溶含水层进行调查，对区内的峰丛、峰林等地貌进行详细的描述，对岩溶洼地、溶蚀漏斗、溶洞、溶沟、溶槽、落水洞、溶蚀大泉等进行记录。

溶洞是一种常见的岩溶形态，许多大规模溶洞已被开发成著名的景区，例如贵州的龙宫风景名胜区，云南的九乡风景名胜区、燕子洞风景名胜区等。溶洞内可见石笋、石牙、石柱、白水台、暗河等岩溶景观。对于规模一般的溶洞，在野外调查时，需记录溶洞的点位（坐标、高程）、发育规模（包括洞高、洞宽、发育深度、主方向等），可用三视图来表示。

岩溶地下水因地形切割、隔水层阻隔等以泉的形式排泄出地表，流量大的形成暗河。对于泉点，需描述其所在含水层组类型、泉点类型（上升泉、下降泉等）、泉流量（枯水期流量和丰水期流量），如有必要，采集泉水样并根据调查目的选取化验指标，有针对性地进行化验。

岩溶洼地需详细记录其点位（坐标、高程）和发育规模（即主轴的长、宽、深度及主轴的发育方向），以此来总结推断该区域内地下水流的优势方向。大型岩溶洼地的规模和主轴方向在单一的观测点可能难以观测，可在传统水文地质调查的基础上，结合卫星图片、地理信息系统等进行调查，以此确定岩溶洼地的发育规模和主轴方向。

在地面形态调查工作的基础上，需结合区域构造发展史对其作进一步分析，地壳隆升或沉降影响着岩溶的形成条件，若地壳隆升，则先形成的岩溶位置抬升，成为高层溶洞，在后期环境的影响下，进一步发展为现代岩溶。

根据例证区地面形态调查工作成果绘制岩溶形态分布图，量测任一岩溶形态点至可溶性岩层顶板或底板的距离，并根据地层产状换算得出该岩溶形态点至可溶岩层分界线处的垂直距离；计算调查区所有岩溶形态点至相应可溶性岩层分界线的垂直距离，并以此作统计分布图，可清晰揭示岩溶发育层位。

依据例证区钻孔详细数据，包括钻孔位置、深度、岩性、岩溶发育情况等，对数据进行核对和整理；分析岩溶发育的特点，包括发育层位、厚度等，标记岩溶发育的具体深度并对岩石类型进行分层；根据不同岩性分界及岩溶发育程度将剖面绘制成垂向分布图。收集钻孔深度、岩性、岩层厚度等相关数据，根据岩层特征将钻孔分为不同的岩层段，在图中绘制不同岩层段的界限，在岩层段界限上下方标注相应的信息；在岩溶发育段中采取特殊颜色标注，以展示岩溶发育情况。

2.3.2 钻孔编录资料分析

地下岩溶形态是岩溶水在可溶性岩体内经过长期运移、溶蚀、堆积的结果，主要包括溶洞、暗河（或伏流）、地下廊道、岩溶管道、地下湖、溶孔、晶孔、洞穴堆积等表现形式。地下岩溶形态一般较难直观地进行统计，在矿区或隧道工程沿线一般通过地球物理勘探、钻探等方法进行识别和分析。钻孔编录资料对该地区的岩溶发育状况能较为直观地进行刻画，但是也存在一定的局限，一是费用较高，二是由于岩溶发育的不均匀性，钻孔编录资料也会出现一定的误差。

采用钻孔勘探的手段进行研究时，一般用钻孔遇溶洞率、线性溶蚀率等指标来描述地下岩溶的发育状况。曹贤发等（2014）在对现有岩溶发育特征进行描述的基础上，将一定高程范围内的溶蚀高度与地层厚度的比值作为线性溶蚀率的计算方法；刘宏等（2009）用岩芯中发育的溶蚀裂隙和溶洞的总长度与总进尺的比值来表示线性溶蚀率，将竖向线性溶蚀率与水平线性溶蚀率的乘积定义为面溶蚀率。

在部分矿区钻探施工的过程中，也会揭露一些深部岩溶，包括溶孔、溶隙及溶洞。在高角度的富水断裂破碎带附近，当岩层倾角较大时，地下水沿岩层层面和节理面向深部运移，垂直循环强烈，易在深部发育较大的溶洞。岩溶发育程度随深度的增加而减弱的一般规律并非在所有地区均适用，深部饱水带在一定的构造和水文地质条件下也可发育大型溶洞，在实际的工程建设中不能一概而论，避免忽略上述情况的特殊性而带来的经济损失。

综上所述，在工程条件允许时，根据实际情况布设勘探钻孔并取样测试，对钻孔编录资料进行分析，通过钻孔遇溶洞率、钻孔线性溶蚀率等来描述地下岩溶的发育状况，可以使工程区的岩溶发育情况更加明了。但是，由于岩溶发育的不均匀性，也会存在一定的局限性，需与其他岩溶调查手段配合使用。

2.3.3 地球物理勘探分析

岩溶是由于可溶性岩石长期受到地表水和地下水的物理化学作用而形成的独特地质现象，常以溶洞（槽）、漏斗、溶蚀裂隙等形态出现。岩溶发育严重影响工程建设的施工和运营安全，可以通过地球物理勘探的方法探查并推断其类型、发育规律及空间展布，常用方法包括高密度电阻率法、瞬变电磁法、地质雷达、地震层析成像法、大地电磁法等。

2.3.3.1 高密度电阻率法

高密度电阻率法是一种阵列式的勘探方法，其基本原理与常规直流电法相同，以不同介质导电性差异为基础，通过人工向地下供电，建立稳定的直流电场，并在地表布设若干电极，选用合适的排列装置进行扫描观测获得地电断面信息，进而推断地下地质情况。其特点是电极布设一次性完成，可以快速、自动获取野外数据，还能有效地进行多种电极排列方式的扫描测量，由此可以获得较丰富的关于地电断面结构特征的地质信息。

随着技术的发展，高密度电阻率法采集系统大多采用嵌入式工控机，大大提高系统的稳定性与可靠性；采用笔记本硬盘存储数据，可满足野外长时间施工的工作需求；采用视窗化、嵌入式实时控制与处理软件，便于野外操作；可实现多种工作模式的转换，计算机与电测仪一体化，携带方便。新一代高密度电法仪多采用分布式设计，即将电极转换功能放在电极上，这些电极器串联在多芯电缆上，地址随机分配，在任何位置都可以进行测量，实现滚动测量和多道、长剖面的连续测量。高密度电阻率法采集系统可以做高密度电阻率测量，又可以同时做高密度极化率测量，应用范围广。

目前，对于高密度电阻率法的数据处理主要采用瑞典开发的 RES2DINV 软件，该软件反演部分组成的2-D模型中使用了许多受控于测量数据的数据点分配的正方形模块，能自动分配模块并决定模块大小，方便确定矩阵的电阻率，并且能够生成一个反映实际测量结果的视电阻率拟断面图。

高密度电阻率成像技术在高速公路勘探中的应用较为广泛。图2.3为云南某高速公路BK118+320～BK118+460段电阻率经正演计算得到的视电阻率拟断面处理结果，图中清楚地反映了在相应的视电阻率观测断面上的高阻区和低阻区，表明高密度电阻率法既保证了数值上较小的拟合差，同时也在趋势上符合实际地质情况，没有出现奇异解。

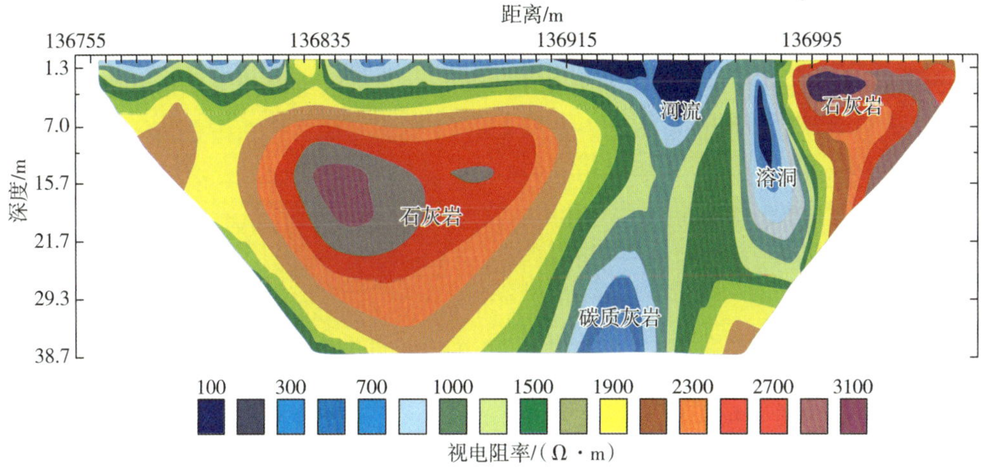

图2.3 云南某高速公路BK118+320～BK118+460段视电阻率断面解译图

反演结果显示，在AK136+835段深部的高阻石灰岩同视电阻率观测断面上的相对高阻区对应，AK136+915～AK136+995段浅部的低阻河床在视电阻率观测断面上也有较强的反映。高电阻区（大于2500Ω·m）被认为是未风化的致密坚硬的石灰岩；中间电阻区（300～2500Ω·m）为较弱的石灰岩（断裂带或风化带）；低电阻区（小于300Ω·m）为含水土层、河流、碳质灰岩或被石灰岩碎块、干燥的风化土填充的溶洞。AK136+965～AK136+995段的低阻异常区经分析推测为一个充填有低阻物质的溶洞。后经钻孔编录资料证实这两处的确有溶洞分布，直径为5～10m，深度为4～8m。

2.3.3.2 瞬变电磁法

瞬变电磁法是利用不接地回线或接地电极向地下发送脉冲式一次电磁场，用线圈或接地电极观测由该脉冲电磁场感应的地下涡流产生的二次电磁场的空间和时间分布，从而解决有关地质问题的时间域电磁法。

瞬变电磁法的工作原理是在发射回线中阶跃变化电流作用下，地下介质中产生的过渡过程的感应电磁场（一次场）在导电介质内产生的其结构和频率在时间与空间上均连续变化的涡旋交变电磁场（二次场）。按瞬变过程可分为早期和晚期两个阶段，在两个阶段中电磁场所提供的信息不同，其用途也不同。

在瞬变过程的早期阶段，频谱中高频成分占优势，因此涡旋电流主要分布在地表附近，由于趋肤深度的高频效应，阻碍电磁场向地下深部传播，因此早期阶段的电磁场主要反映地层的浅部地质信息。

在瞬变过程的晚期阶段，高频成分被导电介质吸收，低频成分占主导地位，在这一阶段，局部地质体中的涡流实际上全部消失，而各层产生的涡流磁场之间的连续相互作用使电磁场平均化，这时瞬变电磁场的大小主要依赖于地电断面总的纵向电导。

在电导率为 σ、磁导率为 μ 的均匀各向同性大地表面铺设面积为 S 的矩形发射回线，在回线中供以阶跃脉冲电流：

$$I(t)=\begin{cases}I & t<0\\0 & t\geqslant 0\end{cases} \tag{2.1}$$

式中，I 为阶跃脉冲电流，单位为 A；t 为供电时间，单位为 s。在电流断开之前（$t<0$ 时），发射电流在回线周围的大地和空间中建立起一个稳定的磁场，如图 2.4 所示。

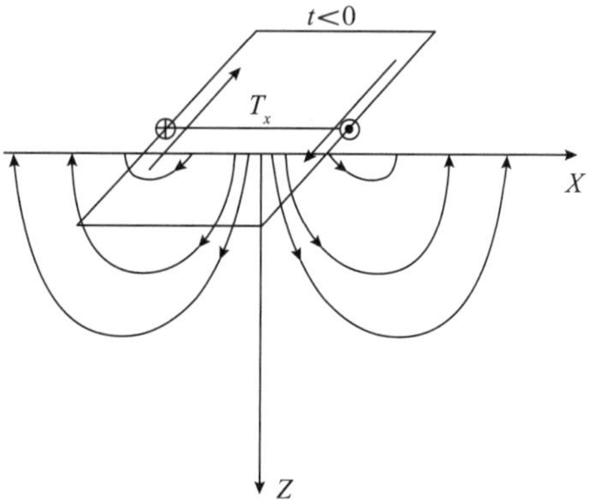

图 2.4　矩形框磁力线示意图

在 $t=0$ 时，将电流突然断开，由该电流产生的磁场也立即消失。一次电磁场的这一剧烈变化通过空气和地下导电介质传至回线周围的大地中，并在大地中激发出感应电流以维持发射电流断开之前存在的磁场，使空间的磁场不会即刻消失。

由于介质的欧姆损耗，这一感应电流将迅速衰减，由它产生的磁场也随之迅速衰减，这种迅速衰减的磁场又在其周围的地下介质中感应出新的强度更弱的涡流。这一过程继续下去，直至大地的欧姆损耗将磁场能量消耗完毕为止。这便是大地中的瞬变电磁过程，伴随这一过程存在的电磁场便是大地的瞬变电磁场。

瞬变电磁法装置类型包括：①发射线框和接收线框在同一线框的同一回线装置；②发射线框和接收线框具有完全相同的几何形状和尺寸，但两线框相互独立布置在同一位置上的重叠回线装置；③接收线框位于发射线框内中心位置的中心回线装置；④发射线框与接收线框保持一定距离分别布置的分离式回线装置。

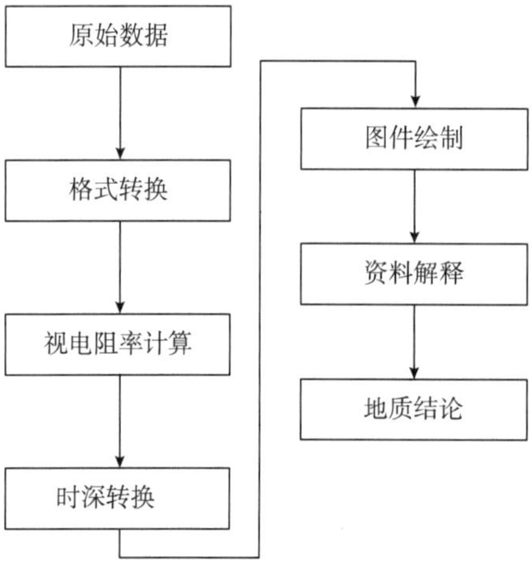

图 2.5　瞬变电磁法资料处理与解释流程图

瞬变电磁法的资料处理和解释流程如图 2.5 所示。

瞬变电磁法在岩溶勘探中的应用也较为广泛。图 2.6 和图 2.7 为贵阳某公园瞬变电磁法探测剖面两平行测线的物探成果图，图中 X 轴方向的数值表示距离，Y 轴方向的数值表示视深度值，两测线相距 35m 左右。图 2.6 中 X 轴方向 50m 处的绿色小圆圈表示贵阳某公园的地下溶洞，与实际情况相符。

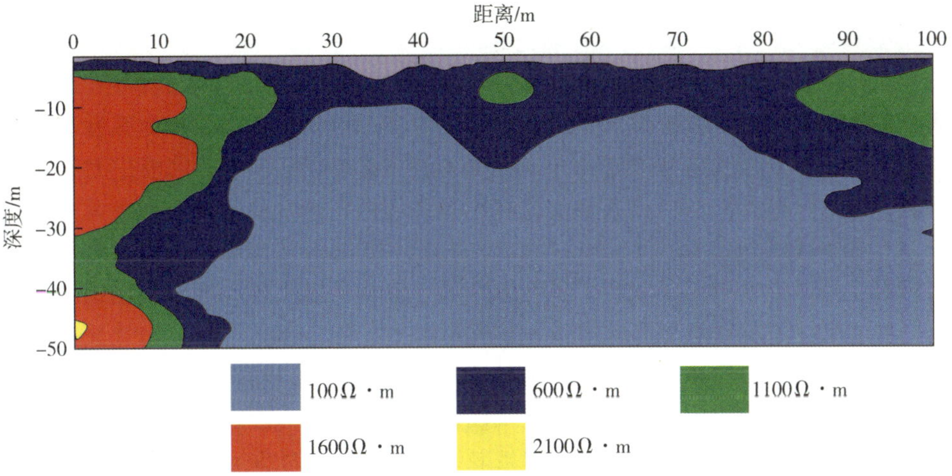

图 2.6　贵阳某公园 1# 测线瞬变电磁法剖面图

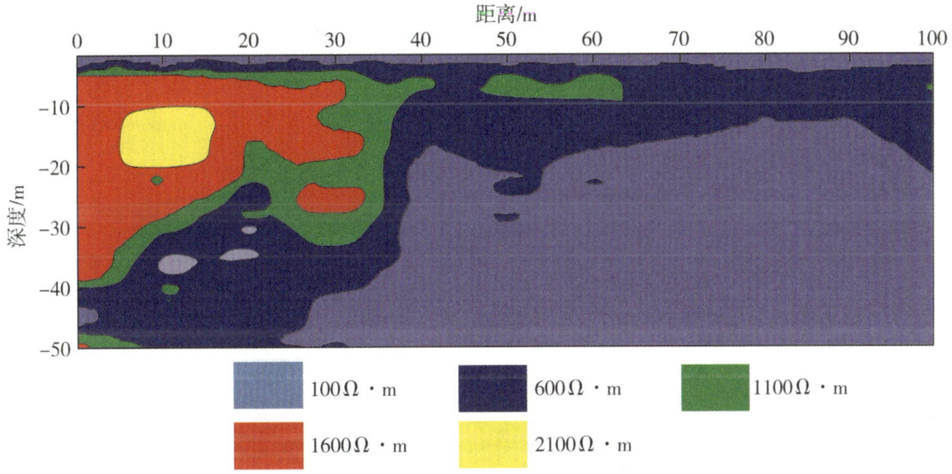

图 2.7　贵阳某公园 2# 测线瞬变电磁法剖面图

2.3.3.3　地质雷达

地质雷达利用一个天线发射高频宽频带电磁波，另一个天线接收来自地下介质界面的反射波。电磁波在介质中传播时，其路径、电磁场强度与波形将随所通过介质的电磁属性和几何形态的变化而变化。因此，根据接收到电磁波的旅行时间（亦称双程走时）、幅度与波形资料，可推断地下介质的分布情况。

地质雷达由发射部分和接收部分组成。发射部分由产生高频脉冲波的发射机和向外辐射电磁波的发射天线（Tx）组成。通过发射天线电磁波以 60°～90°的波束角向地下发射电磁波，电磁波在传播途中遇到电性分界面产生反射。反射波被设置在某一固定位置的接收天线（Rx）接收，与此同时接收天线还接收到沿岩层表层传播的直达波，反射波和直达波同时被接收机记录或显示在终端中。当地下介质中的波速 v 为已知时，可以根据精

确测得的脉冲波走时 t，计算目标体的深度，计算公式为

$$z=\frac{\sqrt{t^2v^2-x^2}}{2} \tag{2.2}$$

式中，z 为目标体深度，单位为 m；t 为脉冲波走时，单位为 s；x 为收发距，在剖面测量中是固定的；v 为波速，单位为 m/s，可用宽角法直接测量，也可以根据近似计算公式进行计算：

$$v\approx\frac{c}{\sqrt{\varepsilon_r}} \tag{2.3}$$

式中，c 为光速；ε_r 为地下介质的相对介电常数，无量纲。

波的双程走时由反射脉冲相对于发射脉冲的延时而确定。地质雷达图形常以脉冲反射波的波形形式记录。波形的正峰和负峰分别以黑色和白色表示，或以灰阶或彩色表示。这样，同相轴或等灰度、等色线，即可形象地表征出地下反射界面。在波形记录上，各测点均以测线的铅垂方向记录波形，构成地质雷达剖面。

由于地质雷达的电磁波主要是在非理想介质中传播，所以其衰减的速度非常快，这已成为地质雷达应用的主要障碍，即探测的深度有限。电磁波的电场强度随着距离的衰减规律为

$$E=E_0e^{-\beta_r} \tag{2.4}$$

式中，E 为电场强度，单位为 V/m；E_0 为标准电场强度；β_r 为介质的吸收系数，它与介质的电性和频率有关，可通过式 2.5 计算得出：

$$\beta_r=\frac{60\pi}{\rho\sqrt{\varepsilon_r}} \tag{2.5}$$

式中，ρ 为电阻率，单位为 Ω·m。

地质雷达的主要野外工作方法包括剖面法、多次覆盖法和宽角法。剖面法是发射天线（Tx）和接收天线（Rx）以固定间距沿测线同步移动的一种测量方式，当发射天线与接收天线间距为零，亦即发射天线与接收天线合二为一时称为单天线形式，反之称为双天线形式。剖面法的测量结果可以用地质雷达时间剖面图来表示，该图像的横坐标记录了天线在地表的位置，纵坐标为反射波双程走时，表示雷达脉冲从发射天线出发经地下界面反射回到接收天线所需的时间，这种记录能准确反映测线下方地下各反射界面的形态。多次覆盖法应用不同天线距的发射-接收天线在同一测线上进行重复测量，然后把测量记录中相同位置的测点记录进行叠加，这种方法可以将来自深部界面的反射波信号增强，从而提高信噪比，避免出现因信噪比过小而不易识别的情形，因而多次覆盖法能增强对深部地下介质的分辨能力。宽角法是指当一个天线固定在地面某一点上不动，而另一个天线沿测线移动时，记录地下各个不同界面反射波的双程走时，这种测量方式的目的是求取地下介质的电磁波传播速度。

地质雷达数据处理流程如图 2.8 所示。

地质雷达在岩溶勘探中的应用也较为普遍。图 2.9 为某隧道路基中线剖面的岩溶探测地质雷达图像，探测中采用 100MHz 天线，时窗为－20～60ns，岩性为石灰岩，探测深度可达 35m 左右。地质雷达图像显示，顺岩层方向溶缝比较发育，存在一组 X 形节理，X 形节理中心部位岩石破碎，并在 X 形节理正下方有一明显双曲线异常，经钻探验证为空溶洞。

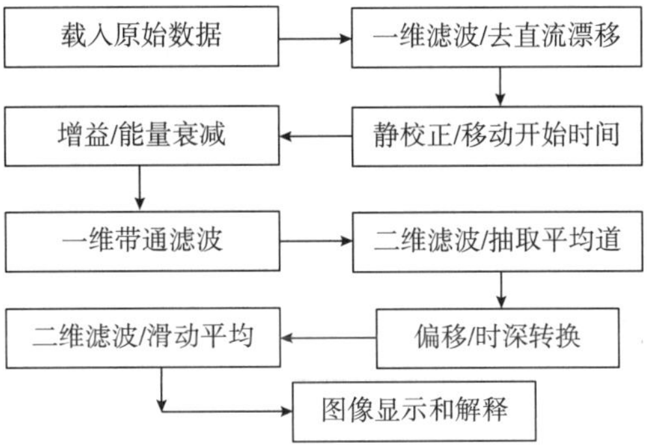

图 2.8 地质雷达数据处理流程图

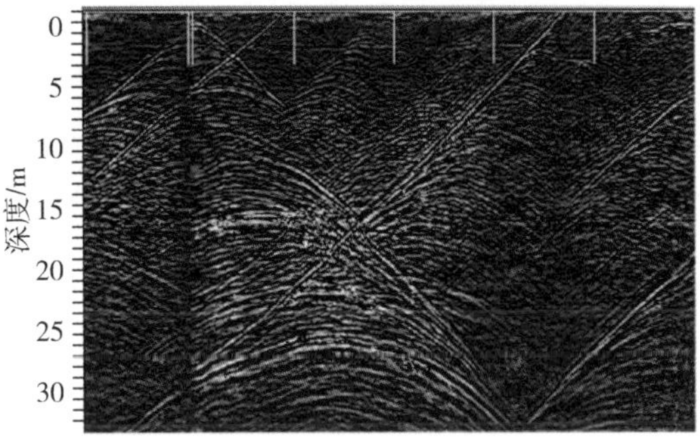

图 2.9 地质雷达探测溶洞和节理图像

2.3.3.4 地震层析成像法

地震层析成像法是根据工程中所具备的施工和测量条件，首先，在孔间或洞间（含与地面），利用爆炸、电火花或锤击等作为震源，采用一定观测系统，在被测区域内组成致密交叉的激发-接受网络，然后根据射线的疏密程度和成像精度进行单元划分，并建立观测参数间线性方程组；其次，选用适当射线追踪和电磁反演的方法，经过多次迭代并成像，由此获得被测区域的地震波速分布图像。地震层析成像法不仅提供了观测区域地震波波速的分布特征，而且指出了岩溶区的形态及空间位置，并可根据其波速值对岩溶体的类型进行分析判断，具有高分辨率和可量化评价的优势。

在地震层析成像探测中，利用爆炸或锤击震源激发地震波，地震波在地质体内通过动能与形变势能相互转化向外传播，其纵波波动方程为

$$\rho \frac{\partial^2 \theta}{\partial t^2} - \left[(\lambda + 2\mu) + \frac{4\partial}{3\partial t} \right] \Delta^2 \theta \tag{2.6}$$

式中，λ 为拉梅常数，μ 为剪切模量，Δ 为体应变，ρ 为介质密度，t 为时间，θ 为标量势函数，它描述了纵波的位移场。地震层析成像法应用于工程地质勘察的物理基础是地质体及其结构的波速特征。

地面地震层析成像法是在地表面布置由激发点和接收点所组成的观测系统，由激发点产生的地震波经过地下地质体的折射、反射等物理过程，到达接收点，利用接收点所记录的直达波、反射波及面波等震相的走时或振幅资料，在计算机上重建地质体内部图像的一种地球物理勘探方法。

根据地震波走时或地震波场观测数据对介质进行反演，获取探测区域内部介质的波速、慢度、密度或衰减系数等，从而识别探测区域内部的结构。人工地震层析成像法是用人工方法激发地震波，使其穿透地下岩体，通过对地震波走时及地震波能量变化的观测，经计算机处理重现地下岩体的岩性分布、断裂构造、矿体位置及形态结构图像的方法。与传统的钻探方法相比，地震层析成像法不依赖钻孔或井巷，任何场地都可适用，能够提供层析成像区域的波速分布图像。该方法图像信息量大、分辨率高、形象直观，可以清楚地反映例证区域的覆盖层分区、岩性分布与构造特点，用于勘查岩溶效果甚好。

2.3.3.5 大地电磁法

大地电磁法是以天然电磁场为场源，通过人工建立的可控电磁场系统，改变电磁频率，在一定距离的远场区观测正交电场分量（E_x、E_y）或磁场分量（H_x、H_y）的变化，以达到探测地下地质体的一种地球物理勘探方法。当天然交变电磁场入射大地，在地下以波的形式传播时，由于电磁感应的作用，地面电磁场的观测值会包含地下介质的电阻率分布信息。由于不同频率的电磁场信号具有不同穿透深度，大地电磁法通过研究地表采集的电磁数据，能够反演出地下不同深度介质电阻率的分布信息，据此绘制测区内视电阻率等值线图，结合测区地层岩性、构造等情况分析、计算目标体的范围和深度，判断目标体的性质及形态。该方法对于勘探深部大规模充填型岩溶效果较好，具有成本低、效率高、测深大的特点。

大地电磁法通过接收地面电磁波来探测目标体的电阻率或电导率。在一定距离的远场区观测正交电场分量（E_x、E_y）和磁场分量（H_x、H_y）。根据大地电磁理论，将地表天然电场分量与磁场分量的比值定义为地表波阻抗，在均匀大地背景下，地表波阻抗与入射场极化无关，只与大地电阻率及电磁场频率有关：

$$Z=\sqrt{\pi\rho\mu f}(1-\mathrm{i}) \tag{2.7}$$

式中，Z 为地表波阻抗；f 为频率，单位为 Hz；ρ 为大地电阻率，单位为 Ω·m；μ 为磁导率，单位为 H/m；i 为单位虚数。通过测量相互正交的电场分量和磁场分量，可确定大地电阻率，计算公式为

$$\rho=\frac{1}{5f}\left|\frac{E}{H}\right|^2 \tag{2.8}$$

式中，ρ 为大地电阻率，单位为 Ω·m；E 为电场强度，单位为 V/m；H 为磁场强度，单位为 T。对于水平分层电场，计算得到的电阻率将随频率的改变而变化，因为电磁波穿透大地的深度或趋肤深度与频率有关：

$$\delta=\sqrt{\frac{2}{\omega\mu\sigma}}\approx 500\sqrt{\frac{\rho}{f}} \tag{2.9}$$

式中，δ 为趋肤深度，单位为 m；ω 为角频率，单位为 rad/s；σ 为电导率，单位为 S/m。

由以上公式计算的电阻率为视电阻率，通过反演计算得到地下岩层的电性分布特征。由于充水岩溶与围岩电阻率具有明显差异，采用大地电磁法探测中部大型溶洞具有较好效果，但该方法分辨率较低，探测小规模充水岩溶效果不好。

2.3.4 综合分析

综上所述，岩溶区地面形态调查是最常见的岩溶调查手段，主要调查地表的溶洞、岩溶裂隙、岩溶洼地的形态、发育规律、发育程度及地下水流态等内容。钻孔编录资料对岩溶区地下岩溶发育状况能较为直观地呈现，但是费用较高，且由于岩溶发育的不均匀性，也会存在一定的局限性。地球物理勘探方法可以探查并推断岩溶发育类型、发育规律及空间展布情况，也因探测手段不同而存在一定的缺点。在进行例证区岩溶调查分析时，需多种手段相结合，互相弥补，避免单一调查方法的不足，使例证区的岩溶发育情况更加清晰

明了。在地面形态调查工作的基础上，需结合区域构造发展史进行深入分析，合理推断埋藏型岩溶是否存在；地壳隆升或沉降影响着岩溶的发育条件，若地壳隆升，则先形成的岩溶抬升，成为高层溶洞，在后期环境的影响下，进一步发展为现代岩溶；若地壳沉降，则溶洞或溶隙降至地表以下被覆盖或埋藏。

2.4 研究实例

2.4.1 贵州贞丰 H 金矿矿区

贵州贞丰 H 金矿矿区地层出露上古生界二叠系、中生界三叠系，其中与矿区充水条件密切相关的地层为二叠系下统茅口组（P_1m）。赋存于茅口组石灰岩不同层位的承压水经断层或裂隙破碎带导水通道上升进入井巷内，造成过两次严重的淹井事故，最大涌水量达 1000m^3/h；矿体位于茅口组紧邻上覆地层，埋藏有一定深度，探明茅口组承压水主要赋存空间——溶洞、溶隙等岩溶发育规律是矿山实现安全排水的基础保障。

贵州贞丰 H 金矿矿区主要处于北东向弥勒-师宗深断裂、北西向垭都-紫云深断裂和近东西向开远-平塘深断裂为界构成的三角形地块内，区域地质构造复杂，断裂纵横交错。矿区主要褶皱构造为灰家堡背斜，全长约 20km，宽约 6km，背斜轴向总体近东西，核部地层近于水平；两翼岩层倾角为 10°～20°，轴面近于直立，两翼基本对称。核部地层为二叠系上统龙潭组（P_3l）、长兴组（P_3c）、大隆组（P_3d），两翼为三叠系下统夜郎组（T_1y）和永宁镇组（T_1yn），贵州贞丰 H 金矿矿区位于近东西向灰家堡背斜东段。茅口组石灰岩在矿区为埋藏型，而在例证区西北方向约 36km 的安谷一带，则大面积出露，这些石灰岩断续延伸至贵州贞丰 H 金矿矿区，从构造史上看岩溶应具有相似性。

2.4.1.1 安谷地区茅口组地表岩溶发育规律

安谷地区茅口组地表岩溶形态主要表现为溶洞和岩溶洼地，地表尚可见孤峰、溶沟、溶槽及石林等。

区内共调查溶洞 45 个，溶洞发育方向主要为北东 24°、北东 53°和北西 35°。溶洞高深比变化范围较大，数值为 0.2～3.4（图 2.10）；宽高比主要集中为 0～2.6（图 2.11）；宽深比数值为 0.3～5.4（图 2.12）。溶洞形态多呈长条形发育，其中 RD25 最为典型，该溶洞洞口高约 7m，宽 4m，洞深平面呈长条状，进洞后是一个大型溶厅（图 2.13）；溶厅内钟乳石发育，直径 10～50cm，表面钙化；整个溶

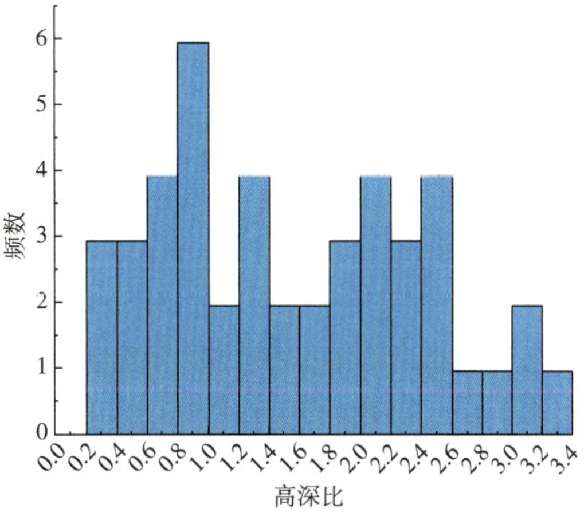

图 2.10 安谷地区溶洞高深比直方图

厅呈近球形，顶部偶有滴水，洞身底部稍显平坦，现处于干燥状态。

安谷地区共发育 39 个岩溶洼地（图 2.14），多为椭圆形和近圆形，短轴长 116～1431m，长轴长 165～2580m（表 2.1），短轴与长轴比值集中为 0.65～0.75（图 2.15）。岩溶洼地主轴发育方向主要为北西 335°～350°、北东 52°～76°，与溶洞发育方向基本吻合（图 2.16）。

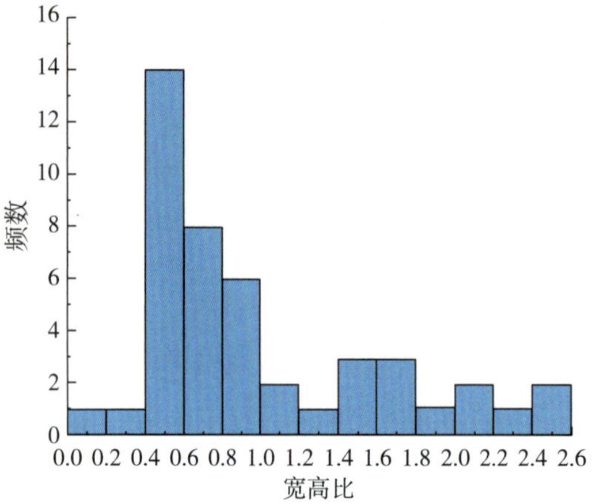

图 2.11　安谷地区溶洞宽高比直方图

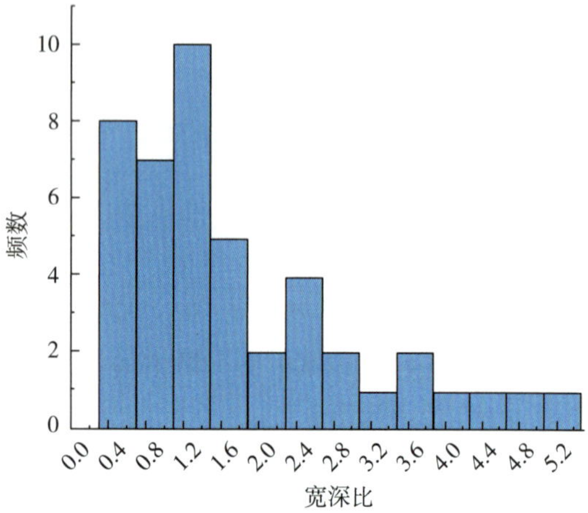

图 2.12　安谷地区溶洞宽深比直方图

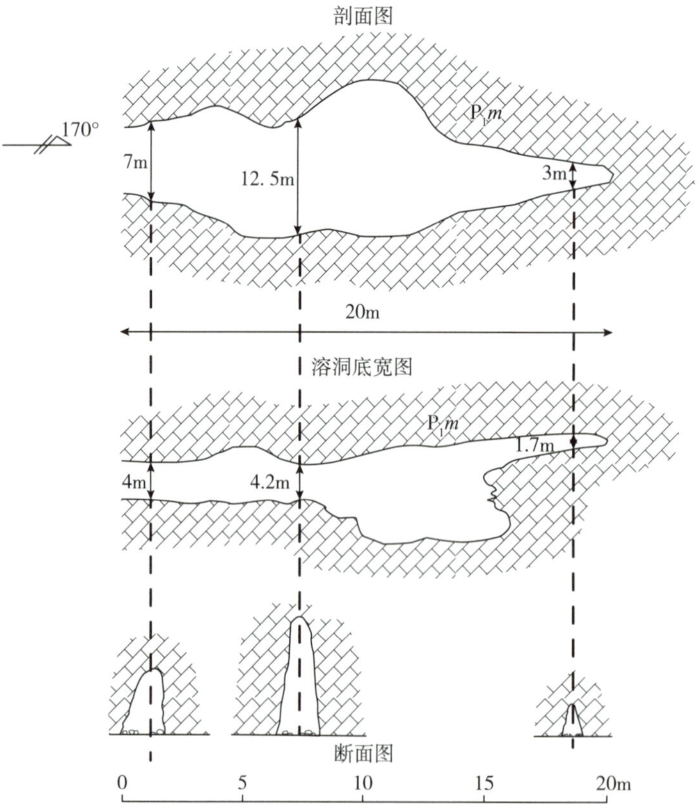

图 2.13　安谷地区 RD25 溶洞形态特征图

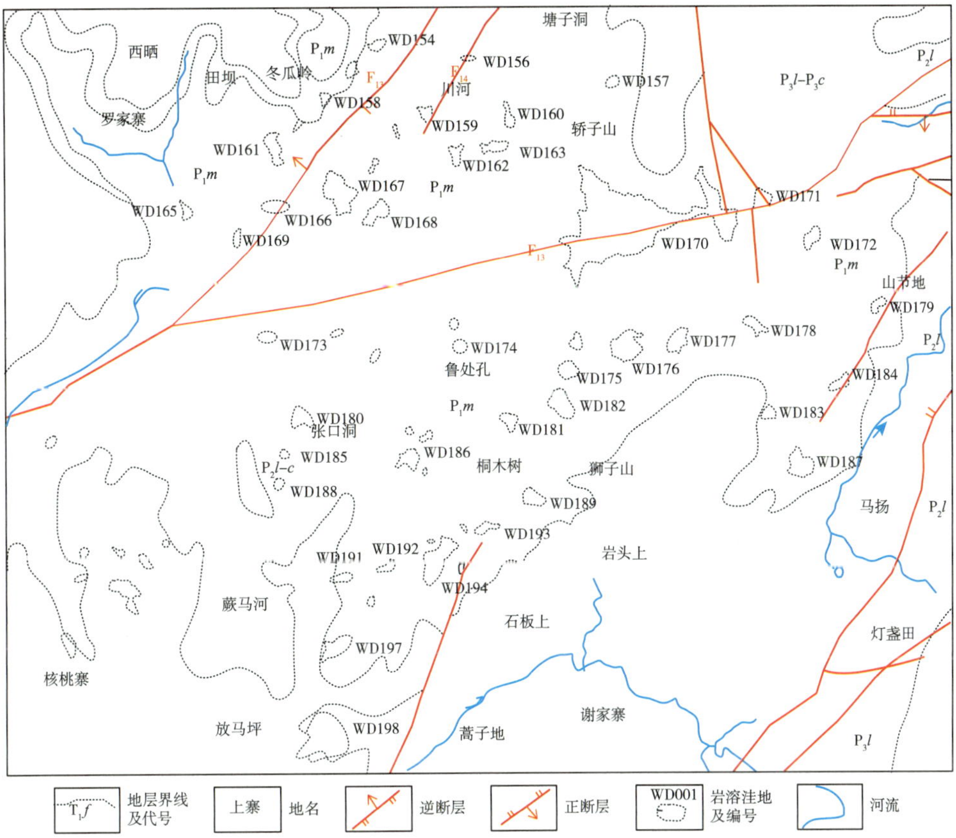

图 2.14　安谷地区岩溶洼地分布图

表 2.1　安谷地区岩溶洼地属性统计表

岩溶洼地编号	长轴长度/m	短轴长度/m	深度/m	短轴与长轴比值	长轴方向/(°)
WD154	266	196	60	0.74	60
WD156	203	148	50	0.73	275
WD157	221	138	50	0.62	64
WD159	273	196	70	0.72	328
WD160	372	143	100	0.38	338
WD161	461	185	120	0.40	359
WD162	276	195	70	0.71	24
WD163	365	189	90	0.52	63
WD165	320	201	80	0.63	322
WD166	383	205	100	0.54	71
WD167	615	371	160	0.60	338
WD168	441	325	120	0.74	52
WD169	309	232	90	0.75	23
WD170	2580	1431	670	0.55	81

续表

岩溶洼地编号	长轴长度/m	短轴长度/m	深度/m	短轴与长轴比值	长轴方向/(°)
WD171	359	285	90	0.79	65
WD172	345	261	89	0.76	31
WD173	311	192	80	0.62	95
WD174	213	194	50	0.91	20
WD175	309	225	80	0.73	17
WD176	465	320	120	0.69	56
WD177	420	316	120	0.75	44
WD178	419	176	120	0.42	116
WD179	270	228	60	0.84	46
WD180	360	281	90	0.78	150
WD181	285	198	70	0.69	155
WD182	446	285	110	0.64	157
WD183	252	236	60	0.94	156
WD184	333	126	80	0.38	59
WD185	165	135	40	0.82	163
WD186	345	251	89	0.73	154
WD187	420	310	110	0.74	162
WD188	195	118	50	0.61	172
WD189	336	252	90	0.75	280
WD191	329	116	85	0.35	75
WD192	306	246	90	0.80	61
WD193	395	235	90	0.60	76
WD194	732	506	170	0.69	28
WD197	555	263	150	0.47	51
WD198	780	695	210	0.89	49

注：表中长轴方向 0°～90°表示岩溶洼地长轴方向为北东向；长轴方向 90°～180°表示岩溶洼地长轴方向为南东向；长轴方向 180°～270°表示岩溶洼地长轴方向为南西向；长轴方向 270°～360°表示岩溶洼地长轴方向为北西向。

安谷地区主要发育 3 条断层，断层走向分别为北东 40°、北东 35°、北东 78°。由于同时受其中两条断层影响，岩溶洼地 WD170 规模特别巨大，长轴长 2580m，发育方向为北东 81°，短轴长 1431m，是该区域其他岩溶洼地大小的 6～10 倍。

茅口组历经多期构造运动，节理裂隙十分发育。节理裂隙走向分别为北东 20°～35°、北东 52°～65°和北西 330°～350°（图 2.17），岩溶洼地与溶洞的长轴和节理裂隙走向基本一致，反映出岩溶洼地和溶洞发育方向受节理裂隙走向的控制。

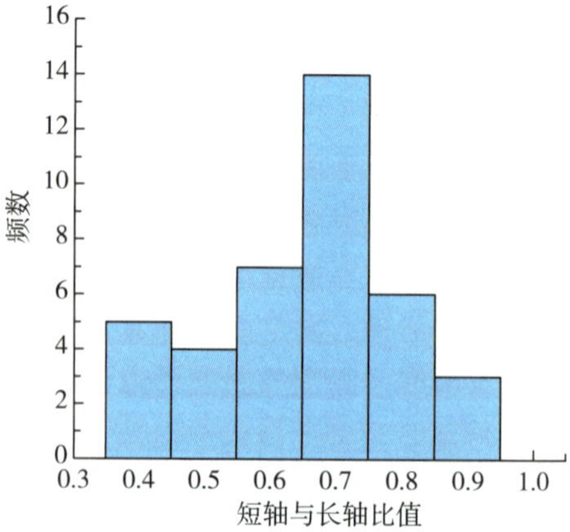

图 2.15　安谷地区岩溶洼地短轴与长轴比值直方图

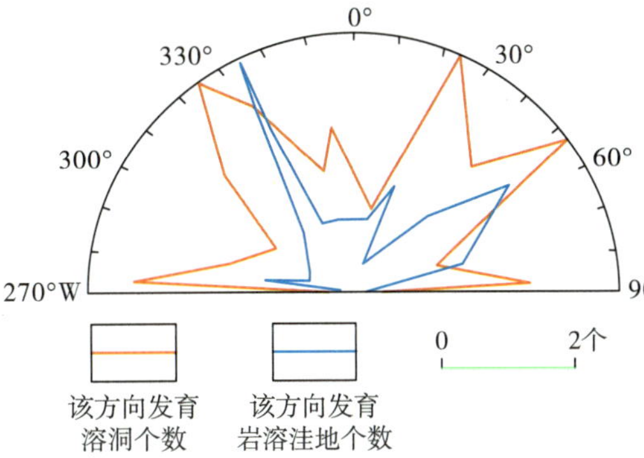

图 2.16　安谷地区溶洞发育方向-岩溶洼地长轴方向玫瑰花图

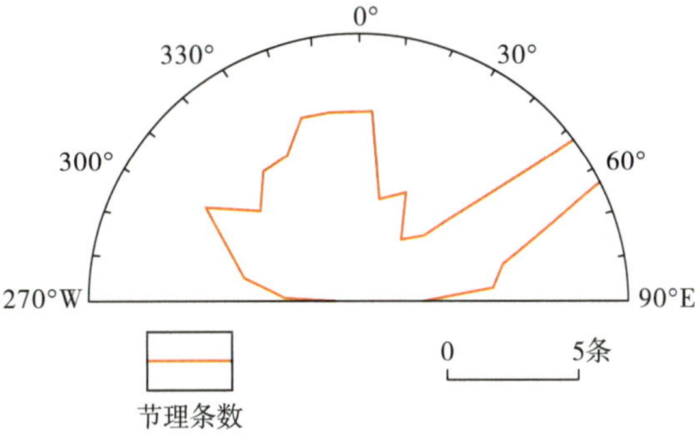

图 2.17　安谷地区茅口组节理裂隙走向玫瑰花图

2.4.1.2　矿区垂向岩溶发育特征

1）地表岩溶发育的多层性

此次调查共发现 54 个溶洞，其中 47 个发育于茅口组，7 个发育于永宁镇组。规模最大的溶洞高 20m，宽 50m，深未见底；较大规模的溶洞，一般发育在块状、厚层状的碳酸盐岩中，中-厚层和薄层状石灰岩中发育的溶洞规模较小。

调查区溶洞呈多层级出现，总体上可分为 4 层，标高分布在 1386～1520m、1285～1354m、1164～1267m 和 1048～1140m（图 2.18）。其中，第一层、第二层均为茅口组干溶洞，第三层出现 4 个永宁镇组干溶洞和 2 个出水溶洞，第四层出现 1 个现代出水溶洞。溶洞主要集中出现在茅口组且标高为 1164～1354m。

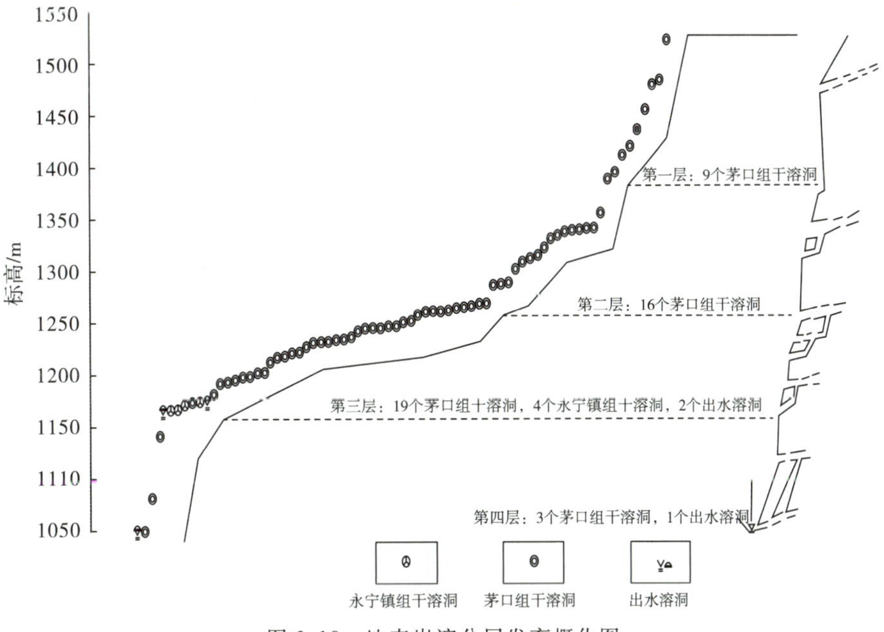

图 2.18　地表岩溶分层发育概化图

2）钻孔揭示深部岩溶发育情况

对钻孔 29340、23140 等 24 个钻孔进行地质编录，发现标高 1193～1238m 处发育 3 个溶洞，1102～1145m 处发育 3 个溶洞，标高 894～985m 处发育 12 个溶洞，标高 736～883m 处发育 39 个溶洞，标高 638～730m 处发育 23 个溶洞，标高 435～467m 处发育 2 个溶洞。钻孔内标高 810～910m 处溶洞发育个数最多，在标高 670～810m 处溶洞基本呈均匀分布（图 2.19）。

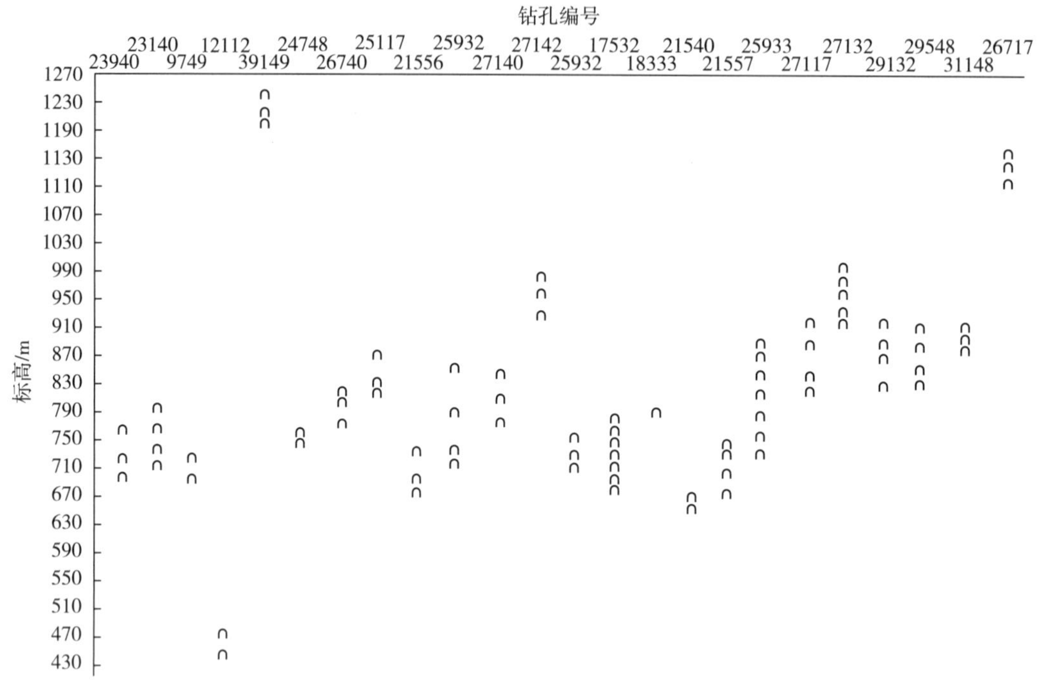

图 2.19　钻孔揭露溶洞分布图

3）茅口组垂向岩溶发育规律

根据地表调查的茅口组溶洞标高和岩层产状，以及钻孔揭露的溶洞，计算出各溶洞距茅口组顶板或龙潭组底板的距离。距茅口组顶板 0～23m，发育 32 个溶洞；距茅口组顶板 28～53m，发育 35 个溶洞；距茅口组顶板 57～84m，发育 22 个溶洞；距茅口组顶板 88～116m，发育 15 个溶洞；距茅口组顶板 143～160m，发育 5 个溶洞；距茅口组顶板 177～213m，发育 5 个溶洞；距茅口组顶板 242～277m，发育 3 个溶洞；距茅口组顶板 313～344m，发育 4 个溶洞；距茅口组顶板 415～450m，发育 2 个溶洞（图 2.20）。在距茅口组顶板 0～90m 内，岩溶最为发育，其中绝大部分集中于 0～50m。

2.4.2　云南保山 X 铅锌矿矿区

云南保山 X 铅锌矿矿区位于云南西部保山市隆阳区云南保山 X 铅锌矿乡，地处云贵高原西部边缘，横断山脉中南段。地势南高北低、西高东低，最高峰位于矿区南部的大水河山头，海拔 2895m；最低处为马桥河与东河交汇处，海拔 1572m，最大相对高差达

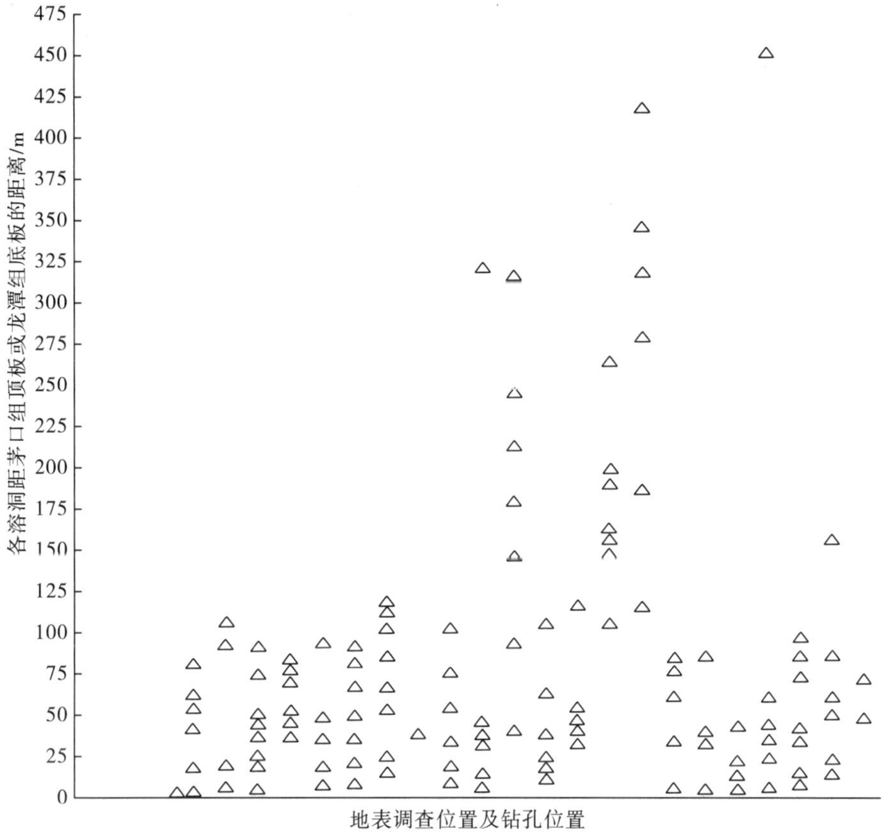

图 2.20 地表调查溶洞及钻孔揭露溶洞距茅口组顶板距离分布图

1323m。矿区内最高山为位于南边的刺竹山，海拔 2481m，高出最低侵蚀基准面 846m，属强烈侵蚀切割中山地貌。矿区夹持于东南侧马桥河和西北侧莫家河之间，地表水总体由南西向北东方向径流，莫家河在云南保山 X 铅锌矿下坝附近与马桥河交汇，然后向南径流进入东河，成为卡斯河干流，最终汇入怒江。

矿区内主要出露寒武系、奥陶系、志留系、泥盆系、石炭系、三叠系及第四系，由老至新为志留系下统仁和桥组（S_1r）、志留系中-上统栗柴项组（$S_{2-3}l$）、泥盆系下统向阳寺组（D_1x）、泥盆系中-上统何元寨组（$D_{2-3}h$）、泥盆系上统大寨口组（D_3d）、石炭系下统香山组（C_1x）、石炭系下统铺门前组（C_1p）、石炭系上统丁家寨组（C_2d）、石炭系上统卧牛寺组（C_2w）、三叠系中-下统河湾街组（$T_{1-2}h$）、三叠系上统南梳项组（T_3n）以及第四系全新统（Qh）（图 2.21）。其中，香山组与铅锌矿化关系密切，是矿区主要容矿地层，大面积分布于董家寨、赵寨村北东及鲁图北西，面积约 3.25km^2。矿区内香山组分布于云南保山 X 铅锌矿向斜核部，表现为向北东倾斜的单斜构造，是矿山开采的直接充水层，其岩性和岩相的细微变化、岩溶发育特征及内部稳定弱透水层的存在，对矿坑涌水量的大小具有十分重要的控制作用。由矿区北部石龙坪东河北岸的实测剖面可见，香山组岩溶发育较好，沿剖面发育溶洞、溶穴、溶隙和溶蚀凹槽等岩溶地貌。

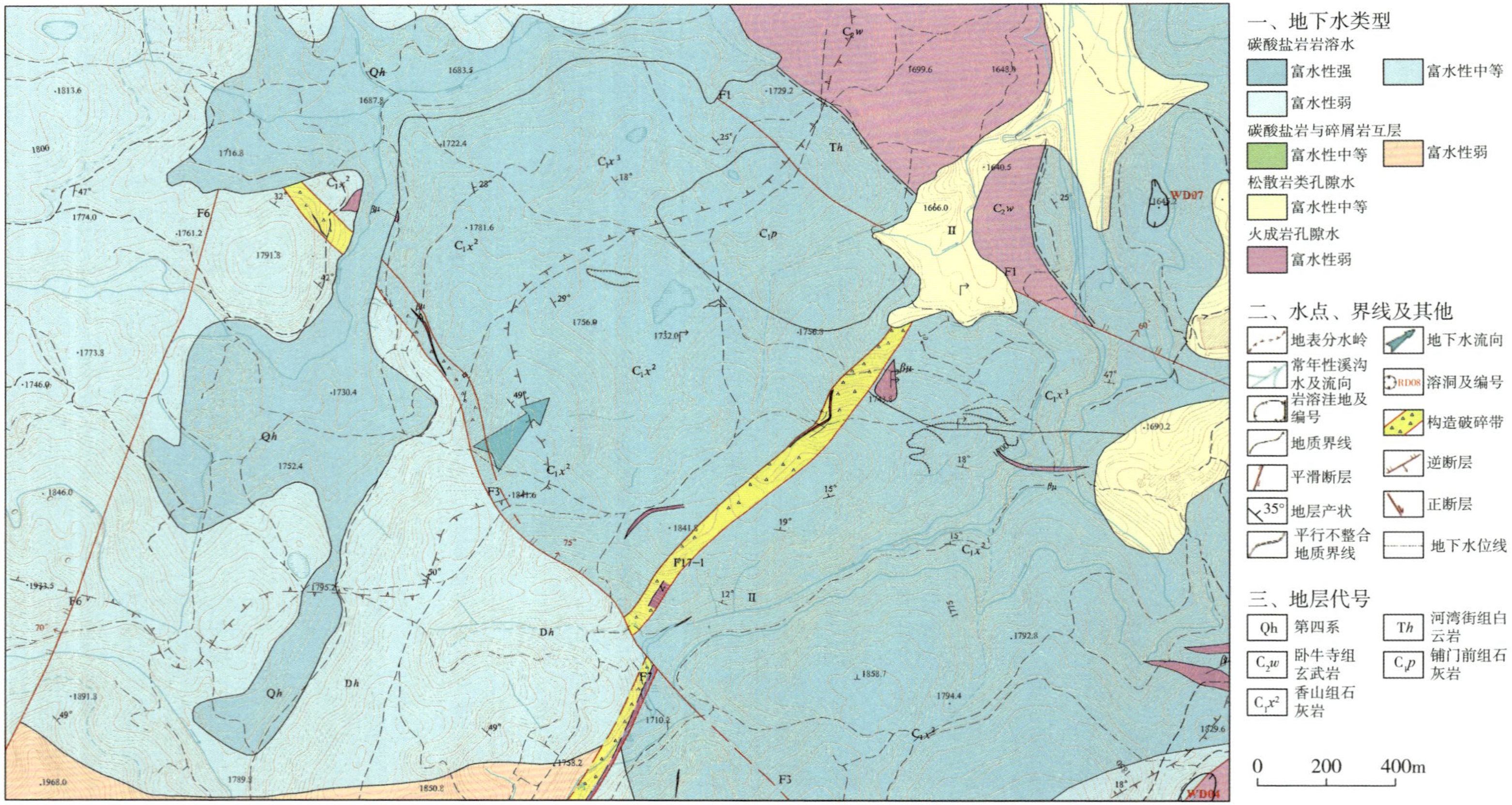

图 2.21　云南保山 X 铅锌矿矿区水文地质单元图

2.4.2.1 地表岩溶发育特征

云南保山X铅锌矿矿区内香山组岩溶形态以岩溶洼地为主，共见有33个岩溶洼地，主要分布于北西部桥头地区（图2.22）和东部补麻地区（图2.23）。区内构造较复杂，不同时期的断层相互交错，致使岩溶发育受多种因素影响。岩溶洼地轴向多为南北向，形态主要呈椭圆形或近圆形，短轴长为16～201m，长轴长为32～412m，短轴与长轴的比值为0.3～0.7的有28个（图2.24），占岩溶洼地总数的84.85％；岩溶洼地长轴发育方向多为北西280°～350°，少量岩溶洼地长轴发育方向为北东5°～40°；CWD9、CWD10是两个受水系影响而呈长条形发育的岩溶洼地，而CWD14、CWD24、CWD29则受断层影响呈不规则状。

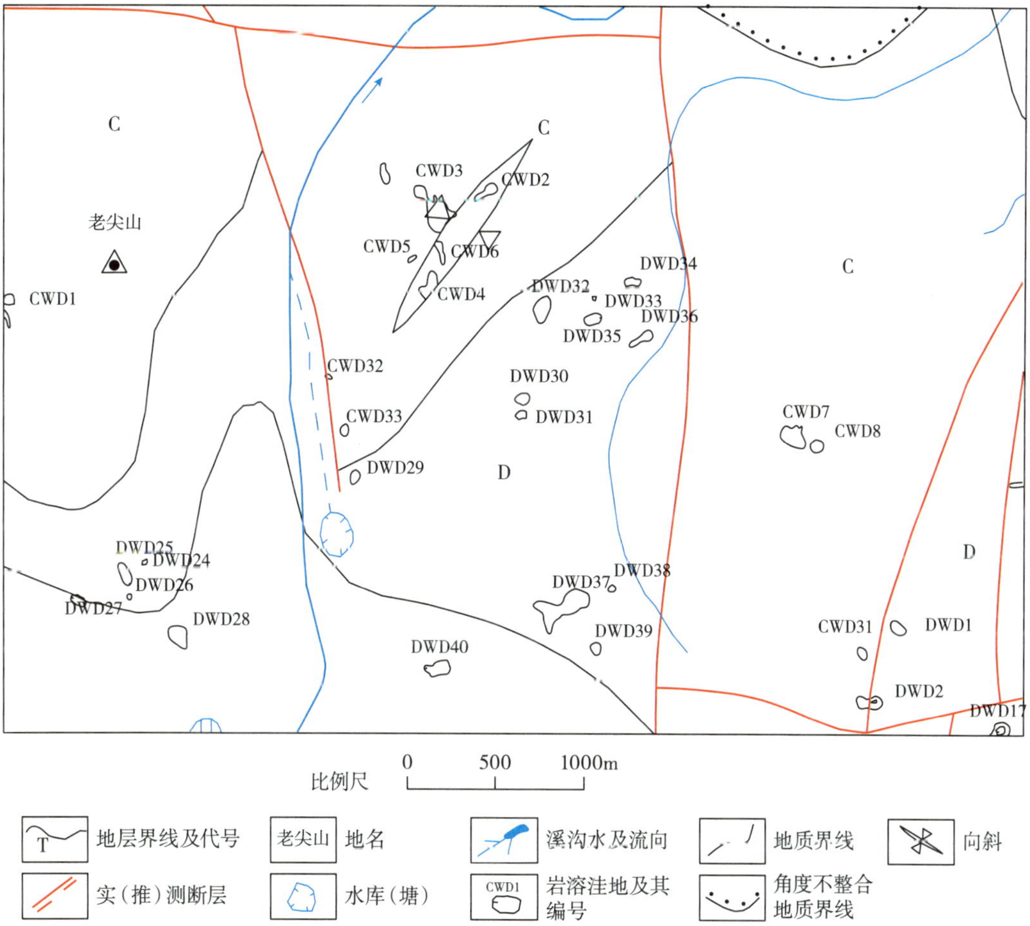

图2.22 云南保山X铅锌矿矿区桥头地区岩溶洼地分布图

矿区地质构造复杂，存在多期构造运动，致使香山组碳酸盐岩岩体普遍较破碎，节理裂隙十分发育。区内16个裂隙统计点的4组裂隙发育走向为北东20°～45°、北西280°～300°、北东80°～90°和北西355°～北东5°，与区内所有可溶岩层91个岩溶洼地长轴走向基本一致（图2.25）。区内节理裂隙相互交错，使岩体更加破碎，有利于地下水运移，加速地下水对可溶性岩石的溶蚀。

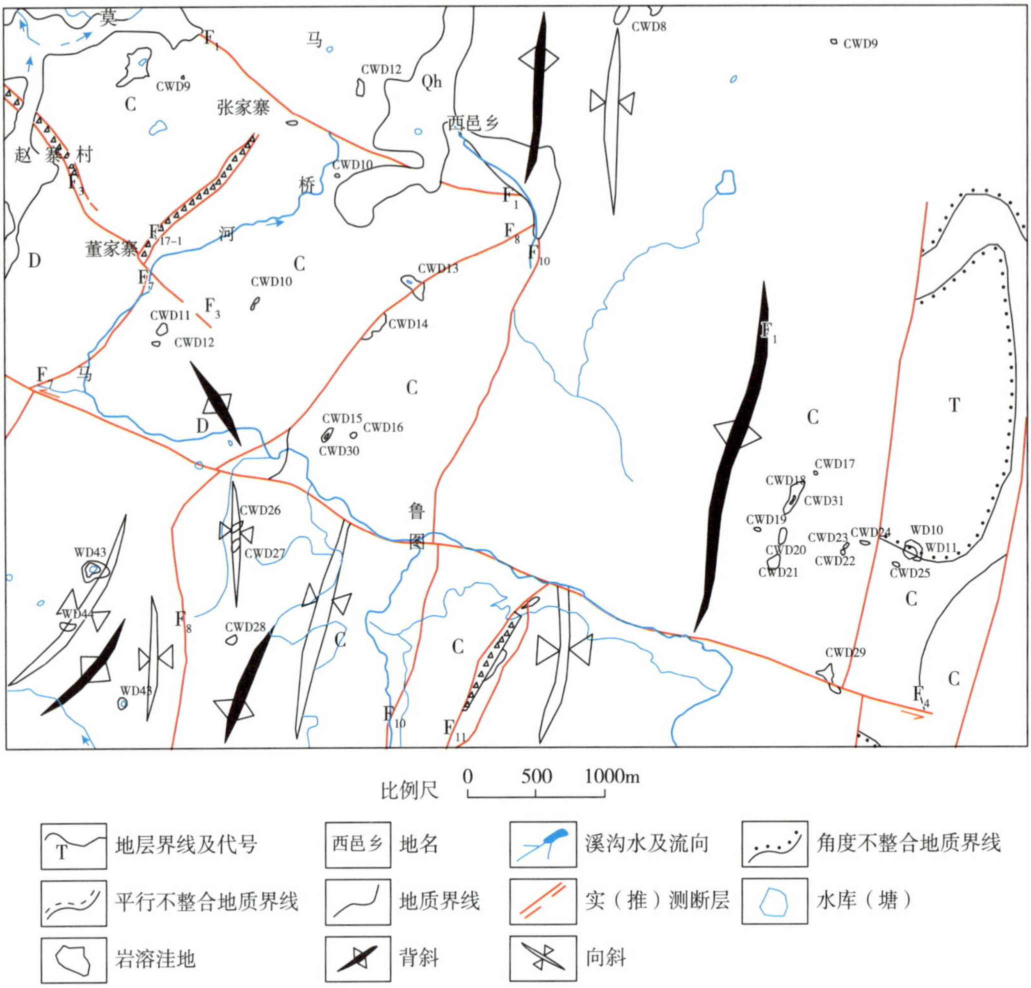

图 2.23　云南保山 X 铅锌矿补麻地区岩溶洼地分布图

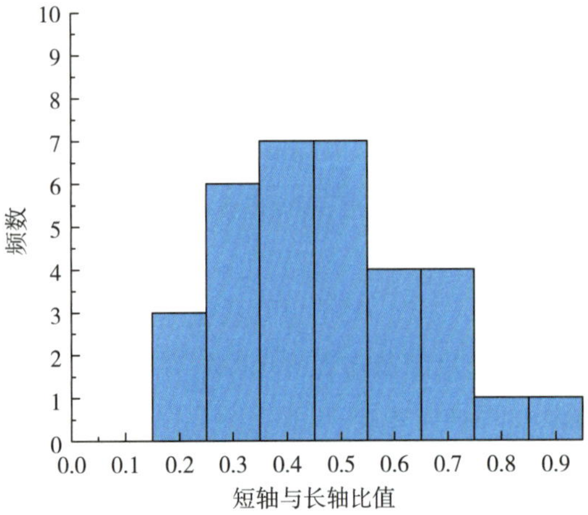

图 2.24　香山组岩溶洼地短轴与长轴比值直方图

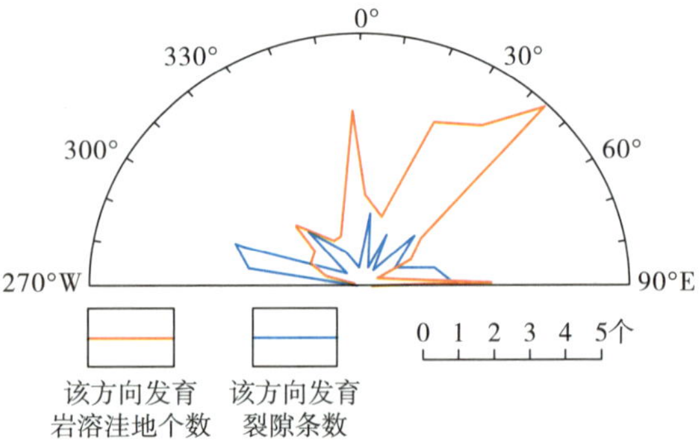

图 2.25　矿区岩溶洼地与裂隙发育走向玫瑰花图

2.4.2.2 垂向岩溶发育特征

矿区钻井的岩芯 85 组裂隙、溶隙统计显示，香山组的裂隙率随深度变化不明显，裂隙率平均值为 0.048，其中，井深 0～100m 的岩芯平均裂隙率为 0.050，井深 100～200m 的岩芯平均裂隙率为 0.040，井深 200～300m 的岩芯平均裂隙率为 0.042，井深 300～400m 的岩芯平均裂隙率为 0.030，井深 400～500m 的岩芯平均裂隙率为 0.047，井深 500m 以下的岩芯平均裂隙率为 0.045。

石龙坪东河北岸见 30 个溶洞，呈多层发育。将岩溶密集发育地层划分为强岩溶发育带，未见岩溶发育的地层划分为弱岩溶发育带，实测剖面总体可分为 4 层，依次分布于香山组 3 个岩性段内。根据香山组 3 个亚段（C_1x^3、C_1x^2、C_1x^1）的岩性分界及岩溶发育程度将剖面绘制成垂向分布图，可见 C_1x^3 发育两层岩溶发育带，分别距离第二亚段 C_1x^2 顶板 161～198m、32～122m；C_1x^2 发育一层岩溶发育带，距离第二亚段 C_1x^2 顶板 14～236m；C_1x^1 发育一层岩溶发育带，距离第二亚段 C_1x^2 底板 13～93m（图 2.26）。矿区属岩溶充水矿床，根据地表出露及钻孔揭露岩性，矿区岩溶总体发育较好，矿体顶板和底板围岩岩溶较发育（图 2.27）。钻孔揭露的岩溶形态为小溶孔、溶隙及小溶洞。钻孔所揭露岩性以碳酸盐岩为主，夹部分构造角砾岩、辉绿岩、炭质板岩等，总体上钻孔溶洞可见率 50%。因此，根据岩溶的发育程度、分布情况、富水性、含水性等因素，大致可以把钻孔揭露的香山组岩溶发育段分为 4 段。

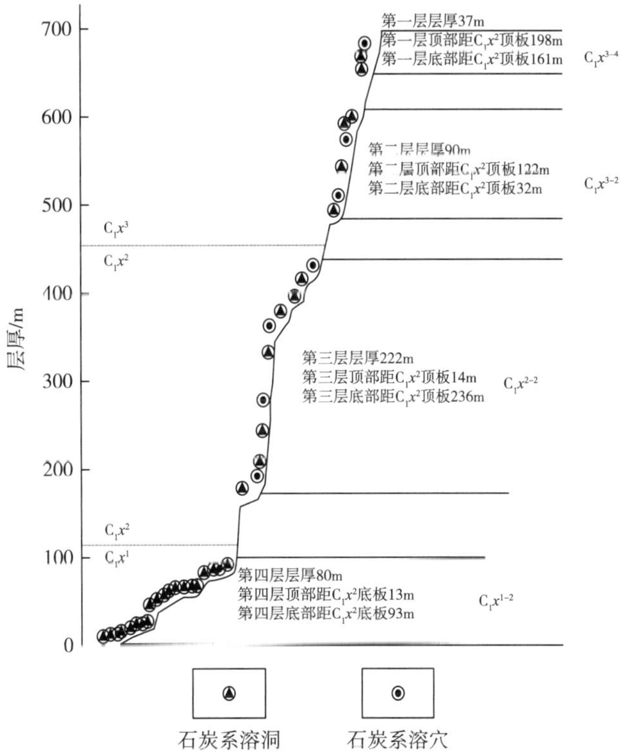

图 2.26 香山组岩溶垂向分布图

1）第一岩溶段

第一岩溶段发育于 C_1x^3，顶部距 C_1x^2 顶板约 198m，底部距 C_1x^2 顶板 161m，厚度为 37m。该段岩石大多位于稳定水位以上，岩溶发育较好。岩溶形态较为单一，多为溶孔及溶隙，未见规模较大的溶洞、落水洞等，属一般岩溶化岩石。小溶孔多呈星点状分布，局部呈蜂窝状；孔径一般为 1～5cm，局部达 10cm；大多由褐色铁质、砂泥质充填，少部分无充填或半充填，具有一定的富水性和渗透性。溶隙以顺层为主，部分沿方解石脉发育；线裂隙率为每米 1～3 条，裂隙宽度一般为 2～5mm，局部达 2～5cm；裂面粗糙不平，附有钙质淋漓物或方解石颗粒，普遍可见铁质浸染，呈无充填或半充填，地下水活动迹象明显，为地下水主要过水通道。溶孔多发育在下部，全充填，充填物由土黄色砂质黏土及少部分石灰岩角砾组成，石灰岩角砾粒径一般小于 2cm，含量低于 20%。第一岩溶段一般不具赋水空间，岩溶现象在钻孔中较为多见，但岩溶发育程度差异较大，岩溶延伸关联不大，岩溶率为 2%左右，为透（含）水层。

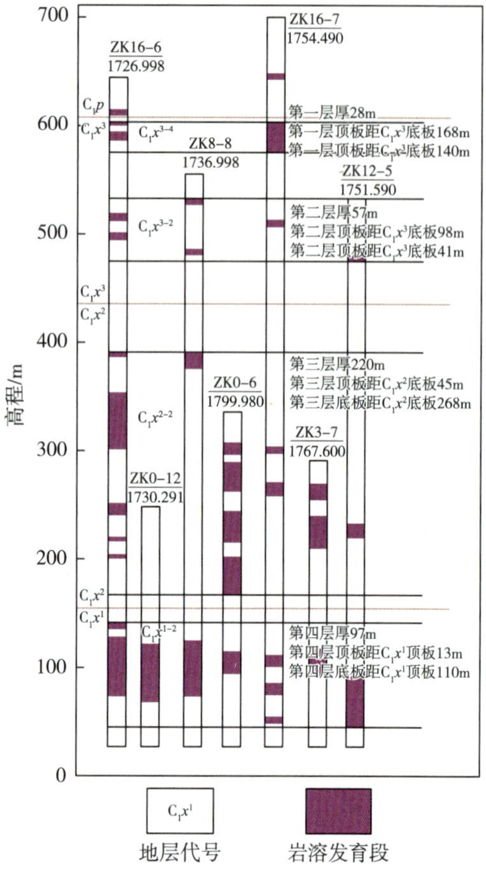

图 2.27　钻孔揭露香山组岩溶发育分层关系图

2）第二岩溶段

第二岩溶段发育于 C_1x^3，顶部距 C_1x^2 顶板约 122m，底部距 C_1x^2 顶板 32m，厚度为 90m，岩溶率为 2%左右。该段岩石多处发育小溶孔和小溶隙，未见规模较大的溶洞、溶隙。小溶孔多呈星点状分布，偶有蜂窝状分布，孔径一般为 2～5cm；多为钙泥质充填，部分为褐色铁质和方解石颗粒半充填。溶隙多以顺层或沿方解石脉发育；裂面粗糙不平，多具铁质浸染，附有钙质半充填；裂隙宽度一般为 2～5mm，偶为 1cm；线裂隙率为每米 1～3 条，延伸较短，一般小于 50cm。第二岩溶段岩溶弱发育，但厚度较大，半充填或充填物较少的小溶孔、小溶隙具备较好的赋水空间，富含岩溶裂隙水，为矿区主要含水层。

3）第三岩溶段

第三岩溶段发育于 C_1x^2，顶部距 C_1x^2 顶板约 14m，底部距 C_1x^2 顶板 236m，厚度为 222m。该段岩石多处发育小溶孔和小溶隙，未见规模较大的溶洞、溶隙，岩溶发育程度较好。小溶孔多呈星点状分布，偶有蜂窝状分布；孔径一般为 2～5cm，偶见孔径为 5～8cm 的溶孔；多为钙泥质充填，部分为褐色铁质和方解石颗粒半充填。溶隙多以顺层或沿方解石脉发育，裂面粗糙不平，多具铁质浸染，附有钙质半充填；裂隙宽度一般为 2～5mm，偶为 1cm；线裂隙率为每米 1～3 条，局部裂隙发育密集，线裂隙率约为 1 条/cm，延伸较短，一般小于 50cm。第三岩溶段岩溶弱发育，但厚度较大，半充填或充填物较少的小溶孔、小溶隙具备较好的赋水空间，富含岩溶裂隙水，也是矿区主要含水层。

4）第四岩溶段

第四岩溶段发育于 C_1x^1，顶部距 C_1x^2 底板约 13m，底部距 C_1x^2 底板 93m，厚度为 80m。该段岩石多处发育溶孔和溶隙，且发育规模较小的溶洞，岩溶发育程度较好。小溶孔多呈星点状分布，偶有蜂窝状分布，孔径一般为 2～5cm，偶见孔径为 5～8cm 的溶孔；多为钙泥质充填，部分为褐色铁质和方解石颗粒半充填。溶隙多以顺层或沿方解石脉发育，裂面粗糙不平，多具铁质浸染，附有钙质半充填；裂隙宽度一般为 2～5mm，偶为 1cm；线裂隙率为每米 1～3 条，局部裂隙发育密集，线裂隙率约为每厘米 1 条，延伸较短，一般小于 50cm。第四岩溶段岩溶较发育，厚度较大，半充填或充填物较少的小溶孔、小溶隙具备较好的赋水空间，富含岩溶裂隙水，为矿区主要含水层。

2.4.3 云南个旧 G 矿田

云南个旧 G 矿田以锡为主，兼有铜、银、铅及其他稀有金属。区域上分布有裸露型岩溶峰林石林区、埋藏型岩溶区（山间盆地）、非岩溶化的岩层区（图 2.28）；矿区内大面积出露三叠系中统个旧组（T_2g）碳酸盐岩，岩溶发育不均匀，见有大型溶洞、岩溶洼地、落水洞、岩溶管道等，构成良好的地下水补给、径流通道。

G 矿区地处红河水系与南盘江（泸江）分水岭地带上，地表分水岭大致呈东西走向从矿区中部通过。区内地势南高北低，高差悬殊，分水岭山脊地带海拔一般为 2000m 以上，其中莲花山最高海拔达 2740m，是个旧 G 矿田东部的最高峰；红河河谷海拔仅 150～200m，南盘江河谷海拔 1300m，山脊与河谷间高差达 1000～2500m，属深切割的中山地形。

2.4.3.1 区域岩溶发育特征

区域上出露的碳酸盐岩主要有三叠系下统永宁镇组（T_1y）和三叠系中统个旧组（T_2g）。其中，个旧组是在区域上出露面积最广泛的纯碳酸盐岩地层，也是重要的含矿层。受构造运动、断裂、地形及区域岩浆岩的控制，区内大部分地区为峰丛、岩溶洼地地貌，地表岩溶形态主要为石牙、溶沟、溶槽、落水洞、岩溶洼地等，局部地区发育水平溶洞。

矿区东北部的草坝东山地区海拔为 1300～1500m，大面积出露个旧组（T_2g^1、T_2g^2）厚层块状纯碳酸盐岩地层，岩溶形态以岩溶漏斗、岩溶洼地、落水洞等为主，岩溶发育强烈；地貌以残丘、洼地、断陷盆地为主，水平岩溶与垂直岩溶均较为发育。其中，个旧组卡房段（T_2g^1）中发育岩溶洼地 62 个，分布密度为 1～3 个/km^2；个旧组马拉格段（T_2g^2）中发育岩溶洼地 119 个，分布密度为 2～7 个/km^2。岩溶洼地长轴方向主要为北东向，与断层等构造线的方向一致。岩溶洼地尺寸大小不一，长轴长度以 50～100m 数量最多，100～200m 次之。

矿区及矿区南部的老厂、卡房地区海拔为 1800m 以上，地貌形态以岩溶洼地、岩溶漏斗及岩溶低中山、断块山为主。

区域内溶洞发育在垂向上可分为 4 层，标高分别为 1067～1200m、1290～1380m、

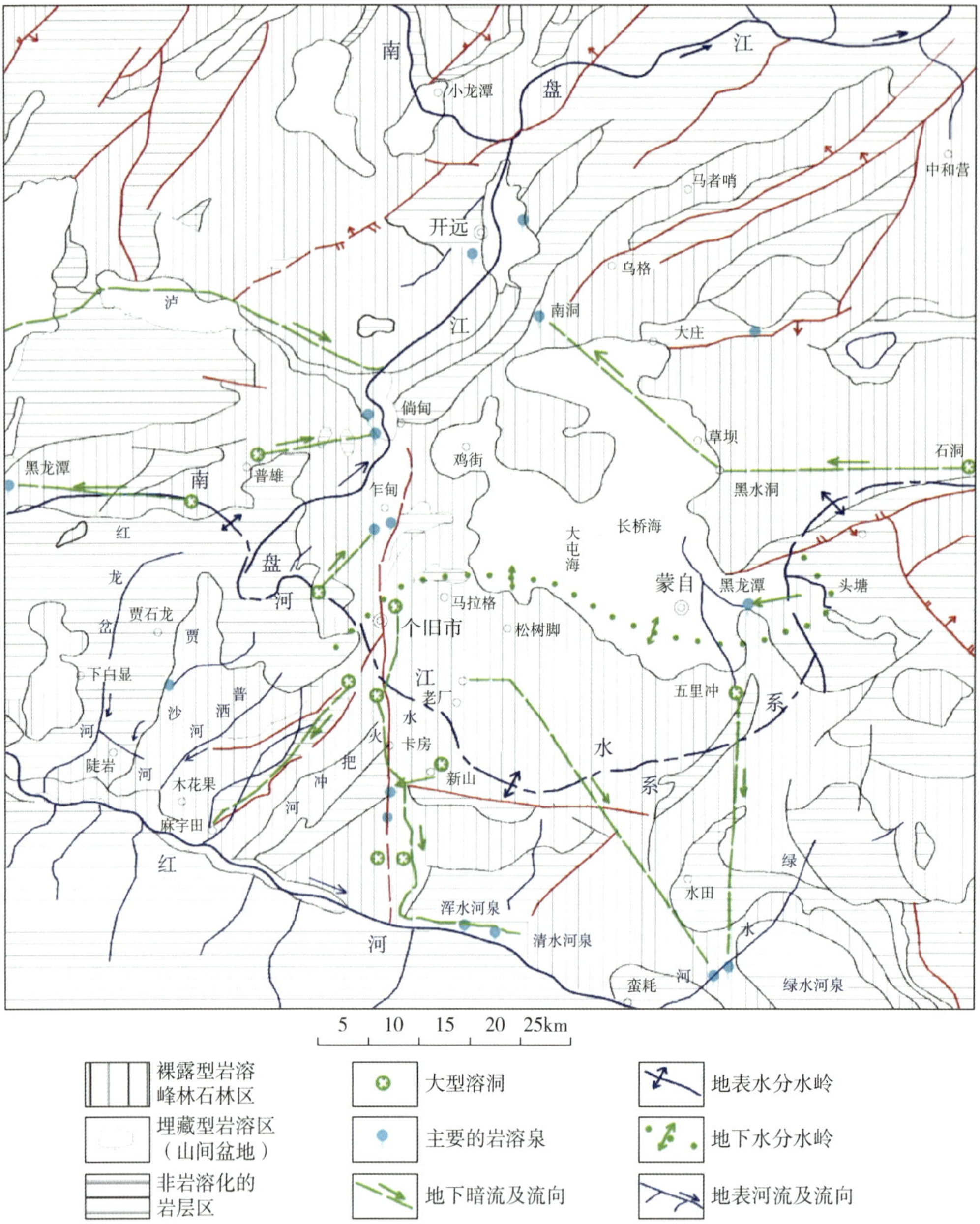

图 2.28 云南个旧 G 矿田岩溶分布及地下水分布图

1474～1750m 和 1800～1950m，说明在地壳隆升和沉降过程中有多个稳定期，其地貌演化及岩溶发育状况均反映了相应的发育阶段。

2.4.3.2 矿区地表岩溶发育规律

矿区内出露地层均为个旧组碳酸盐岩，其中以马拉格段出露面积居多，岩性以白云岩、白云质石灰岩为主。仅在芦塘坝断裂和个松断裂交会带附近沿断裂带大面积出露个旧组卡房段第五层石灰岩。个旧组碳酸盐岩类岩石，岩性相似，可溶性强，加之断裂构造、节理破碎带发育，因而岩溶也比较发育，地表呈现溶蚀峰丛、岩溶洼地、岩溶漏斗、落水洞等为主的岩溶组合形式，地下则发育管道状溶洞裂隙。

区内褶皱、断裂等构造较为发育，岩溶洼地、岩溶漏斗、落水洞、裂隙等主要在节理带和断裂破碎带沿线发育和分布。在断裂带交会地带，岩溶发育程度极强。在个松断裂、麒麟山断裂、高阿断裂、马吃水断裂等一系列近东西向断裂与芦塘坝断裂的交会地带，见有大型岩溶洼地，岩溶点发育密度大于 60 个/km^2，岩溶发育强烈（图 2.29）。北西向的大箐东断裂、黑码石断裂和北东向的莲花山断裂、芦塘坝断裂、麒阿西断裂等分布有较多

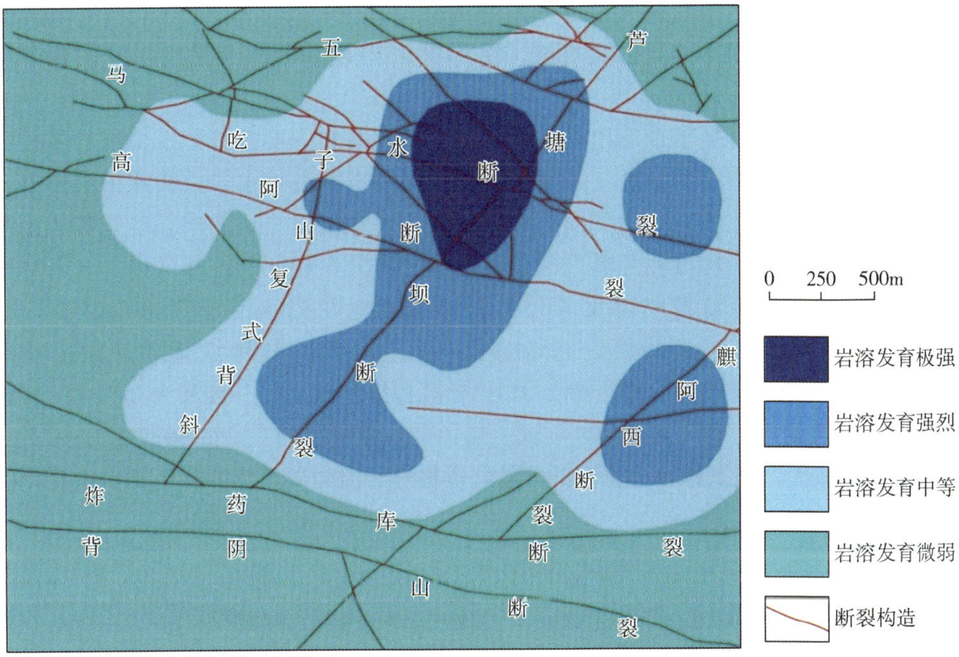

图 2.29 高阿断裂与芦塘坝断裂交会带岩溶发育程度分区图

的岩溶洼地、岩溶漏斗、落水洞、节理裂隙，并呈带状分布。在地层岩性及地形的作用下，由于石灰岩与白云岩岩层之间物理性质的差异，易产生层间剥离及节理裂隙带，有利于地下水的活动和岩溶的发育。在地形较陡的东部斜坡地带，主要发育溶沟、溶槽、石牙等；地形较平缓的中部地段，则发育岩溶洼地、岩溶漏斗、落水洞，有利于地表水的渗漏。

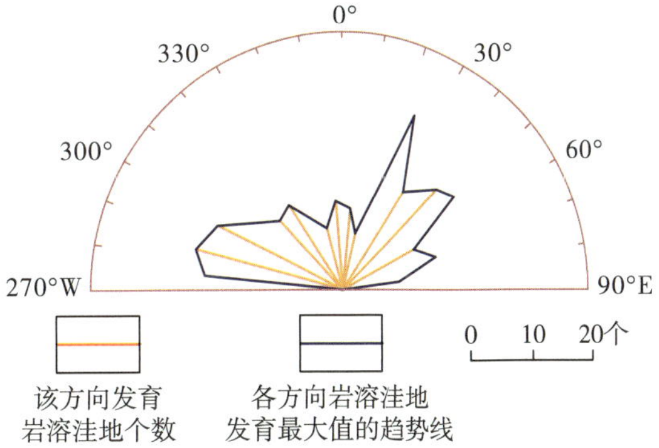

图 2.30 岩溶洼地走向玫瑰花图

矿区 324 个岩溶点的调查统计结果显示，区内岩溶洼地长轴的方向主要为北东 20°～64°和北西 273°～300°（图 2.30）。其中，马拉格段（T_2g^2）发育岩溶点 302 个，断层两侧岩溶洼地深度为 5～25m；断层交会地

带，岩溶洼地规模较大，例如芦塘坝岩溶洼地长度超过800m、宽度超过500m、深度超过80m。卡房段第五层（$T_2g_1^5$）内共发育深度小于5m的岩溶洼地15个、深度5～10m的岩溶洼地6个、深度大于10m的岩溶洼地1个，发育密度为13～15个/km^2。距卡房段第五层（$T_2g_1^5$）顶板35～90m、140～246m处岩溶较为发育，可结合钻孔揭露岩溶垂向发育规律进行岩溶分层。

2.4.3.3 矿区坑道及钻孔揭露岩溶发育规律

地表下坑道及钻孔揭露的规模较大的溶洞、溶隙绝大多数分布在断裂破碎带上或断裂、节理的交会部位。个松断裂与芦塘坝断裂的交会部位在1540m中段个旧组卡房段中揭露长5m、宽3.8m、高3.5m的大溶洞。在1720m中段个旧组卡房段揭露的数个溶洞涌水点沿大箐东断裂分布。

矿区上部中段井巷开拓于个旧组马拉格段，中下部井巷主要开拓于个旧组卡房段。上部中段井巷为了满足生产需要而处于疏干状态，仅雨季有少量涌水，并快速下渗排出，井巷涌水主要产生于中下部中段。为了研究中下部中段含水层的水文地质条件及其涌水量的变化，重点研究个旧组卡房段在井巷内和钻孔中的岩溶发育特征。统计区内153个钻孔编录资料可知，钻孔见裂隙溶洞率为89.76%。岩溶在近地表650m（标高为1900～2550m）范围内较为发育，岩溶率可达2.00%～6.59%；在距个旧组卡房段第五层含水层顶板35～90m和140～246m处岩溶较为发育（图2.31）。钻孔揭露溶洞进尺一般长为0.5～3.0m，在303/CK1号钻孔所见溶洞进尺长度达8.19m。1540m中段井巷的21－5测点及10－21测点揭露的两个溶洞较大，刚揭露时为干溶洞，随坑道掘进目前为矿段下部一个排泄点。

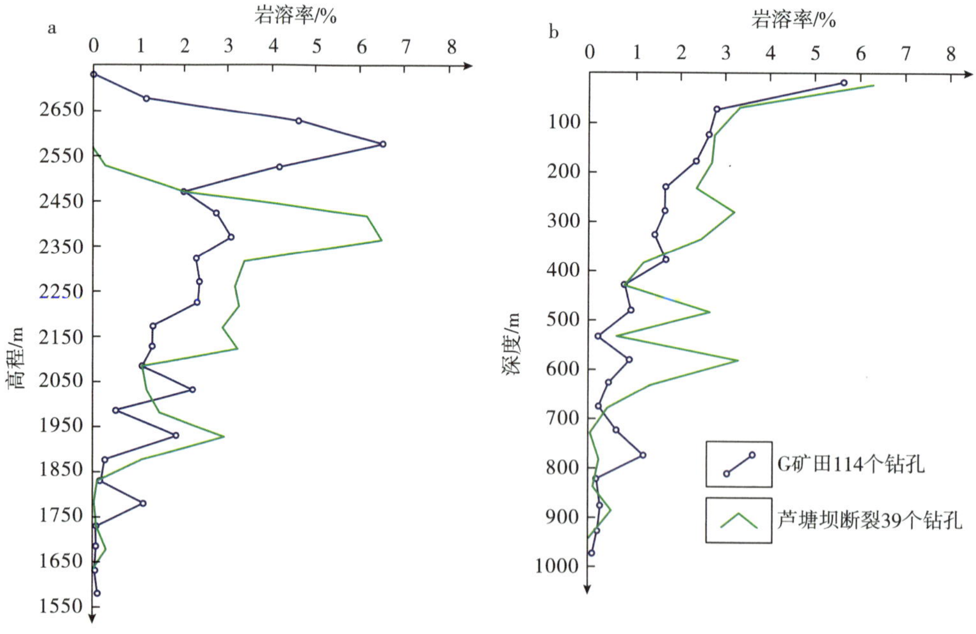

图2.31　个旧G矿田钻孔岩溶发育强度图

a—个旧G矿田岩溶发育强度随高程变化曲线图；b—个旧G矿田岩溶发育率随深度变化曲线图

2.4.3.4 矿区岩溶发育平面特征

矿区具有落水洞的岩溶洼地 232 个，落水洞发育方向主要是北东 40°、南东 145°、北西 330° 3 个方向。落水洞的长轴与短轴比值主要为 1.0～1.2，长轴与短轴比值为 1.4～2.1 的有 35 个（图 2.32）。长轴与深度比值主要为 0.05～4.25，其中 0.05～1.45 范围内分布 95 个，1.45～2.85 范围内分布 67 个，2.85～4.25 范围内分布 30 个，其余少量落水洞长轴与深度比值较大；随着长轴与深度比值增大，其相对应落水洞数量呈现阶梯状下降的分布规律（图 2.33），这对于进一步研究垂向岩溶发育规律有很大的帮助。落水洞短轴与深度比值主要为 0.003～2.013，无较大变化（图 2.34）。

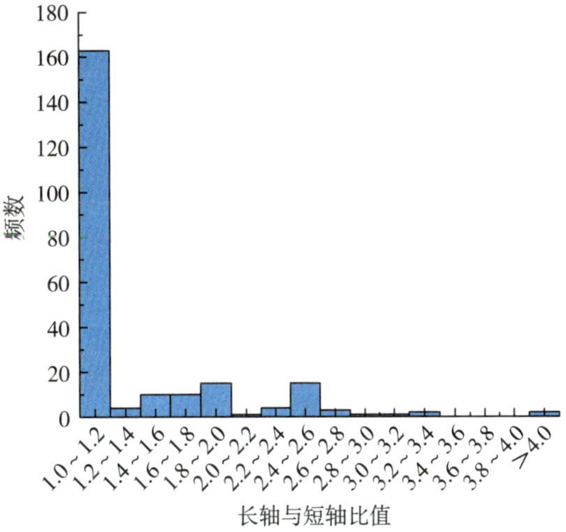

图 2.32 地表岩溶洼地落水洞长轴与短轴比值直方图

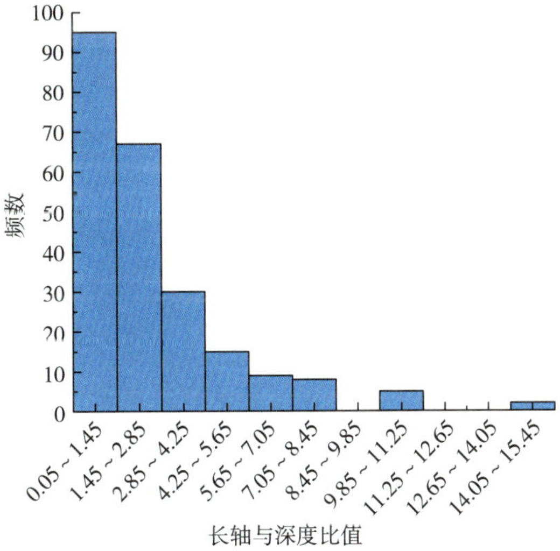

图 2.33 地表岩溶洼地落水洞长轴与深度比值直方图

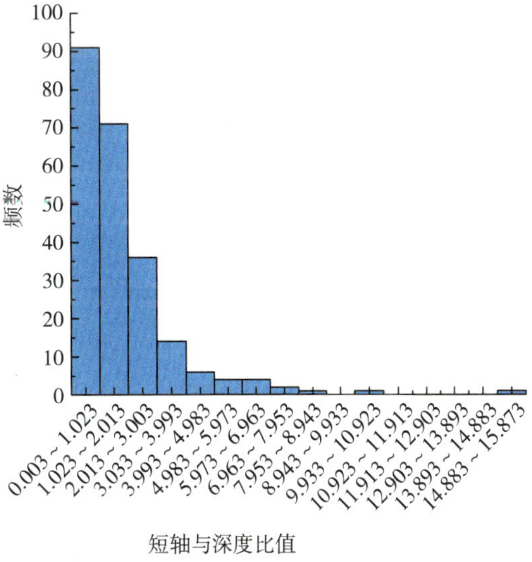

图 2.34 地表岩溶洼地落水洞短轴与深度比值直方图

岩溶洼地整体上呈现椭圆形，此次调查的 232 个落水洞均导通地下岩溶含水层，对于地下岩溶含水层的细化具有指导性意义。

区域内断裂带十分发育，主要断裂带呈南北向、东西向展布，次级断裂带呈北西向、北东向展布。此次调查将岩溶洼地长轴方向与断裂带方向对比，主要接近于北西 330°，这说明了区域地质构造对于岩溶平面发育具有控制作用。

2.4.3.5 矿区岩溶发育垂向分层特征

在以往钻探施工过程中，发现钻孔溶洞 47 组，表明在几千米的个旧组碳酸盐岩地层中，地下岩溶也是十分发育的，主要呈现 4 层，分别处于 1380～1520m、1280～1350m、1160～1270m 和 1048～1140m。这些溶洞预示地下空间可能存在较多的地下暗河。

矿区主要落水洞的高程分布于 1587～1977m，其中以 1717～1847m 落水洞数量较多，达 87 个，再一次说明区域内岩溶十分发育。对 1457～1587m 水平地表落水洞及 1280～1350m、1160～1270m 和 1048～1140m 处钻孔溶洞的位置进行研究，对于探查地下暗河具有十分重要的意义（图 2.35）。

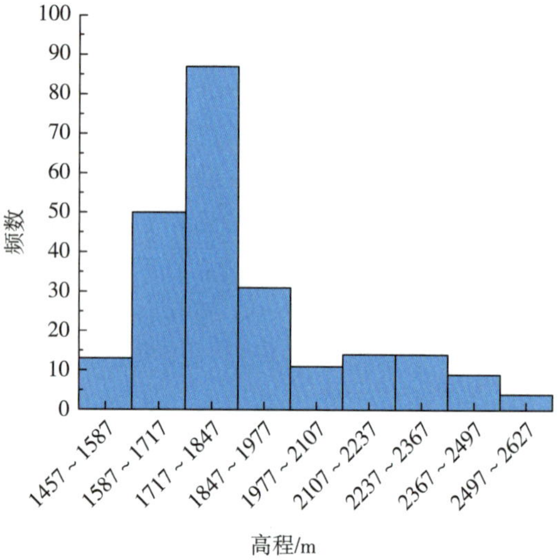

图 2.35　地表岩溶洼地落水洞分布高程直方图

岩溶洼地落水洞在不同的空间维度有不同的发育规律，矿区个旧组岩溶的发育规律对于相似矿区的研究具有指导性意义。同时，岩溶发育受地质构造的影响，在水平方向和垂直方向上会产生差异性。深部岩溶问题长久以来都是困扰矿山水文地质安全的重点和难点，本书对大量岩溶洼地的发育规律进行分析，对于研究岩溶在空间三维的展布特征具有重要指导意义。同时，利用岩溶的空间发育规律，分析深部含水层（组）的渗透张量有助于构建数字化三维矿区水文地质模型，使矿区深部岩溶含水层（组）的水文地质参数、水文地质规律更加接近真实情况。

2.4.3.6 个旧区域地貌发展史

古近纪之前，个旧地区曾有较长的地壳相对稳定时期，并形成了最早的夷平面（S_0）。白垩纪末期燕山运动第四幕使个旧地区经受了大变动，新生代以前地层普遍受褶皱和断裂构造破坏，形成了高差悬殊的山岳地形，原有古夷平面也极少残留。

古近纪初期，个旧地区地壳运动存在较长的稳定期，此时剥蚀作用和堆积作用缩小了前期形成的地形高差，在参差不齐的山地中，断裂槽地接受了陆相沉积，形成了山麓相堆积。此阶段地壳也曾有过大面积的间断性抬升，因此发育了两层高原期（S_{1-1}、S_{1-2}）。

始新世中期，喜马拉雅运动第一幕开始，地壳运动以强烈的抬升、隆起为主。个旧地区地貌在隆起之后沿早期断裂发生了断块活动，区内断陷盆地雏形在中新世开始形成。

中新世盆地先后接受了小龙潭组的湖相堆积，并继续发展断块活动，使盆地规模逐渐增大，并有较长的相对稳定时期，发育了山盆期第一个剥蚀面（S_{2-1}），并伴随溶洞形成。

上新世之后，喜马拉雅运动第二幕开始，地壳抬升、隆起及断裂再次发生，前期新生代地层发生褶皱并向盆地中心倾斜，各盆地开始相互分开，地表遭受剥蚀。此后较长时间内，地壳相对稳定，气候温和，雨量充沛，形成了山盆期第二个剥蚀面（S_{2-2}）。

第四纪时，个旧地区地壳运动以大面积不均匀抬升、隆起为主，但仍有自强而弱的差异性断块活动，湖水也相应退缩和转移。

早更新世初期，喜马拉雅运动第二幕仍在延续，个旧地区地壳普遍抬升，湖水退缩，风化剥蚀范围逐步扩大，到后期有较广泛的河湖相堆积。

中更新世，个旧地区以差异性升降为主，且强度开始增大，盆地内外高差愈加显著，此期间气候炎热多雨，在几个盆地边缘普遍有洪积扇发育，并堆积了以粗碎屑为主的河湖相沉积物，厚达66.28m。

晚更新世前期，个旧地区基本处于宁静时期，各盆地又有较广泛的湖沼相堆积物，厚达44.57m，并发育泥炭和褐煤鲕粒层，反映了当时个旧地区温和、多雨和雨量时空分配不均一的气候特征。晚更新世后期，构造运动再次发生，以大面积不同幅度的抬升、隆起为主，湖积物由局部性洪积物所取代，老燕子峡谷也逐渐形成。南洞暗河管道在盆地边缘开始向覆盖区扩展，溶洞同时发育。

全新世，个旧地区地壳继续抬升、隆起，暗河管道发育。新生代以来，个旧地区地貌的发展和演化，主要受构造运动的控制，特别是中新世之后的新构造运动，抬升、隆起与差异性断块活动幅度很大，由西往东可达300～1694m，区域上岩溶发育分期图如图2.36所示。

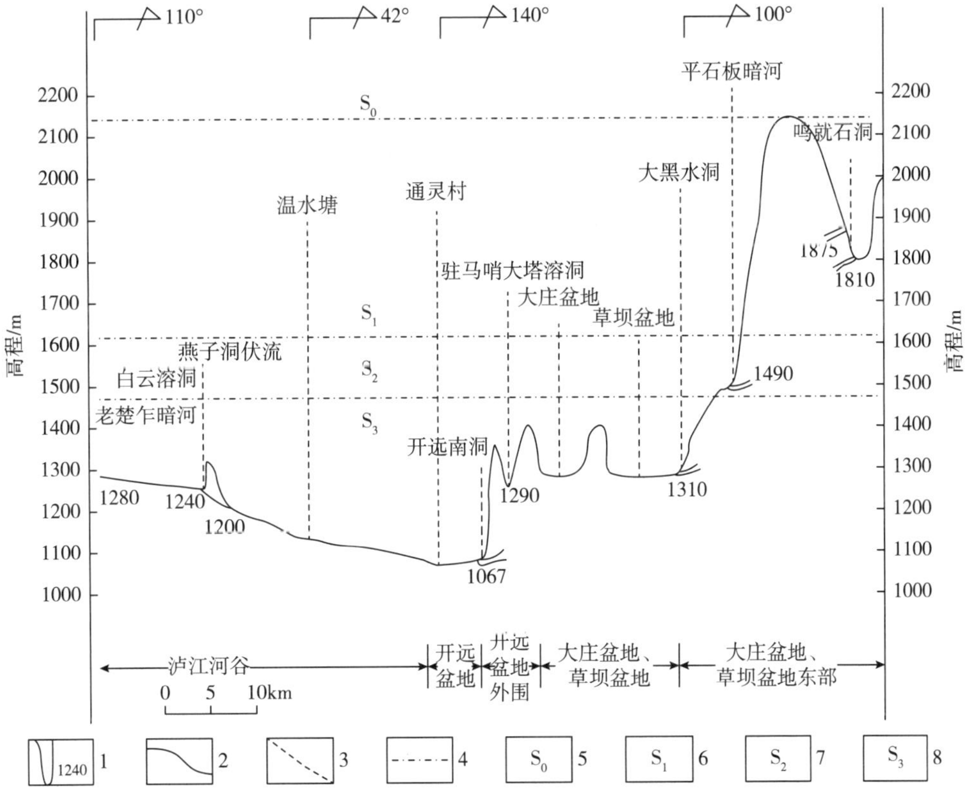

图2.36 个旧地区岩溶发育分期图

1—溶洞及标高/m；2—地形线；3—伏流；4—岩溶发育期分界线；
5—表平面；6—高原期；7—山盆期；8—南盘江期

2.4.4 云南会泽C铅锌矿矿区

云南会泽C铅锌矿矿区位于云贵高原乌蒙山脉中部，海拔1600～2600m，地势总体西高东低。矿区所在区域按地貌形成时期的地质营力差异，可划分为玄武岩山脉及山地、构造溶蚀-侵蚀山地、溶蚀盆地3种地貌单元。矿区植被发育较差，地表冲沟均为季节性溪流，丰水期水量丰富，枯水期水量减少乃至断流。者海河为区域水文地质单元最大沟系，大部分沟系水汇入者海河后最终排入牛栏江。牛栏江由南向北贯穿例证区东部，为区内最大、切割最深的地表水体，水面标高1560m，河床标高1555m，为当地最低侵蚀基准面，切割深度达1000m以上。矿区构造较复杂，总体为一个由多条逆断层控制的北东向断块，其中褶皱仅局部发育，对矿区水文地质条件影响小。矿区主要受北东向、近南北向和北西向3组断裂的控制，对矿床充水影响较大。

石炭系在矿区主要沿矿山厂逆断层出露于地表，为矿区的主要地层，大面积分布于矿区的中部和北部，岩溶发育主要集中在海拔1550～2600m处。地表岩溶形态以溶孔、溶纹、溶沟、石牙、溶蚀裂隙为主，而在矿区中部东头断层附近，岩溶洼地、岩溶漏斗等形态沿着断裂带发育。钻孔统计数据显示，从地表至深部均有岩溶发育，但随深度增加，岩溶化程度呈下降趋势。深部岩溶主要表现为溶蚀裂隙和溶孔，偶尔可见溶洞。

1）石炭系岩溶洼地地表发育特征

矿区内主要含矿层为石炭系摆佐组（C_1b），区内构造作用较复杂，受断裂构造影响，岩体较为破碎，构造裂隙发育。由于长时间暴露于地表受风化剥蚀的影响，风化裂隙也较为发育。区内褶皱、断层、节理裂隙等地质构造控制着地下水的流动强度及流动方向，也控制着岩溶发育的规模。

矿区内石炭系岩溶发育较弱，共见8个岩溶洼地、岩溶漏斗（表2.2），主要集中在东头断层附近，其中矿山厂尾矿坝、民兵营一带，共有7个；付家梁子附近见有一个岩溶洼地。东头断层北部威宁组（C_2w）和马平组（C_3m）中见有两个岩溶漏斗，发育主方向为近南北向，大致与东头断层北端的走向一致。矿山厂尾矿坝石炭系含水层和二叠系梁山组（P_2l）隔水层交会带附近见有两个岩溶洼地，其发育主方向分别为北东51°和北东30°，大致与岩层走向一致。民兵营附近见有两个岩溶洼地，沿北东向展布，大致与西侧的矿山厂断层走向一致。矿山厂2539高地附近，有一岩溶漏斗沿北西向断层发育，顶面直径约20m，底面直径约2m，深约20m，底部见有溶蚀裂隙向下部延伸（图2.37）。以上岩溶洼地的发育情况均反映出岩溶发育受断层控制的特点。

表2.2 石炭系岩溶洼地形态统计表

序号	长轴长度/m	短轴长度/m	深度/m	主轴方向/(°)
1	53	30	5.5	165
2	59	23	4.0	179
3	115	56	11.0	51
4	95	69	9.0	30

续表

序号	长轴长度/m	短轴长度/m	深度/m	主轴方向/(°)
5	107	52	9.0	43
6	77	55	6.5	58
7	20	18	3.5	141
8	67	34	6.0	76

注：表中主轴方向 0°～90°表示北东向；主轴方向 90°～180°表示南东向。

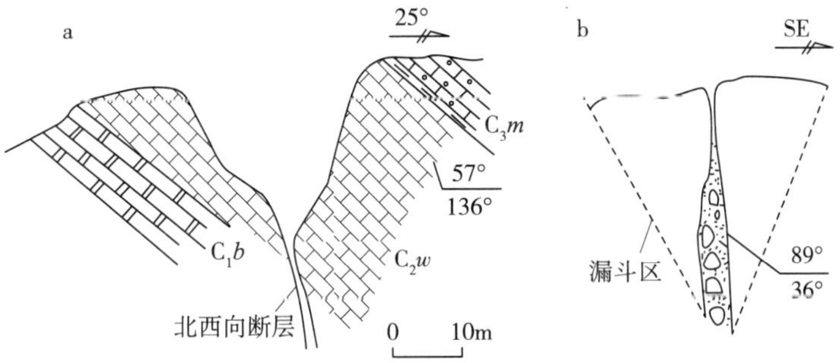

图 2.37　矿山厂 2539 高地附近岩溶漏斗素描图

a—岩溶漏斗形态；b—岩溶漏斗北壁控制岩溶漏斗的北西向断层

2）石炭系岩溶发育垂向规律

石炭系摆佐组是矿区容矿地层，依据井巷及钻孔编录资料，石炭系为倾向东南的单斜地层，浅部呈无压状态，局部见有溶孔和溶蚀沟槽。

综合 1584m 采矿中段的 026 勘探线上的钻孔（DZK1584－026－1、DZK1584－026－2）编录结果，将摆佐组岩溶层分为两层。在 DZK1584－026－1 钻孔中，摆佐组层厚为 68.1m，第一层岩溶发育段距摆佐组顶板 2.4m，其下 23.6m 的深度内均见溶孔发育，部分溶孔被方解石充填；第二层岩溶发育段距摆佐组底板 19m，其上 22m 的深度内见节理溶蚀孔发育，节理面上有黄色泥质充填物。在 DZK1584－026－2 钻孔中，摆佐组层厚为 62.1m，有一层岩溶发育段，距摆佐组顶板 11.9m，距摆佐组底板 43m，发育深度 7.2m，见节理溶蚀孔发育，节理面上有肉红色、褐红色泥质充填物及赤红色铁染。因钻孔控制范围有限，所以该分层具有一定的局限性，岩溶发育层连续性不明显。

3 渗透张量确定方法

在以往的矿井井巷涌水量预测及水源地开发过程中，大多数情况下通过抽水试验求取含水层的水文地质参数，随着抽水试验时间的延续，抽水井周围的地下水位逐渐下降，形成漏斗状水位下降区，这种地下水位下降区被称为“降落漏斗”。由于岩溶区地层本身的特点及渗透性的差异，各个观测点水头下降程度不同，抽水试验形成的降落漏斗在各个方向上存在差异性，在平面上形成椭圆形或近椭圆形。以此为基础的渗透系数的计算总是依据稳定井流或非稳定井流的计算公式得出，仅表征含水层介质的各向同性特征，并不能反映实际情况下含水层介质渗透性的各向异性特征，在涌水量预测过程中，模型参数的选取只能靠调试进行。渗透张量表征了岩体裂隙在各方向上的渗透特性，而本书中提出的井巷出水模型及改良大井法模型是基于岩体裂隙的各向异性特征而建立的，同时也是数值模拟中的重要参数。在岩溶区，含水系统为沿节理或层面等原有裂隙溶蚀加宽后的裂隙网络系统，地下水多赋存于岩溶裂隙、溶孔中，裂隙及由裂隙发展起来的溶隙等是岩溶含水层地下水的主要赋存空间和运移通道。渗透张量理论为研究岩溶裂隙含水层介质渗透系数的各向异性特征及变化规律提供了重要的理论依据，具有现实意义。

3.1 大型抽水试验

抽水试验是较为传统的确定岩体渗透性的手段之一，抽水井周围的地下水位随着抽水试验的进行而不断发生变化。岩体导水介质性质的差异、成井方式的不同及抽水试验条件等因素使抽水试验的影响范围具有一定的空间局限性，也就是传统意义上的影响半径问题。

根据抽水试验过程中观测到的抽水试验影响范围内水头的变化，绘出等水头线图。大部分抽水试验形成的降落漏斗并非是一个规则的同心圆，而是在某个方向上表现出一定的优势性。这一现象说明岩体裂隙在各个方向上的渗透性不同，存在优势方向。在等水头线图中，降落漏斗的长轴方向，等水头线稀疏，水力梯度小，渗透性强；降落漏斗的短轴方向，等水头线较为密集，水力梯度大，渗透性相对较弱。因此，大型抽水试验形成的降落漏斗在某种程度上即表征着含水层的渗透张量。为了核实用抽水试验形成的降落漏斗确定渗透张量的准确度，本章采用数值模拟或井巷出水模型进行验证。

3.1.1 贵州贞丰H金矿矿区抽水试验实例验证

贵州贞丰H金矿矿区属于长田水文地质单元（Ⅸ）（图3.1），容矿层为二叠系中统龙潭组（P_2l）和蚀变体，龙潭组富水性极弱，为相对隔水层，矿区开采充水水源主要为下伏茅口组（P_1m）石灰岩承压水。矿区构造发育，主要为东西向、南北向和北东向的褶皱和断裂，这些褶皱和断裂造成了地层的断块状分布，显著影响了地下水的存储、补给、径流和排泄条件。矿区西部F_{14}断层（狮子坟断层），断距约300m，角砾成分为石灰岩，切割茅口组的水平导水层，设定为定水头边界；东部F_{19}断层上部为透水性差的三叠系砂泥岩，下部为易导水的二叠系下统石灰岩，同样设定为定水头边界；北部F_{21}断层（董岗断层）是逆断层，切穿三叠系中统关岭组（T_2g）和三叠系下统永宁镇组（T_1yn），距矿区抽水点较近，设定为定流量边界；南部F_{34}断层（核桃园断层）切割二叠系中统龙潭组（P_2l）石灰岩和白云岩，距矿区抽水点约8km，设定为定流量边界。

贵州贞丰H金矿矿区分别于2012年12月14—18日和2013年2月2—5日对东部1号矿区进行了两次抽水试验，主抽水层为茅口组。在抽水试验过程中，选取ZK5532、ZK6324、ZK1554、ZK3888、ZK18333、ZK17532、ZK23940、ZK22340、ZK27140、ZK27917、ZK39149共11处地表整装勘查加深钻孔和所有贵州贞丰H金矿矿区井下施工完毕的水文地质钻孔作为观测孔。第一次抽水试验于2012年12月14日正式开始，持续至12月18日结束，主井水位下降199.42m，水位标高从1167.80m下降到968.38m，试验中各观测孔水位均有显著变化，最大降深在ZK23940处，降深为6.28m。第二次抽水试验于2013年2月2日正式开始，持续至2月5日结束，主井水位下降460.10m后基本稳定，水位标高从1167.80m下降到707.70m，试验中各观测孔水位也均有显著变化，最大降深在ZK22340处，降深为66.55m。观测资料显示，第二次大型抽水试验影响范围较广，观测孔水位降深值与抽水井距离关系密切，降落漏斗呈半椭球形，在平面上呈椭圆形（图3.2），主渗透方向为北东60°，长轴和短轴之比为1.305，具备渗透张量的特征。

3.1.1.1 贵州贞丰H金矿矿区矿坑排水流场数值模型验证

模拟区承压含水层由F_{14}、F_{19}、F_{21}和F_{34}断层作为边界，在天然流场数值模型建立过程中，分别对东、西、南、北4条断层进行赋值，将东、西两条断层边界设为定水头边界，南、北两条断层设为定流量边界，贵州贞丰H金矿矿区主渗流方向为北东60°，需将模拟区进行逆时针旋转30°以与主渗透轴轴向一致。贵州贞丰H金矿矿区矿坑排水是茅口组地下水系统流场的主要排泄点；在模型中通过抽水试验确定渗透张量，并基于模拟区钻孔抽水试验及观测数据，确定了具体位置的渗透系数，并将贵州贞丰H金矿矿区矿坑排水量作为汇项，据此建立了天然流场数值模型（图3.3）。模拟结果显示，钻孔观测水位和天然流场数值模型计算水位基本吻合，表明采用渗透张量构建的天然流场数值模型能够较为真实地反映实际地下水流场情况。

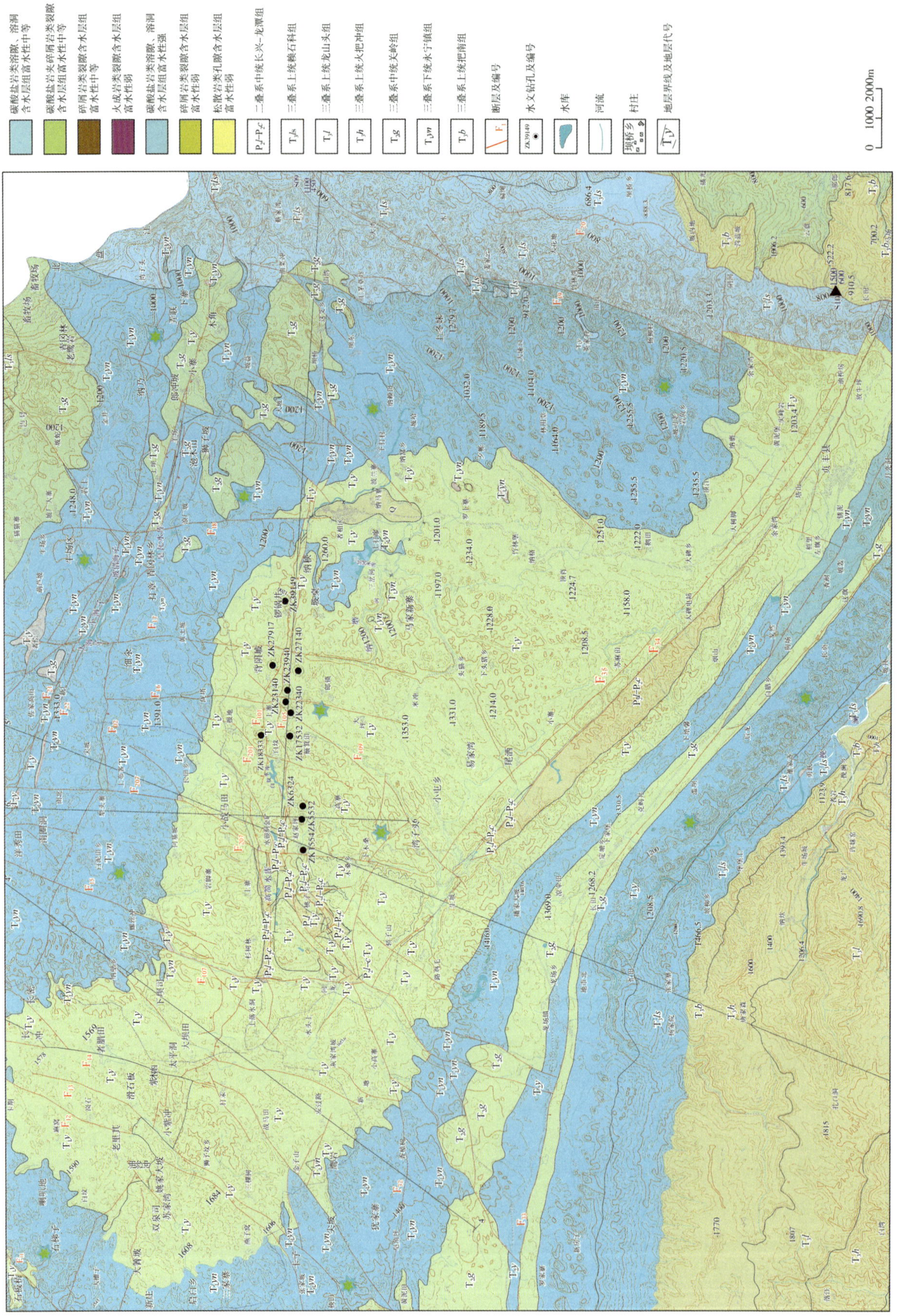
碳酸盐岩类溶隙、溶洞含水层组富水性中等
碳酸盐岩夹碎屑岩类裂隙含水层组富水性中等
碎屑岩类裂隙含水层组富水性中等
火成岩类裂隙含水层组富水性弱
碳酸盐岩类溶隙、溶洞含水层组富水性强
碎屑岩类裂隙含水层组富水性弱
松散岩类孔隙含水层组富水性弱
P_2l–P_2c 二叠系中统长兴–龙潭组
T_3ls 三叠系上统赖石科组
T_3l 三叠系上统龙山头组
T_3h 三叠系上统火把冲组
T_2g 三叠系中统关岭组
T_1yn 三叠系下统永宁镇组
T_3b 三叠系上统把南组
F_1 断层及编号
ZK39149 水文钻孔及编号
水库
河流
坝桥乡 村庄
T_1y 地层界线及地层代号
0 1000 2000m

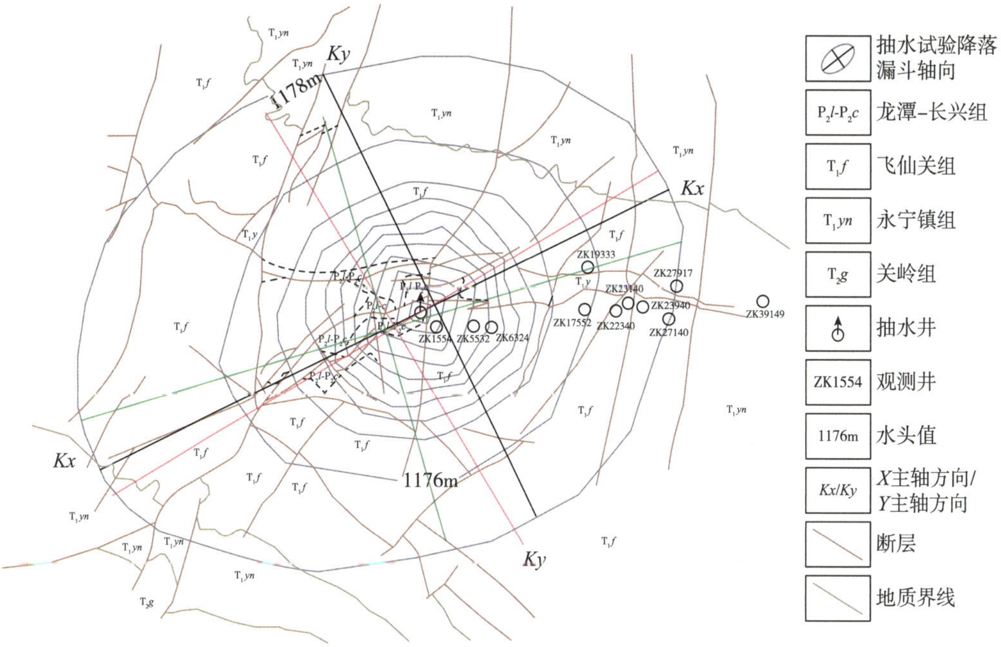

图 3.2　抽水试验降落漏斗示意图

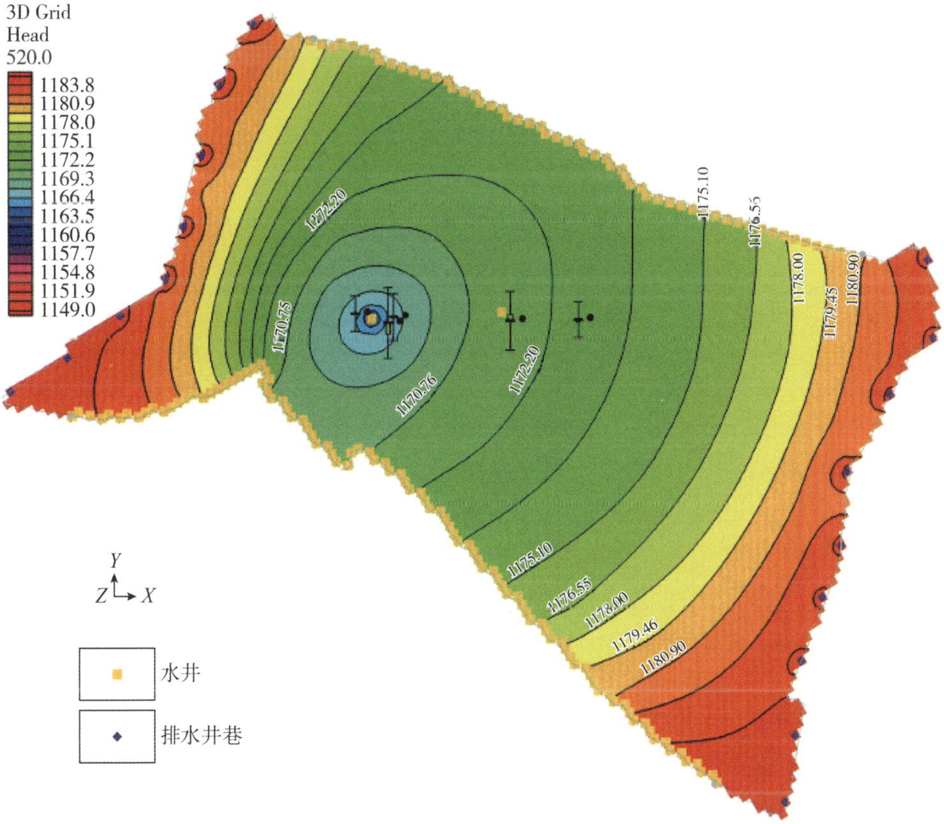

图 3.3　贵州贞丰 H 金矿矿区现状稳定流模型拟合示意图

3.1.1.2 贵州贞丰 H 金矿 1 号矿区 1 号主井第一次抽水试验模型拟合验证

贵州贞丰 H 金矿 1 号矿区 1 号主井第一次抽水试验模型以 10800m^3/d 的抽水量抽水，2012 年 12 月 14—18 日，在模型中增加了 1 号矿区抽水井。以 ZK5532、ZK6324、ZK22340、ZK27140、ZK39149 观测孔数据作为验证依据，绘制贵州贞丰 H 金矿 1 号矿区 1 号主井第一次抽水试验最后时刻水头拟合图（图 3.4）。ZK5532 实测水位与计算水位误差为 1.25～1.57m，抽水过程拟合较好；ZK6324 实测水位与计算水位误差为－0.77～－0.95m，是所有观测孔中拟合效果最好的；ZK39149 实测水位与计算水位之间相差 0.36～1.66m；ZK27140 由于处于 1 号矿区抽水井附近，受抽水井影响较大，误差相对较大，实测水位与计算水位误差为－2.5～－4.7m。各观测孔水位变化趋势均可拟合。

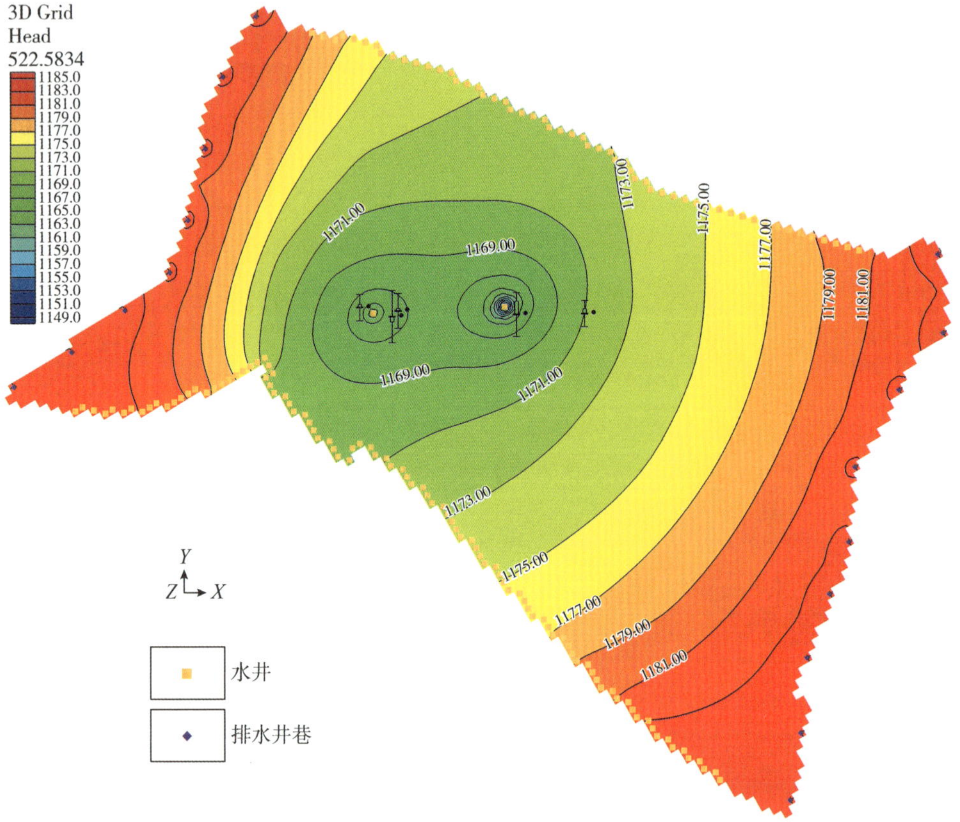

图 3.4 贵州贞丰 H 金矿 1 号矿区 1 号主井第一次抽水试验最后时刻水头拟合图

3.1.1.3 贵州贞丰 H 金矿 1 号矿区 1 号主井第二次抽水试验模型拟合验证

贵州贞丰 H 金矿 1 号矿区 1 号主井第二次抽水试验模型中也在贵州贞丰 H 金矿矿区以 10800m^3/d 的抽水量进行抽水的基础上，在 1 号矿区加入抽水井，第二次抽水试验抽水时长为 45h。根据实际观测资料，选取贵州贞丰 H 金矿矿区 1120m 中段井巷 21N 孔、

ZK5532、ZK6324、ZK27140、ZK39149 作为模型验证水头观测点。贵州贞丰 H 金矿 1 号矿区 1 号主井第二次抽水试验最后时刻水头拟合情况如图 3.5 所示，其中 1 号主井处形成较深的降落漏斗，其影响范围已到贵州贞丰 H 金矿矿区，与实际观测情况吻合。各观测孔的抽水试验拟合过程情况较好。除抽水井附近的观测孔 ZK27140 以外，其余观测孔实测水位与计算水位误差均在±1.0m 内，拟合效果较好。水位变化趋势基本拟合。由此可见，大型抽水试验采用渗透张量所得出的人工流场计算模型也能刻画实际地下水流场，亦即抽水试验所揭示的流场形态作为渗透张量的确定方式是合理可行的。

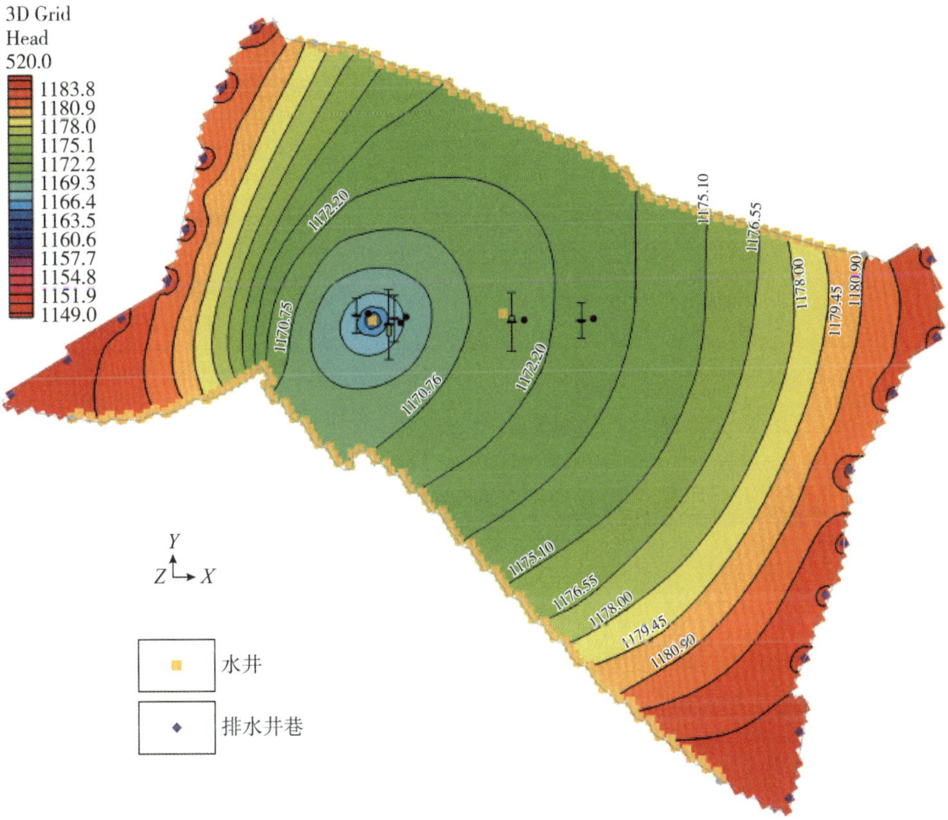

图 3.5　贵州贞丰 H 金矿 1 号矿区 1 号主井第二次抽水试验最后时刻水头拟合图

3.1.2　云南保山 X 铅锌矿矿区抽水试验实例验证

3.1.2.1　矿区水文地质条件

云南保山 X 铅锌矿矿区含水层（组）可划分为新近系和第四系松散堆积物孔隙含水层、碎屑岩和火成岩类裂隙水含水层、碳酸盐岩类岩溶水含水层、碳酸盐岩夹碎屑岩岩溶裂隙水含水层 4 种类型。其中，碳酸盐岩地层分布广泛，岩溶发育，富水性强，是矿区主要含水层及矿床开采充水层，其余地层富水性相对较弱。

矿区断裂构造发育，以断层、层间破碎带为主，节理、裂隙次之。断裂使区内地层切割成断块状，并控制了区内地下水的赋存、补给、径流和排泄条件。矿区内断层主要有3组，早期的南北向组、北东向组及晚期的北西向组，均具有压扭性特征，3组断层相互切割，形成“井”字形断裂构造复合关系，主要断层特征统计如表3.1所示。

表3.1 云南保山X铅锌矿矿区主要断层特征简表

断层编号	位置	长度/m	走向	断层产状	断层特征简述
F_1	位于矿区北侧	大于3000	北西	倾向北东，倾角40°～60°	构造带角砾岩发育，破碎带宽3～20m。据上盘、下盘出露地层判断属正断层
F_3	位于矿区北西侧	大于3000	北西	倾向北东46°～61°，倾角47°～67°	断层破碎带宽1～20m。沿断面可见断层泥、断层角砾岩等。断层性质为正断层，为赵家寨矿段矿体控矿断层
F_4	位于矿区南侧	大于8000	北西	倾向北东，倾角大于60°	断层性质为平移断层
F_7	位于矿区南西侧	大于8000	北东	倾向北西，倾角45°±	沿断层破碎带发育构造角砾岩，断层性质为正断层，具张扭性断裂活动特征
F_8	位于矿区南侧	大于9000	近南北	倾向西，倾角55°±	两侧节理裂隙发育，具压扭性断裂活动特征，断层性质为逆断层
F_9	位于矿区南侧	大于2000	近南北	倾向南东，倾角64°±	沿断层破碎带发育构造角砾岩，断层面清楚，具张扭性断裂活动特征。断层破碎带内岩石具重晶石化，并伴有闪锌矿化、黄铁矿化、弱方铅矿化
F_{10}	位于矿区南东侧	大于8000	北东	倾向北西，倾角45°±	沿断层破碎带发育构造角砾岩，断层破碎带内岩石普遍具重晶石化、碳酸盐化、弱硅化等，并伴有方铅矿化、黄铁矿化、闪锌矿化。该断层为鲁图矿段主要控矿断裂，具正断层特征
F_{17}	位于矿区中部	出露分支F_{17-1}长1500	北东	倾向北西，倾角70°±	在走向和倾向上具有多期次活动特征。破碎带内岩石具硅化、碳酸盐化、重晶石化、碎裂岩化等，并伴有黄铁矿化、方铅矿化、闪锌矿化，是董家寨矿段V2、V2-1矿体群及隐伏V3矿体群的控矿破碎带

矿区广泛分布的香山组碳酸盐岩是矿区主要充水含水层（组），受岩性、地形地貌和构造格局的控制，形成了具有相对独立补给、径流、排泄条件及动态变化特征的水文地质单元。北部西段由卧牛寺组玄武岩形成隔水边界，北部东段由F_1断层构成透水边界；东部由F_{10}断层及隐伏的卧牛寺组玄武岩、泥岩构成隔水边界；东南部由卧牛寺组玄武岩形成隔水边界；南部由何元寨组泥质石灰岩、大寨口组泥质石灰岩夹硅质岩形成隔水边界；西南部由F_3断层构成透水边界；西北部由F_{18}（王家寨-莫家寨断裂）形成透水边界。矿

区地层总体倾向北东，香山组岩溶裂隙水含水层为三面开放的无限平面。

云南保山 X 铅锌矿矿区水文地质单元内地势总体为南高北低，地下水在水文地质单元东部、南部和西部接受大气降水补给，总体由南向北径流、汇入东河，部分地下水受断层、相对隔水层或沟谷切割影响，向沟谷内以泉点的形式排泄，莫家河赵家寨-王家寨河谷底部、马桥河董家寨-张家寨东侧河谷底部是地下水的集中排泄带，泉点成群出露，排入莫家河和马桥河中。

根据勘探线钻孔揭露情况，矿区垂向上分为 6 个岩溶发育带，两侧均有岩溶发育带出露于地表，包括西部香山组上段内两条、西北部浑水塘附近香山组中段内一条、北东部香山组上段内两条、东部马桥河附近香山组中段内一条。岩溶发育带是矿区充水的直接连接通道，根据已有勘查资料所作矿区岩溶发育三视图（图 3.6，图 3.7）可以看出，矿区香山组上段发育两层浅层岩溶，主要发育深度为 3～60m，岩溶层厚度为 20～30m，上层岩溶区岩溶发育较薄，出露于地表，是连通矿坑与地表水的主要通道；香山组中段发育一层岩溶，主要发育深度为 30～200m，岩溶层厚度为 60～100m，岩溶层发育连续且较厚，勘探线剖面揭示香山组中段岩溶发育带于矿区东部马桥河附近出露；矿区香山组下段发育一层岩溶，发育深度为 150～300m，岩溶层厚度为 20～40m，岩溶发育较薄，连续性较好。

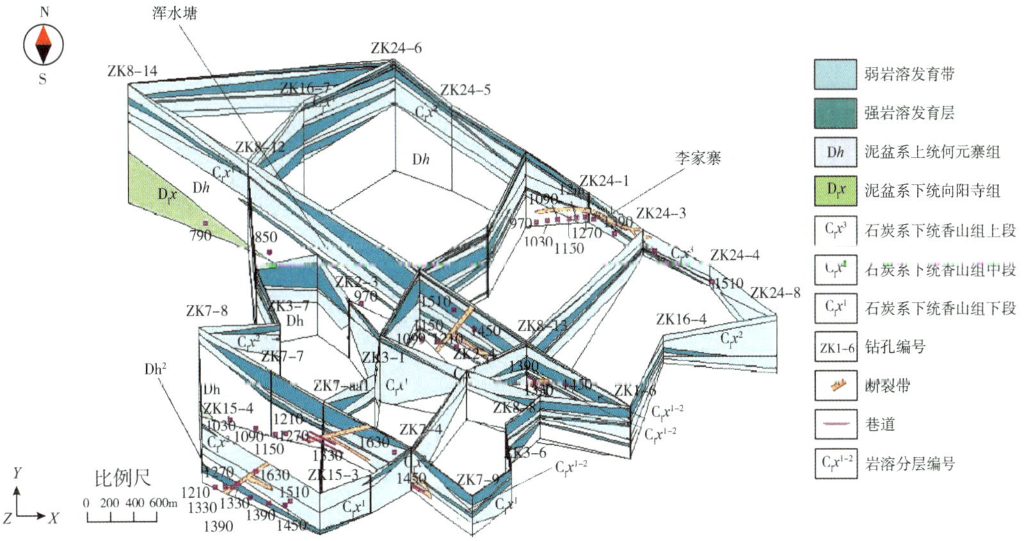

图 3.6　矿区岩溶发育三视图 1

云南保山 X 铅锌矿矿区进行过一次大型抽水试验，主要抽水层为香山组，选取 ZK5 作为大型抽水试验孔，ZK4－12、ZK4－13、ZK8－14、ZK8－15、ZK8－17、ZK12－7 6 处勘查孔作为观测孔，同时对矿区周边 7 个泉点进行观测。群孔组抽水试验于旱季进行，抽水试验数据受外界影响较小，因此数据真实可靠。抽水井降落漏斗呈半椭球形，在平面上呈椭圆形，长轴方向为北东 56°，长轴与短轴之比为 1.518（图 3.8），具备渗透张量的特征。

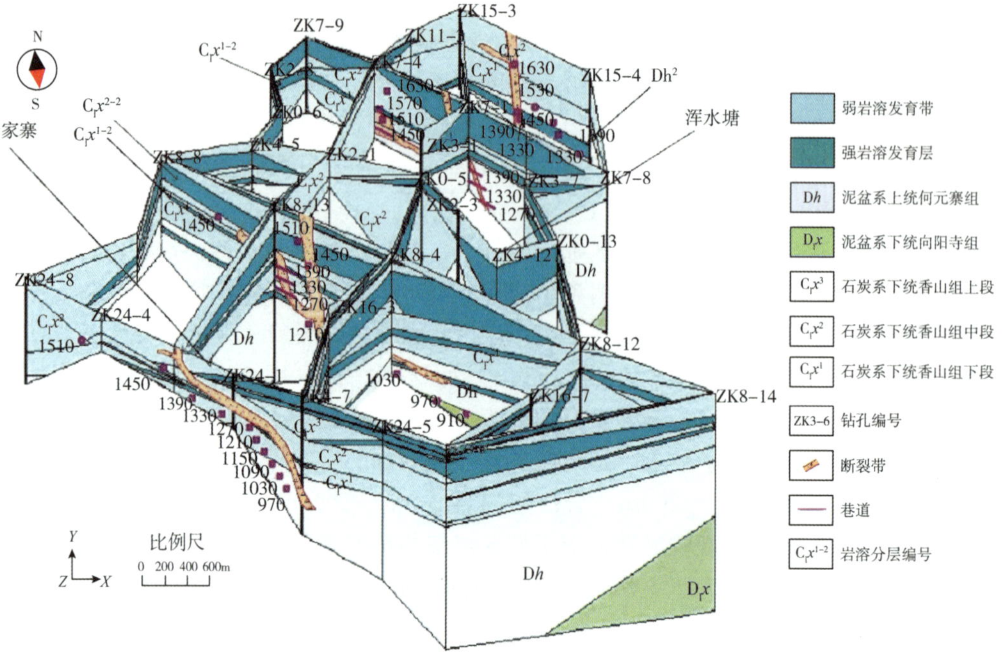

图 3.7　矿区岩溶发育三视图 2

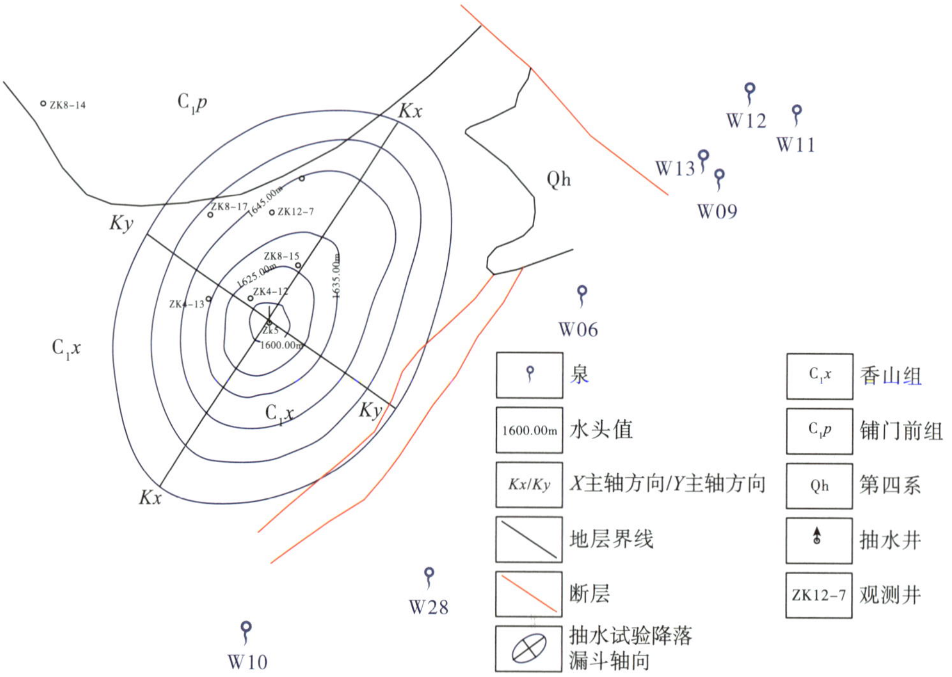

图 3.8　云南保山 X 铅锌矿矿区抽水试验降落漏斗示意图

3.1.2.2 矿区天然流场数值模型

在自然条件下，云南保山X铅锌矿矿区北东部三叠系岩溶水流场由于马桥河河水恒定水头的作用基本保持稳定；矿区北部卧牛寺组与香山组接触界线形成了隔水边界；矿区东部和南部的马桥河是地下水的自然排泄区；矿区西部的何元寨组通过 F_3、F_7 断层与矿区香山组相接，在模型中处理为定流量边界（二类边界）；矿区西北部由 F_{18} 断层（王家寨-莫家寨断裂）形成定流量边界。因此，将 F_1、F_{18}、F_3 和 F_7 断层围成的区域作为研究对象，建立天然流场数值模型。矿区主渗流方向为北东 56°，因此将模拟软件坐标逆时针旋转 34°以匹配例证区渗流主值方向北东 56°。在天然流场数值模型中，采用抽水试验确定的渗透张量，结合模拟区钻孔抽水试验及观测资料，确定具体位置的渗透系数，平均为 0.019～0.543m/d，进而建立天然流场数值模型。模拟结果显示，钻孔观测水位和天然流场数值模型计算水位基本吻合，表明使用渗透张量所建立的天然流场数值模型可以较为真实地反映实际地下水流场情况。

3.1.2.3 矿区抽水试验模型拟合验证

场区实际抽水试验，选取钻孔 ZK5 作为抽水试验孔，目标层为香山组第二段第二亚段（C_1x^{2-2}）。以天然流场数值模型为基础，在模型的对应位置放入 ZK5 作为抽水井，抽水量与实际抽水量相当，稳定流计算值与抽水稳定水位拟合程度较好（图 3.9）。其中，ZK3、ZK4、ZK5、ZK8 - 6、ZK8 - 15、ZK12 - 7、ZK15 - 6、ZK16 - 9、ZK16 - 10、

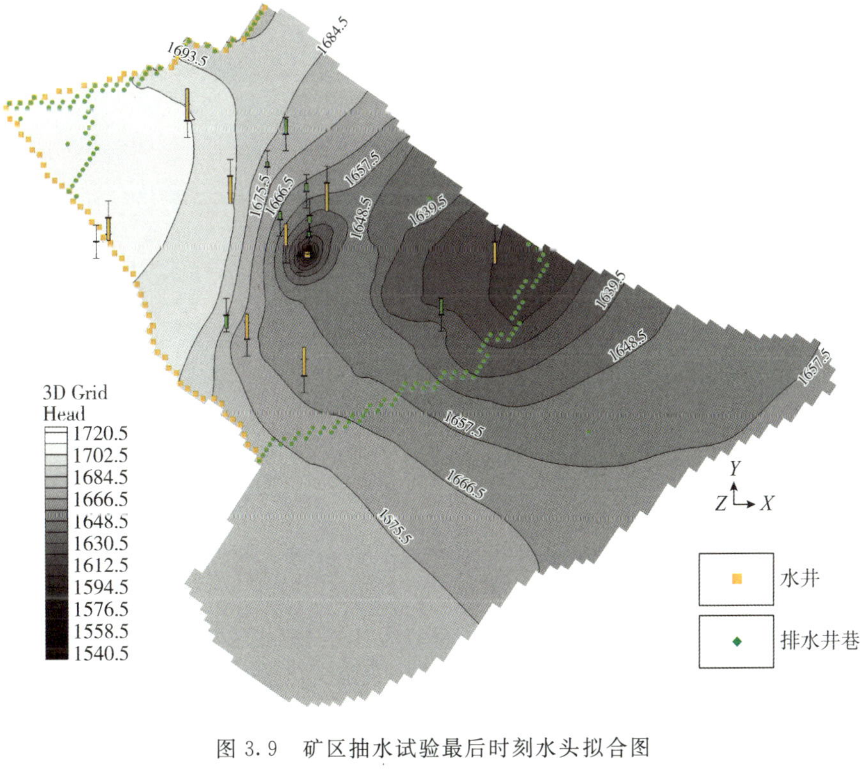

图 3.9 矿区抽水试验最后时刻水头拟合图

ZK24－9 拟合情况好，实测水位与天然流场数值模型计算水位误差均小于 0.5m；ZK6、ZK11、ZK4－13、ZK8－14、ZK15－3、ZK15－4、ZK16－11、ZK20－1 拟合情况也较好，实测水位与天然流场数值模型计算水位误差均为 0.5～1.0m，水位变化趋势基本吻合。因此，云南保山 X 铅锌矿大型抽水试验人工流场形态作为渗透张量的确定方式也较为合理。

3.1.3 云南会泽 C 铅锌矿矿区抽水试验实例验证

云南会泽 C 铅锌矿矿区所在区域上存在多个隔水层或弱透水层、阻水断裂及分水岭，形成具有不同补给、径流、排泄条件的水文地质单元，矿区西部矿段位于白泥井-矿山厂水文地质单元。白泥井-矿山厂水文地质单元以矿山厂逆断层为北西部边界，东部以梁山组和马平组相对隔水层为界，南至箐口塘-花鱼洞水库-窝铅厂分水岭（图 3.10）。矿区主

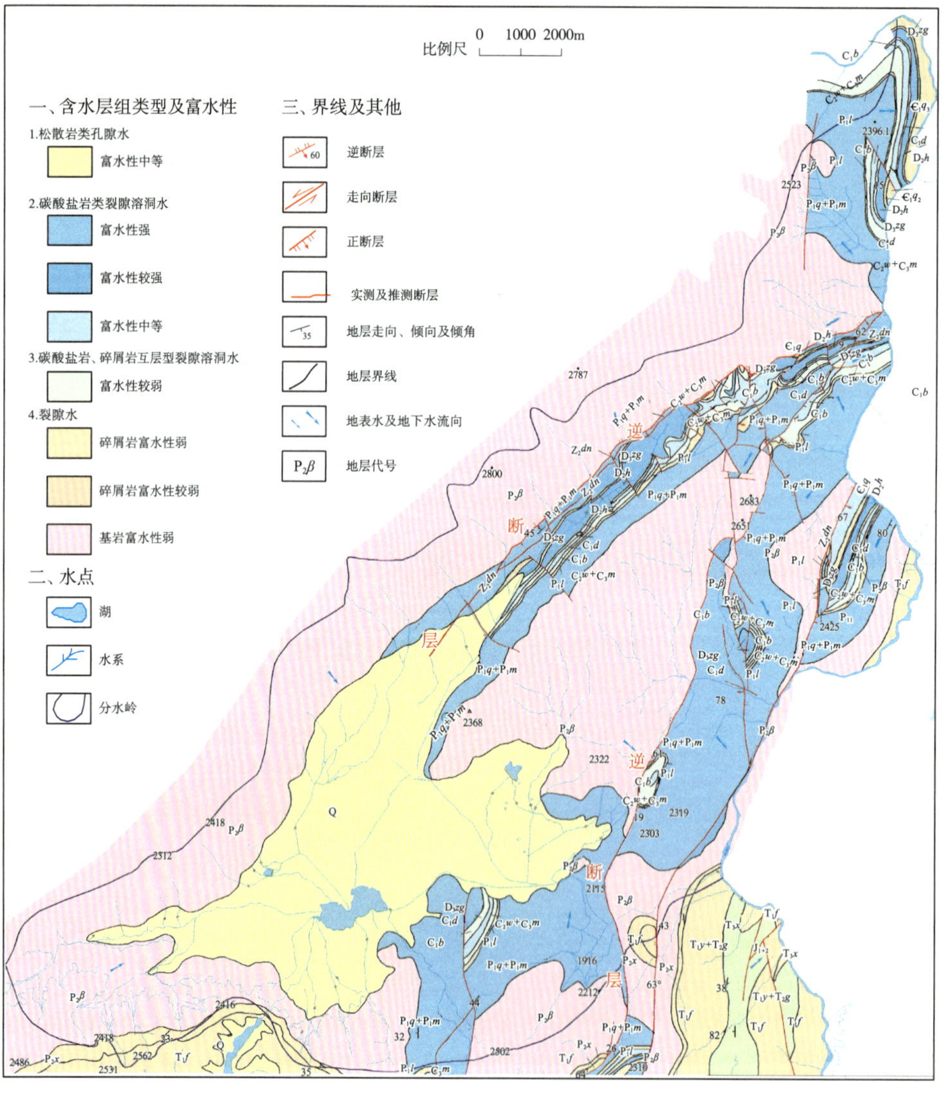

图 3.10 区域水文地质图

要含矿层为摆佐组，摆佐组与大塘组连续沉积，构成了矿床充水的主要含水层，总体富水性强。矿区位于补给径流区，大气降水是地下水的主要补给来源。矿床充水含水层沿北东-南西向展布，呈狭长条带状，具层间径流的特点。受中部马平组和梁山组隔水层组阻滞和地形影响，地下水总体由北西向南东和深部运移。在白泥井-矿山厂水文地质单元内部，泥盆系中统海口组（D_2h）相对隔水层完全被北西向断层错动，其隔水性大大降低。其东部边界梁山组相对隔水层在选厂附近被东头断层错动，使矿床充水含水层与水文地质单元东部的栖霞组和茅口组岩溶裂隙含水层之间有一定的水力联系。

云南会泽C铅锌矿矿区于2013年12月10日开始，在1584m中段进行了历时1302h的抽水试验，主要抽水层为摆佐组。在抽水试验过程中，选取了2个抽水孔、21个主要垂直观测孔和7个水平观测孔观测水位。在抽水试验前，试验员进行了稳定水位连续观测，主要在1584m中段的井下获取了地下水的稳定水位信息。抽水顺序是先从2号孔开始，然后是1号孔，恢复水位后，对1号孔、2号孔进行孔组抽水试验，每次试验分别进行3次抽水降深（表3.2）。根据抽水试验形成的降落漏斗分析，发现降落漏斗呈半椭球-球形，在平面上呈椭圆形，主轴方向为北东49°，长轴与短轴之比为3.174（图3.11），具备渗透张量的性质。后续章节基于抽水试验所确定的渗透张量采用井巷出水法计算矿坑涌水量，计算涌水量与实际涌水量相比误差不大，表明抽水试验所揭示的流场形态作为渗透张量的确定方式依然合理。

表3.2　云南会泽C铅锌矿矿区1584m中段抽水试验进度表

抽水孔编号	降次	抽水日期（年/月/日）		合计时间/h	降深/m
		起	止		
2号孔	S_1	2013/12/10	2014/1/8	624	22.60
	S_2	2014/1/9	2014/1/10	48	42.83
	S_3	2014/1/11	2014/1/12	48	63.18
1号孔	S_1	2014/5/2	2014/5/8	168	14.99
	S_2	2014/5/8	2014/5/9	48	31.00
	S_3	2014/5/10	2014/5/11	48	50.45
合计				984	
1号孔、2号孔抽水孔组	S_1	2014/5/23	2014/5/31	216	9.44
	S_2	2014/6/1	2014/6/2	48	18.04
	S_3	2014/6/3	2014/6/4	54	23.84
总计				1302	

通过对贵州贞丰H金矿矿区、云南保山X铅锌矿矿区和云南会泽C铅锌矿矿区进行大型抽水试验，发现抽水试验形成的降落漏斗在空间上呈半椭球形，在平面上水位降落漏斗并非呈规则的同心圆，而在某个方向上显示出优势性，具备显著的渗透主方向，表现出渗透张量的特性。为验证以抽水试验所揭示的流场形态确定渗透张量的方法的可行性，分别对贵州贞丰H金矿矿区和云南保山X铅锌矿矿区进行了天然流场数值模型验证与抽水

状态模型拟合验证，并在模型中使用抽水试验确定的渗透张量。经对比发现，钻孔观测水位和天然流场数值模型计算水位基本吻合，因此，大型抽水试验人工流场形态可作为渗透张量的确定方式。

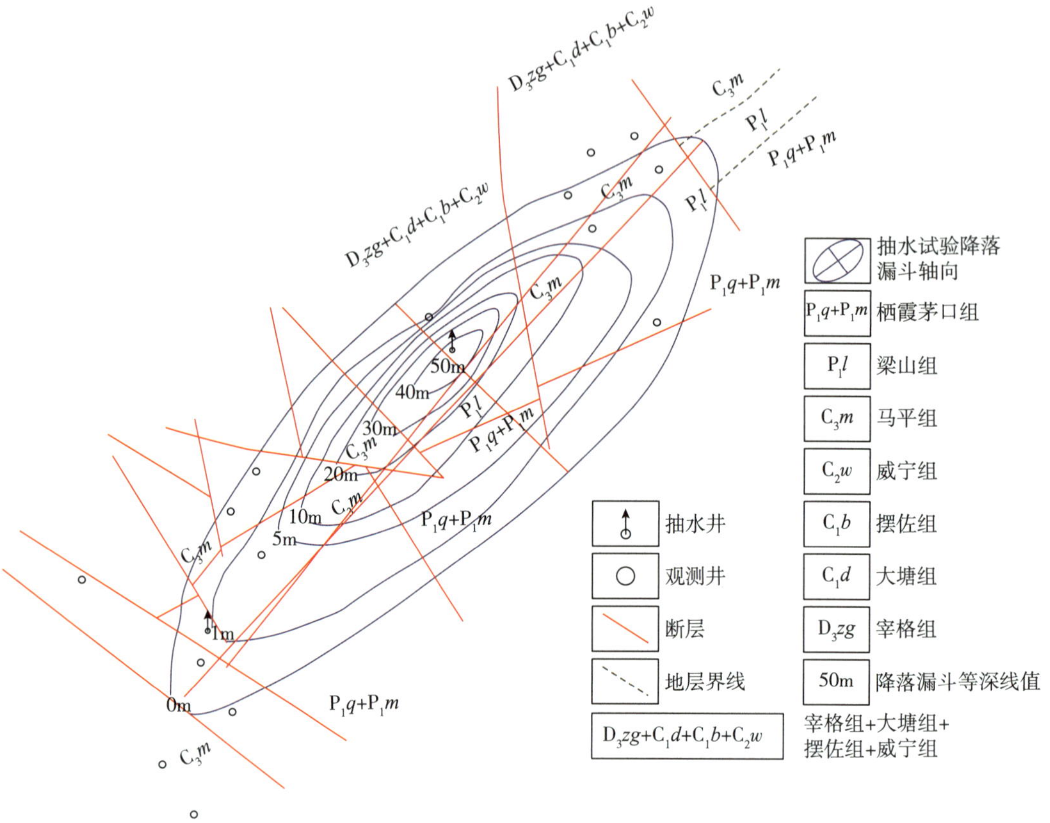

图 3.11　1584m 中段抽水试验降落漏斗示意图

3.2　岩溶洼地统计分析

在岩溶区，区域岩层裂隙的展布控制着岩溶的发育和分布，即岩溶是在裂隙的基础上发育形成的，它们都是受同一构造作用控制，是相同的区域构造应力场作用于同类岩石的产物。在共同的岩石物理力学性质和溶蚀机制下，宏观岩溶形态与微观裂隙具有一定的相似性和对应性。

岩溶洼地是岩溶长期作用的结果，在岩溶裂隙的基础上发育而来，受构造的控制作用较为明显。裂隙发育的主方向控制着地下水的径流方向，裂隙宽度影响着地下水的径流强度。在岩溶裂隙较为发育的方向上，地下水向较宽的裂隙中汇集，形成强径流带，同时对围岩进行差异性溶蚀，进一步影响着岩溶洼地的形态与规模。

岩溶洼地的形态在某种程度上反映着当地岩溶的基本规律，预示着渗透张量的展布特征。大多数岩溶洼地为半球形或半椭球形，在野外调查过程中，可通过分析岩溶洼地发育的主方向及各方向上的发育长度来进行单相关回归分析，得出岩溶洼地长轴、短轴、发育深度三者之间的相关关系。通过对同一地区的岩溶洼地的宏观形态与计算得出的岩体裂隙渗透张量椭球进行对比分析得出，岩溶洼地的形态与裂隙渗透张量椭球的一半相对应。岩溶洼地的形态特征是地下岩溶裂隙各渗透方向上渗透主值在地表上的表征。理论上，在地表上的岩溶形态的长轴即为地下岩溶裂隙渗透张量的主渗透轴 K_x，与其垂直的短轴为 K_y，而其深度则是渗透张量垂向上渗透主值 K_z 的一半。为了验证这一推论，分别在贵州贞丰 H 金矿矿区、云南保山 X 铅锌矿矿区及云南会泽 C 铅锌矿矿区进行岩溶洼地统计，并与抽水试验所揭示的相应渗透张量进行对比分析。

3.2.1 贵州贞丰 H 金矿矿区岩溶洼地实例验证

贵州贞丰 H 金矿矿区西北侧安谷地区二叠系下统茅口组石灰岩中 35 个岩溶洼地的长轴、短轴及深度的数值统计如表 3.3 所示，统计回归表明，区域内的岩溶洼地各轴向的长度具有很明显的线性关系。其中，岩溶洼地的长轴长度与 2 倍深度的线性关系可归结为方程 $K_z=0.1716K_x$，回归系数为 0.90，回归效果较显著（图 3.12）；岩溶洼地的长轴长度和短轴长度的线性关系可归结为方程 $K_y=0.7130K_x$，回归系数为 0.92，回归效果较显著（图 3.13）。

表 3.3 贵州贞丰 H 金矿矿区地表岩溶洼地形态特征统计表

岩溶洼地编号	长轴长度/m	短轴长度/m	深度/m	岩溶洼地编号	长轴长度/m	短轴长度/m	深度/m	岩溶洼地编号	长轴长度/m	短轴长度/m	深度/m
WD01	200	120	35	WD13	50	25	7	WD25	50	35	11
WD02	50	35	20	WD14	40	28	11	WD26	40	25	8
WD03	15	5	4	WD15	360	200	55	WD27	20	18	5
WD04	190	115	35	WD16	80	59	15	WD28	90	76	15
WD05	200	140	33	WD17	120	98	22	WD29	160	105	30
WD06	200	140	28	WD18	120	84	28	WD30	50	40	10
WD07	200	150	30	WD19	150	90	15	WD31	80	50	16
WD08	250	200	50	WD20	130	96	16	WD32	100	78	18
WD09	300	205	60	WD21	120	78	23	WD33	120	115	25
WD10	250	150	33	WD22	150	123	26	WD34	100	87	10
WD11	30	22	5	WD23	56	40	9	WD35	400	350	80
WD12	100	40	10	WD24	100	78	18				

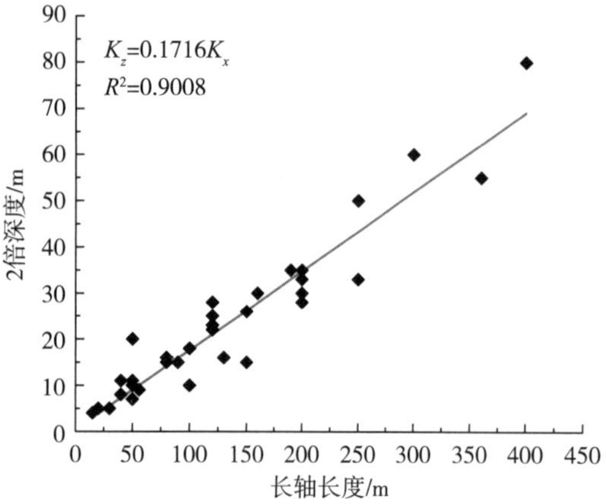

图 3.12　贵州贞丰 H 金矿矿区岩溶洼地长轴长度与 2 倍深度关系图

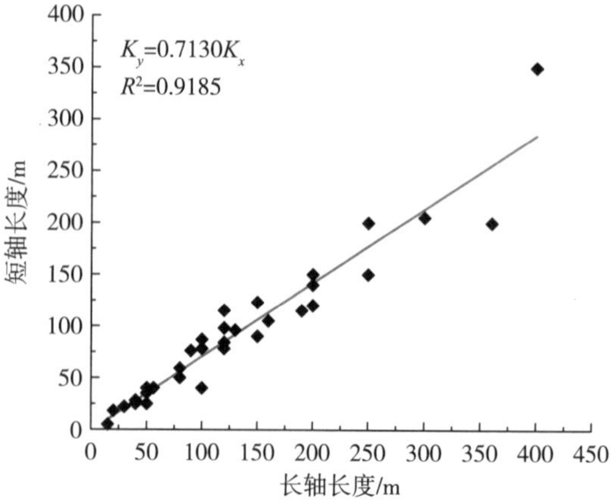

图 3.13　贵州贞丰 H 金矿矿区岩溶洼地长轴长度与短轴长度关系图

3.2.2　云南保山 X 铅锌矿矿区岩溶洼地实例验证

云南保山 X 铅锌矿矿区内石炭系下统香山组共统计了 34 个岩溶洼地的长轴、短轴及深度的数值（表 3.4），对其进行统计回归表明，区域内的岩溶洼地各轴向的长度具有很明显的线性关系。其中，岩溶洼地的长轴长度和 2 倍深度的线性关系可归结为方程 $K_z=0.1387K_x$，回归系数为 0.94，回归效果显著（图 3.14）；岩溶洼地的长轴长度和短轴长度的线性关系可归结为方程 $K_y=0.7165K_x$，回归系数为 0.92，回归效果较显著（图 3.15）。

表 3.4　云南保山 X 铅锌矿矿区地表岩溶洼地形态特征统计表

岩溶洼地编号	长轴长度/m	短轴长度/m	深度/m	短轴长轴比	长轴方向/(°)	岩溶洼地编号	长轴长度/m	短轴长度/m	深度/m	短轴长轴比	长轴方向/(°)
CWD01	225.1	168.3	29.5	0.75	341	CWD14	205.2	134.7	32.8	0.66	34
CWD02	88.3	40.0	11.1	0.45	348	CWD15	101.8	59.0	12.9	0.58	34
CWD03	202.3	166.0	26.1	0.82	334	CWD16	40.6	39.8	3.6	0.98	40
CWD04	105.3	39.7	13.6	0.38	21	CWD17	22.8	16.0	2.0	0.70	283
CWD05	38.5	25.0	3.4	0.65	57	CWD18	39.2	28.0	9.2	0.71	24
CWD06	99.0	48.0	16.3	0.48	348	CWD19	113.9	62.0	15.2	0.54	293
CWD07	124.7	102.0	12.8	0.82	309	CWD20	128.2	97.0	14.3	0.76	5
CWD08	57.7	56.0	8.5	0.97	289	CWD21	34.2	33.0	6.3	0.96	31
CWD09	293.5	206.0	43.6	0.70	39	CWD22	34.9	28.0	5.3	0.80	354
CWD10	91.8	37.7	14.6	0.41	30	CWD23	52.7	31.0	7.6	0.59	46
CWD11	81.9	70.0	13.3	0.85	31	CWD24	43.5	38.0	7.0	0.87	290
CWD12	39.2	38.0	7.0	0.97	49	CWD25	95.5	59.0	9.6	0.62	311
CWD13	185.9	142.0	29.2	0.76	322	CWD26	77.6	63.0	13.6	0.81	43

续表

岩溶洼地编号	长轴长度/m	短轴长度/m	深度/m	短轴长轴比	长轴方向/(°)	岩溶洼地编号	长轴长度/m	短轴长度/m	深度/m	短轴长轴比	长轴方向/(°)
CWD27	65.5	61.0	9.1	0.93	12	CWD31	29.9	24.0	6.3	0.80	323
CWD28	183.1	140.0	21.7	0.76	62	CWD32	54.8	50.0	4.7	0.91	294
CWD29	36.3	20.0	6.0	0.55	344	CWD33	40.3	26.0	7.3	0.65	15
CWD30	58.4	45.0	5.2	0.77	31	CWD34	39.2	28.0	9.2	0.71	82

注：表中长轴方向 0°～90°表示为北东向；长轴方向 270°～360°表示为北西向。

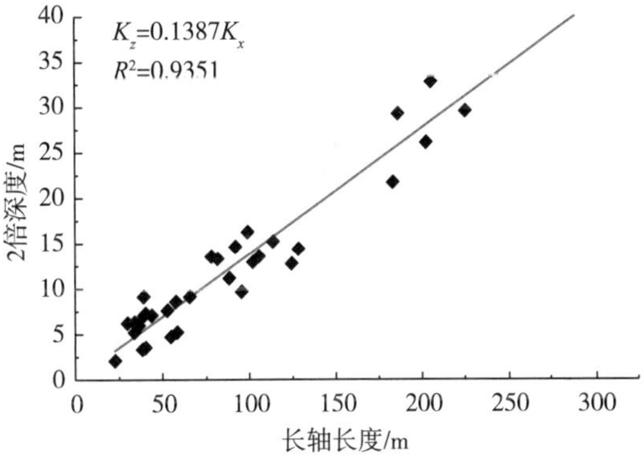

图 3.14　云南保山 X 铅锌矿矿区岩溶洼地长轴长度与 2 倍深度关系图

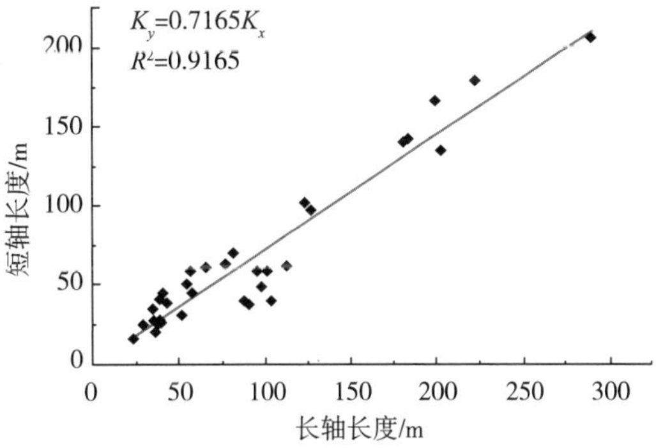

图 3.15　云南保山 X 铅锌矿矿区岩溶洼地长轴长度与短轴长度关系图

3.2.3　云南会泽 C 铅锌矿矿区岩溶洼地实例验证

云南会泽 C 铅锌矿矿区石炭系下统摆佐组发育的 8 个岩溶洼地的长轴长度、短轴长度及深度的数值详见表 2.2。统计回归表明，区域内的岩溶洼地各轴向的长度具有很明显的线性关系。其中，岩溶洼地的长轴长度和 2 倍深度的线性关系可归结为方程 $K_z=0.0987K_x$，回归系数为 0.84，回归效果较显著（图 3.16）；岩溶洼地的长轴长度和短轴长度的线性关系可归结为方程 $K_y=0.5471K_x$，回归系数为 0.93，回归效果显著（图 3.17）。

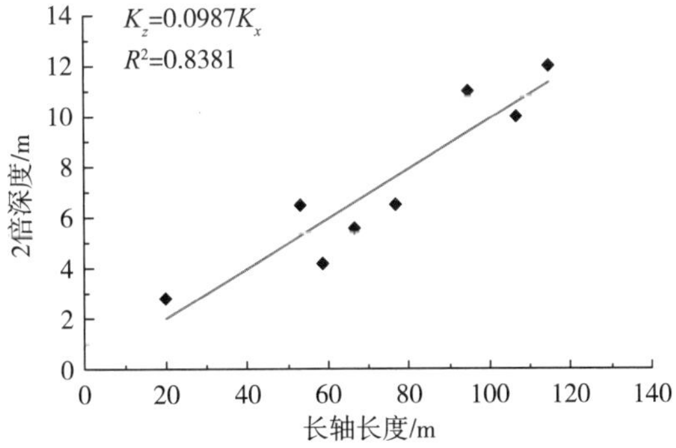

图 3.16　云南会泽 C 铅锌矿矿区岩溶洼地长轴长度与 2 倍深度关系图

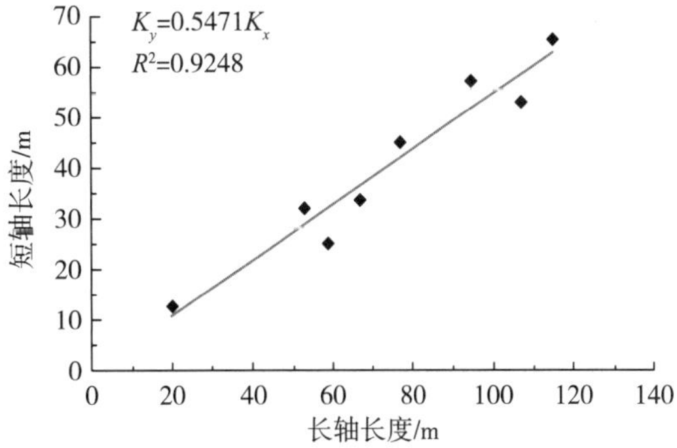

图 3.17　云南会泽 C 铅锌矿矿区岩溶洼地长轴长度与短轴长度关系图

3.3 裂隙测量统计分析

裂隙发育的方位和强度主要与某一地区裂隙形成时的构造应力有关，故在同一构造范围影响的地层内，岩溶含水层裂隙系统经过统计在平面上总会表现出一定的规律（田开铭，2003）。因构造作用而形成的裂隙往往成组出现，且一般都有几组裂隙。每组裂隙具有基本相同的几何参数，使水在裂隙中的渗透具有明显的方向性。

各向异性渗透张量是岩石作为等效连续渗透介质的重要参数，反映着地下水流经裂隙岩体系统的难易程度，主要与裂隙岩体系统本身和地下水特性相关。裂隙网络的连通程度、裂隙率、裂隙结构表面形态及张开度（裂隙宽度）都决定着裂隙岩体系统的渗透张量。因此，参与渗透张量计算的因子主要有裂隙面产状、密度、裂隙宽度等。

在忽略岩体中裂隙水与孔隙水之间的水力交换的前提下，美国学者 Snow（1969）提出假设，即使不同方向裂隙组在裂隙网络系统中相互连通，一个方向上裂隙组的裂隙水流丝毫不受另一个方向上裂隙组的裂隙水流的干扰。由此观点，可将实际介质按裂隙网络系统的各方向裂隙组解析成几个只具唯一方向裂隙组的虚构介质，那么，通过实际介质的水流等于把这些虚构介质的水流叠加起来，建立多个方向裂隙组的裂隙水运动的矢量方程：

$$\begin{aligned} v &= \sum_{i=1}^{n} v_i \\ &= -\sum_{i=1}^{n} \frac{\gamma b_i^3 d_i}{12\mu}[I-(n_i n_i)]J \quad (i=1,\ 2,\ \cdots,\ n) \\ &= -K \cdot J \end{aligned} \tag{3.1}$$

其中：

$$K=\frac{\gamma}{12\mu}\begin{bmatrix} \sum_{i=1}^{n} b_i^3 d_i(1-n_{xi}^2) & -\sum_{i=1}^{n} b_i^3 d_i n_{xi} n_{yi} & -\sum_{i=1}^{n} b_i^3 d_i n_{xi} n_{zi} \\ -\sum_{i=1}^{n} b_i^3 d_i n_{yi} n_{zi} & \sum_{i=1}^{n} b_i^3 d_i(1-n_{yi}^2) & -\sum_{i=1}^{n} b_i^3 d_i n_{yi} n_{zi} \\ -\sum_{i=1}^{n} b_i^3 d_i n_{zi} n_{xi} & -\sum_{i=1}^{n} b_i^3 d_i n_{zi} n_{yi} & \sum_{i=1}^{n} b_i^3 d_i(1-n_{zi}^2) \end{bmatrix} \tag{3.2}$$

式中，v 为裂隙水渗流速度，单位为 m/s；v_i 为流体在介质中顺第 i 方向裂隙组定向渗流的速度，单位为 m/s；I 为单位矢量；$n_i n_i$ 为矢量吉尔塔；n_{xi}、n_{yi}、n_{zi} 为第 i 方向裂隙组裂隙面法向的方向余弦；i 为裂隙组编号；K 为渗透张量；J 为水力梯度；b 为裂隙宽度，单位为 mm；d 为裂隙密度，单位为条/米；γ 为液体容重，单位为 N/m^3；μ 为液体动力黏滞系数，单位为 $N \cdot s/m^2$。

式 3.1 即为多组裂隙中渗透张量的计算公式，该式表明，渗透张量模型是由裂隙的 3 个几何参数（裂隙宽度 b、密度 d、裂隙面法向矢量方向余弦：n_x、n_y、n_z）和流体性质（液体容重 γ、液体动力黏滞系数 μ）决定的。式 3.2 右端的矩阵由裂隙面法向矢量的方向余弦组成，称为裂隙系统的方向矩阵，说明裂隙介质的渗透性具有各向异性的特点。

由式 3.2 可以看出，自然状态中，经过统计各裂隙组主裂隙面的倾向、倾角、裂隙宽度、裂隙密度及裂隙分组数目等数据即可计算出裂隙含水层的渗透张量。当流体性质一定时，渗透张量仅与裂隙介质的几何参数有关，其中裂隙宽度在渗透张量计算中为立方项，因此对渗透张量影响最大，故在野外对裂隙组进行测量时，裂隙宽度的准确测量就显得至关重要。

在求解裂隙介质中流体的运动方程时，渗透张量以主轴方式表示具有很大的优越性，此外，渗透张量的主轴能较直观地表示各向异性岩层的渗透特性。

当渗透张量 K 中 $K_{xx}=K_1$、$K_{yy}=K_2$、$K_{zz}=K_3$、$K_{ij}=0$（$i\neq j$）时，称 K_1、K_2、K_3 为渗透张量的主值，主值所在的轴为主轴。为了确定 K 的主值大小和主方向，减小计算误差，以裂隙发育的主方向为 x 轴的正方向进行旋转变换，计算出 K_1、K_2、K_3 两两之间的比值，其比值的大小决定了渗透张量椭球的形状。

式 3.2 中主对角线上三元素即为所对应的 K_{xx}、K_{yy}、K_{zz} 值，得出渗透系数：

$$K=\sqrt[3]{K_{xx}K_{yy}K_{zz}} \tag{3.3}$$

式中，K 为渗透系数，K_{xx}、K_{yy}、K_{zz} 即为各渗透主轴方向上的渗透张量。

3.3.1 贵州贞丰 H 金矿矿区裂隙测量统计分析实例验证

贵州贞丰 H 金矿矿区西北侧安谷地区野外测量、统计了二叠系下统茅口组石灰岩 43 组裂隙，采用式 3.2 分别计算了渗透张量，统计渗透张量各主值之间存在明显的线性关系，渗透张量椭球体在水平面长轴和短轴之间的线性关系为方程 $K_y=0.7926K_x$，回归系数为 0.99，回归效果显著（图 3.18）；渗透张量椭球体长轴和垂直方向轴之间的线性关系为方程 $K_z=0.2607K_x$，回归系数为 0.80，回归效果较显著（图 3.19）。

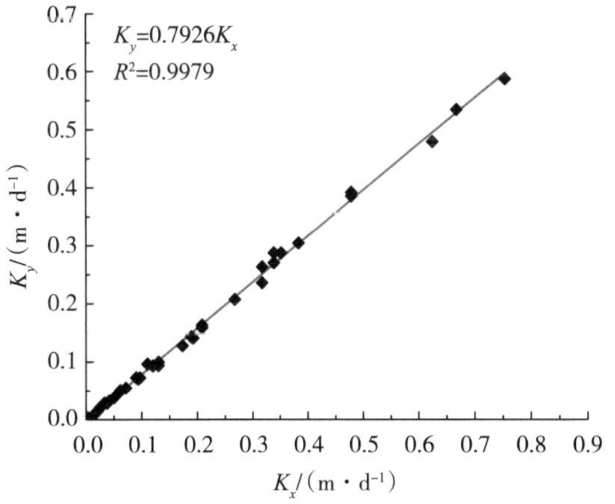

图 3.18 贵州贞丰 H 金矿矿区裂隙 K_x-K_y 关系图

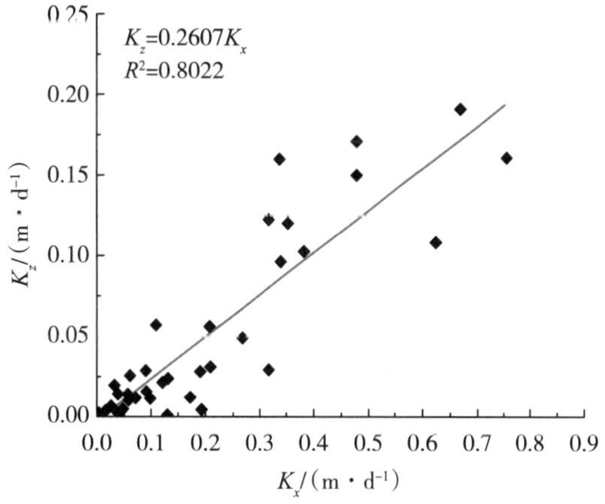

图 3.19 贵州贞丰 H 金矿矿区裂隙 K_x-K_z 关系图

3.3.2 云南保山X铅锌矿矿区裂隙测量统计分析实例验证

云南保山X铅锌矿矿区内野外测量、统计了石炭系下统香山组31组裂隙，优势方向为北东57°、北西281°（图3.20）；采用式3.2分别计算了渗透张量，统计渗透张量各主值之间也存在明显的线性关系。渗透张量椭球体在水平面长轴和短轴之间的线性关系为方程 $K_y=0.5293K_x$，回归系数为0.88（图3.21）；渗透张量椭球体长轴和垂直方向轴之间的线性关系为方程 $K_z=0.1338K_x$，回归系数为0.83，二者回归效果均较显著（图3.22）。

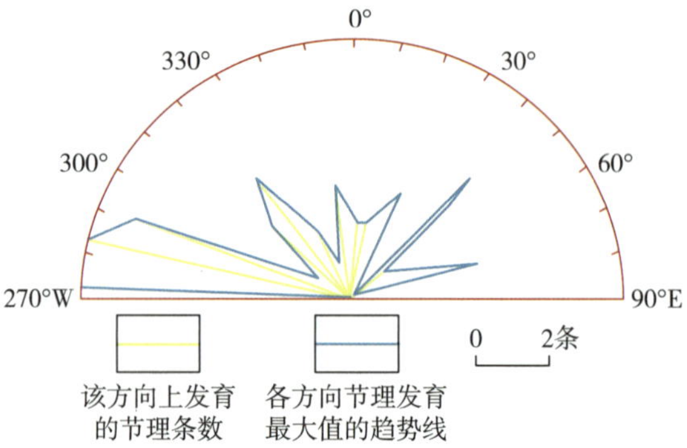

图3.20 云南保山X铅锌矿矿区节理裂隙玫瑰花图

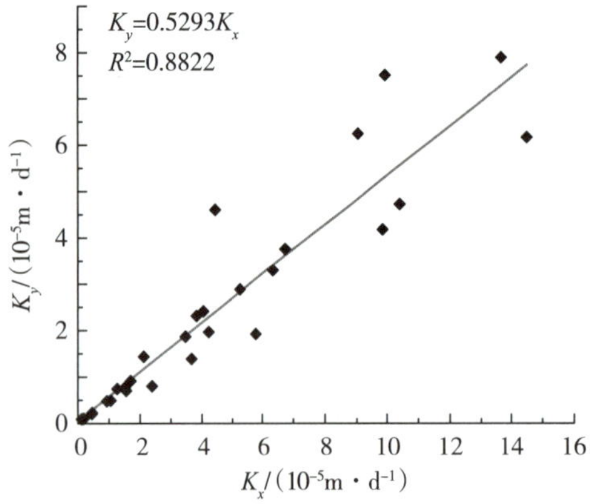

图3.21 云南保山X铅锌矿矿区裂隙 K_x-K_y 关系图

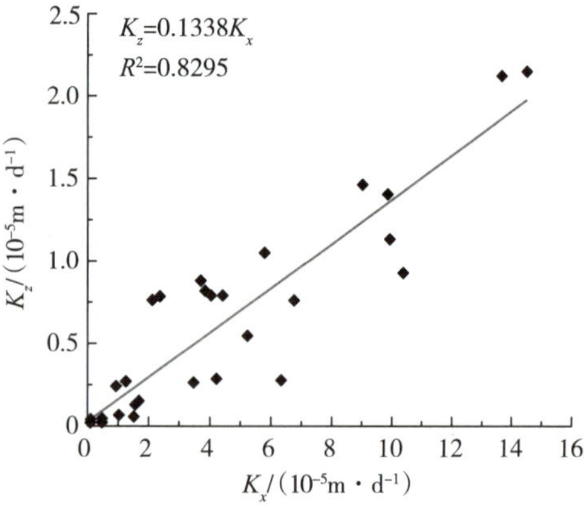

图3.22 云南保山X铅锌矿矿区裂隙 K_x-K_z 关系图

3.3.3 云南会泽C铅锌矿矿区裂隙测量统计分析实例验证

云南会泽C铅锌矿矿区是以溶隙-裂隙水为主的岩溶充水矿床，裂隙为主要的导水通道。岩溶区裂隙的各向异性较为明显。为了研究岩溶裂隙的渗透性，在前期工作的基础上分别对矿区不同水平的井巷进行了裂隙统计，并进行了渗透张量的计算。石炭系岩溶含水层的裂隙是矿区井巷主要出水块段，因此只对石炭系及1764m中段、1584m中段、1274m中段石炭系岩溶含水层的裂隙进行测量计算，以下将分别进行讨论。

3.3.3.1 *石炭系岩溶含水层裂隙渗透张量*

石炭系岩溶含水层每个测点发育3～4组裂隙，共测量364组裂隙。经过统计分析得出，石炭系岩体渗透张量为一个椭球体，其优势方向为北东 43°～55°和北西 315°（图 3.23）。为了便于计算，假设北东 50°为 X 轴的正方向，北西 310°为 Y 轴的正方向，竖直方向为 Z 轴方向。云南会泽 C 铅锌矿矿区内测量裂隙所计算渗透张量各主值之间存在明显的线性关系，渗透椭球体在水平面长轴和短轴之间的线性关系可用方程 $K_y = 0.5621K_x$ 来描述，回归系数为 0.97，表明回归效果显著（图 3.24）。同时，渗透张量椭球体长轴和垂直方向轴之间也呈现线性关系，其方程为 $K_z = 0.1647K_x$，回归系数为 0.83，表明回归效果较显著（图 3.25）。

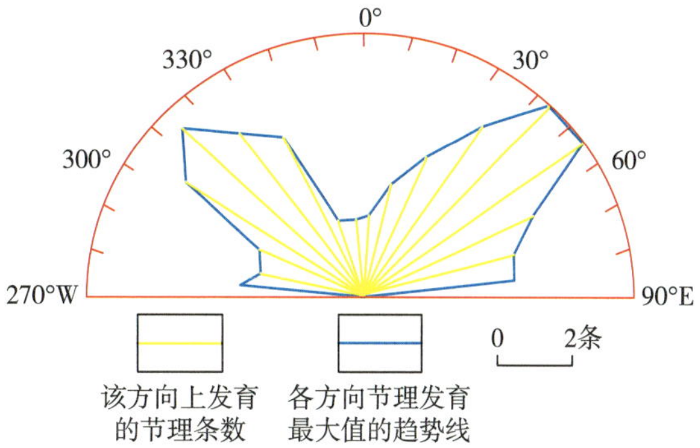

图 3.23　石炭系岩溶含水层节理裂隙玫瑰花图

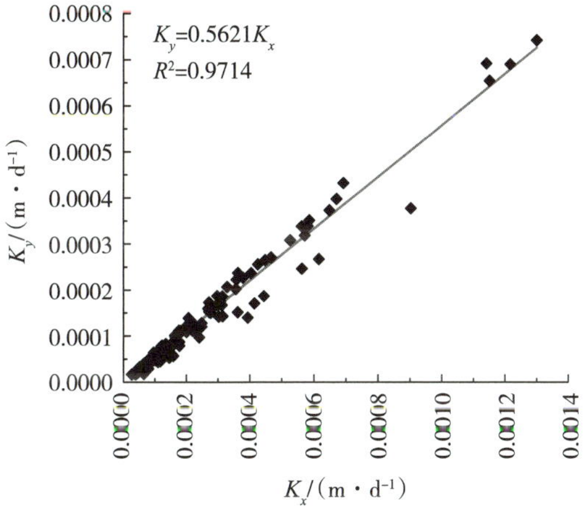

图 3.24　云南会泽 C 铅锌矿矿区裂隙 K_x－K_y 关系图

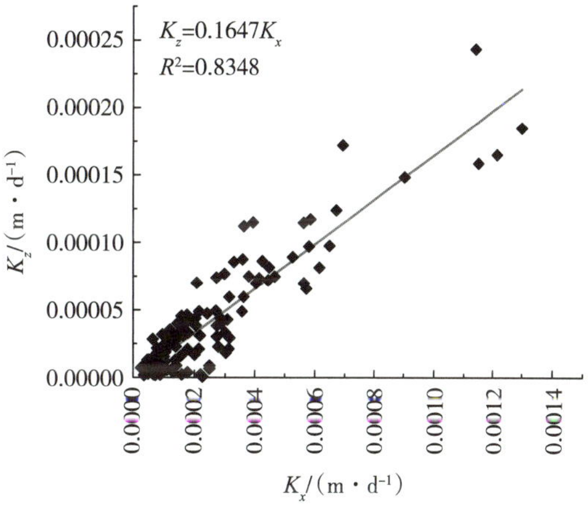

图 3.25　云南会泽 C 铅锌矿矿区裂隙 K_x－K_z 关系图

3.3.3.2　石炭系 1764m 中段、1584m 中段和 1274m 中段岩溶含水层裂隙渗透张量

为了探究岩体裂隙随深度是否发生变化，分别对 1764m 中段、1584m 中段和 1274m 中段的裂隙进行了计算分析。在不同的中段，分别获得裂隙数据 109 组、184 组、71 组。经过统计分析得出，3 个中段的渗透张量均为一个椭球体，且均具有其优势方向，其中 1764m 中段优势方向为北东 43°～55°和北西 315°，1584m 中段优势方向为北东 40°～54°和北西 315°，1274m 中段优势方向为北东 43°～55°和北西 315°（图 3.26）。经过计算分析得出，各个中段裂隙渗透张量各主值之间存在明显的线性关系（图 3.27 至图 3.32）。各个中段渗透张量椭球体在水平长轴和短轴之间、长轴和垂直方向轴之间的线性关系方程及其对应的回归系数如表 3.5 所示。

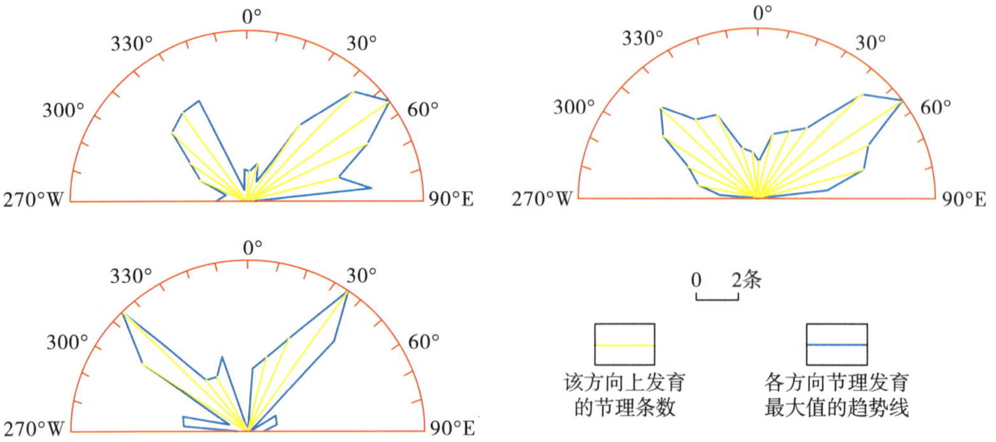

图 3.26　1764m 中段、1584m 中段和 1274m 中段节理裂隙玫瑰花图

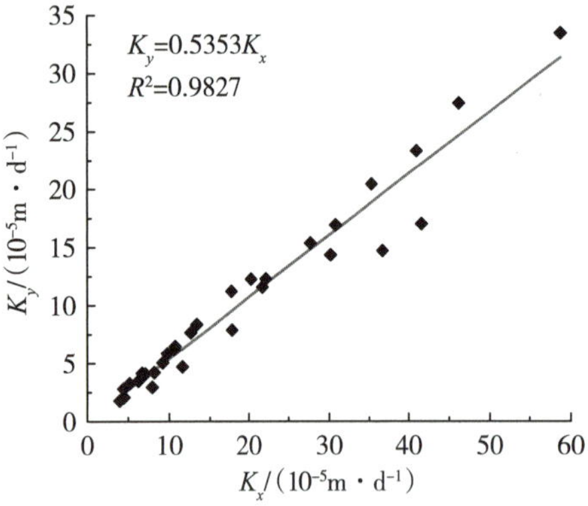

图 3.27　石炭系 1764m 中段
裂隙 $K_x - K_y$ 线性关系图

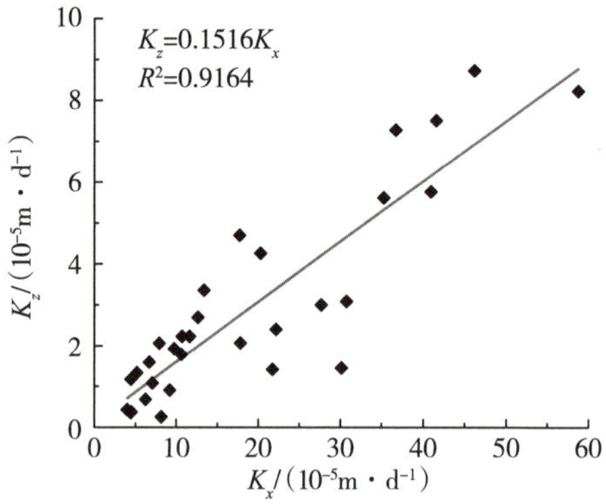

图 3.28　石炭系 1764m 中段
裂隙 $K_x - K_z$ 线性关系图

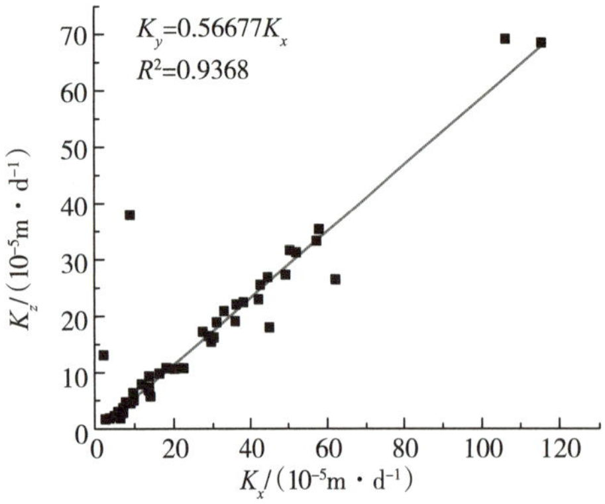

图 3.29　石炭系 1584m 中段
裂隙 $K_x - K_y$ 线性关系图

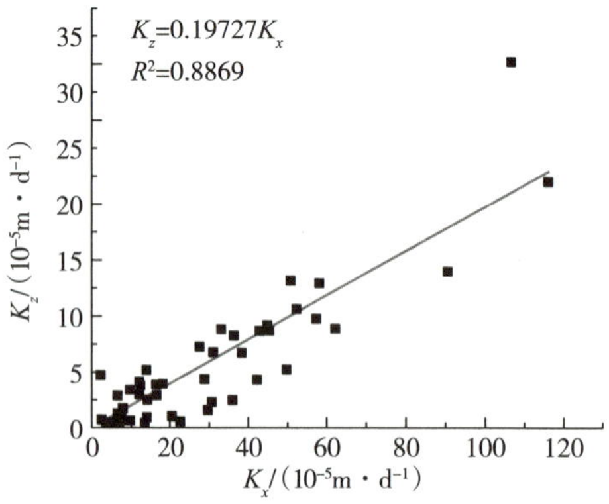

图 3.30　石炭系 1584m 中段
裂隙 $K_x - K_z$ 线性关系图

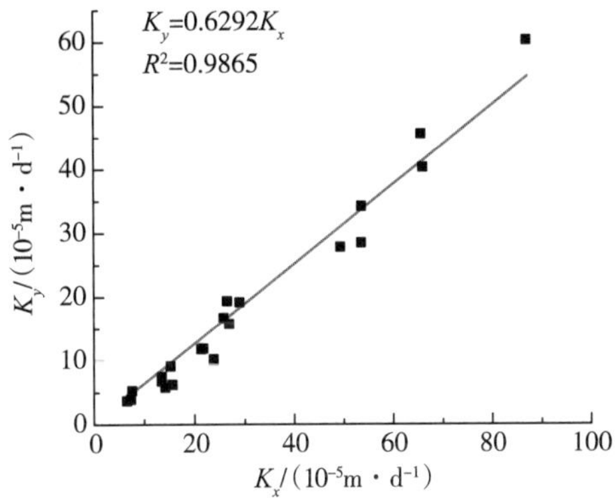

图 3.31 石炭系 1274m 中段裂隙 K_x-K_y 线性关系图

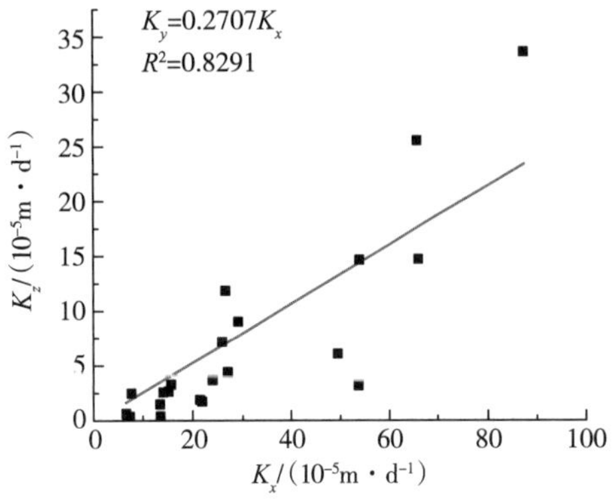

图 3.32 石炭系 1274m 中段裂隙 K_x-K_z 线性关系图

表 3.5 石炭系 1764m 中段、1584m 中段和 1274m 中段线性关系方程及回归系数表

中段位置	线性关系方程		回归系数
1764m 中段	水平长轴和短轴	$K_y=0.5353K_x$	0.98
	水平长轴与垂直方向轴	$K_z=0.1516K_x$	0.92
1584m 中段	水平长轴和短轴	$K_y=0.5668K_x$	0.94
	水平长轴与垂直方向轴	$K_z=0.1973K_x$	0.89
1274m 中段	水平长轴和短轴	$K_y=0.6292K_x$	0.99
	水平长轴与垂直方向轴	$K_z=0.2707K_x$	0.83

综合上述计算结果可以得出，在同一地层剖面上，渗透张量并未随深度的增加而减小，而是呈现一定的波动，总体变化不大，且回归效果显著。

3.4 对比分析

通过对贵州贞丰 H 金矿矿区、云南保山 X 铅锌矿矿区和云南会泽 C 铅锌矿矿区进行大型抽水试验，发现形成的降落漏斗在空间上呈半椭球形；在平面上，降落漏斗显示出显著的优势性，表现出明显的渗透主方向，展现出渗透张量的特性。为验证大型抽水试验揭示的流场形态作为渗透张量确定方式的可行性，对贵州贞丰 H 金矿矿区和云南保山 X 铅锌矿矿区进行了天然流场数值模型验证和抽水状态模型拟合验证，在模型中使用了大型抽水试验确定的渗透张量。研究表明，钻孔观测的水位和天然流场数值模型计算出的水位基本吻合；云南会泽 C 铅锌矿矿区则在后续章节基于大型抽水试验所确定的渗透张量采用井巷出水法计算矿坑涌水量，得出的结果与实际出水量相比误差不大，证明了大型抽水试验揭示的流场形态作为渗透张量确定方式的合理性。

将岩溶洼地的统计分析结果与大型抽水试验绘制的等水头线图进行拟合，岩溶洼地轴向发育的形态特征与大型抽水试验确定的渗透主方向基本一致（图 3.33 至图 3.35）。贵州贞丰 H 金矿矿区、云南保山 X 铅锌矿矿区大型抽水试验与岩溶洼地统计分析结果所得水平长轴和短轴线性关系方程及水平长轴与垂直方向轴线性关系方程的相对误差均小于10%（表3.6），这验证了岩溶洼地能够在地表上反映地下岩溶裂隙在各个渗透方向上的主值。云南会泽C铅锌矿矿区大型抽水试验与岩溶洼地统计分析结果所得水平长轴和短轴线性关系方程的相对误差为78.89%；水平长轴和垂直方向轴线性关系方程的相对误差为6.81%，这是因为云南会泽C铅锌矿矿区岩溶洼地统计数量较少的原因。岩溶洼地统计分析结果显示，岩溶洼地的长轴可以代表地下裂隙的主要渗透方向（表示为 K_x），而其垂直的短轴则对应为 K_y，岩溶洼地的深度可以视为渗透张量垂直方向上的主要渗透值 K_z 的一半。因此，岩溶洼地的形态特征不仅可以作为区域内三维渗透张量的重要指标，也为实际工程中难以进行大型抽水试验时的岩体裂隙渗透性确定提供了一种方法。

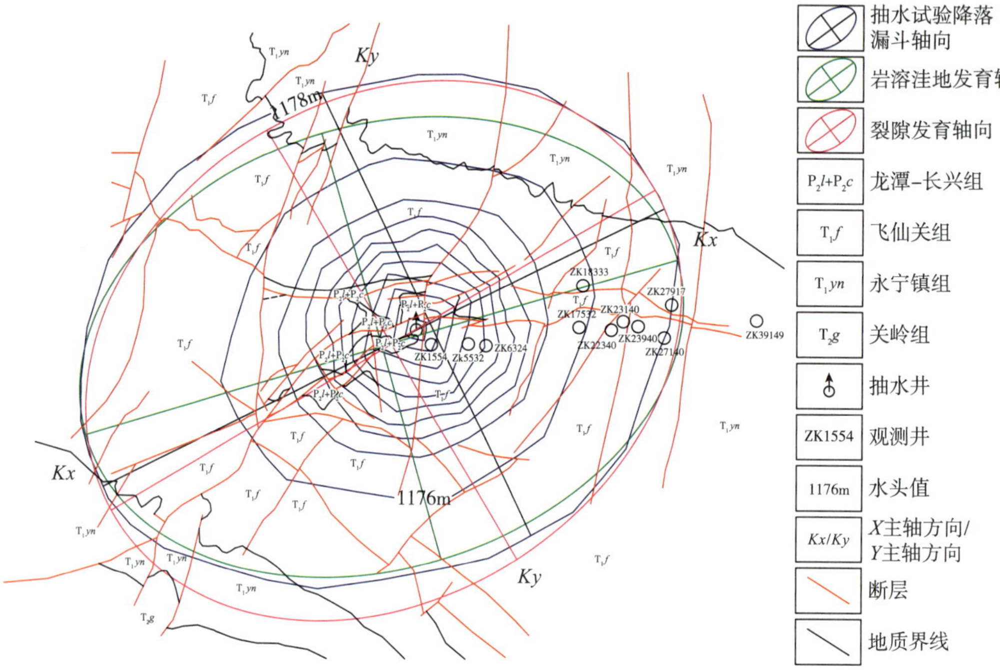

图3.33 贵州贞丰H金矿矿区大型抽水试验比例关系对比图

通过对贵州贞丰H金矿矿区、云南保山X铅锌矿矿区、云南会泽C铅锌矿矿区进行野外裂隙测量，获得了一定数量的裂隙数据，分别计算了它们的渗透张量。在数据处理中发现，测量的裂隙渗透张量各主值之间存在明显的线性关系，并呈现出明显的主渗透方向。为验证通过裂隙测量得出渗透张量的可行性，将这3个区域大型抽水试验、岩溶洼地统计分析、裂隙测量统计分析的结果进行拟合（图3.33至图3.35）。结果显示，节理裂隙测量与大型抽水试验所得裂隙主轴方向相似，但水平长轴和短轴及水平长轴和垂直方向轴之间线性关系方程的相对误差为2.49%～78.39%（表3.6），这种差异主要源于裂隙测量得出的渗透张量是通过公式计算得到的，存在一定误差。此外，节理裂隙具有尺寸效应，且在测量过程中仅能观测地表出露裂隙，地下深处的裂隙无法测量，因此裂隙测量计算得出的渗透张量会存在一定程度的误差。然而，裂隙测量得到的渗透主方向与大型抽水试验、岩溶洼地统计分析结果相对相似。在实际工程中，若难以进行大型抽水试验和岩溶洼地统计分析，仍可以考虑使用裂隙测量来获取渗透张量数据。综合来看，裂隙测量虽然存在一定误差，但仍然是一种有效且可行的方法，尤其是在缺少其他测试手段时具有重要意义。

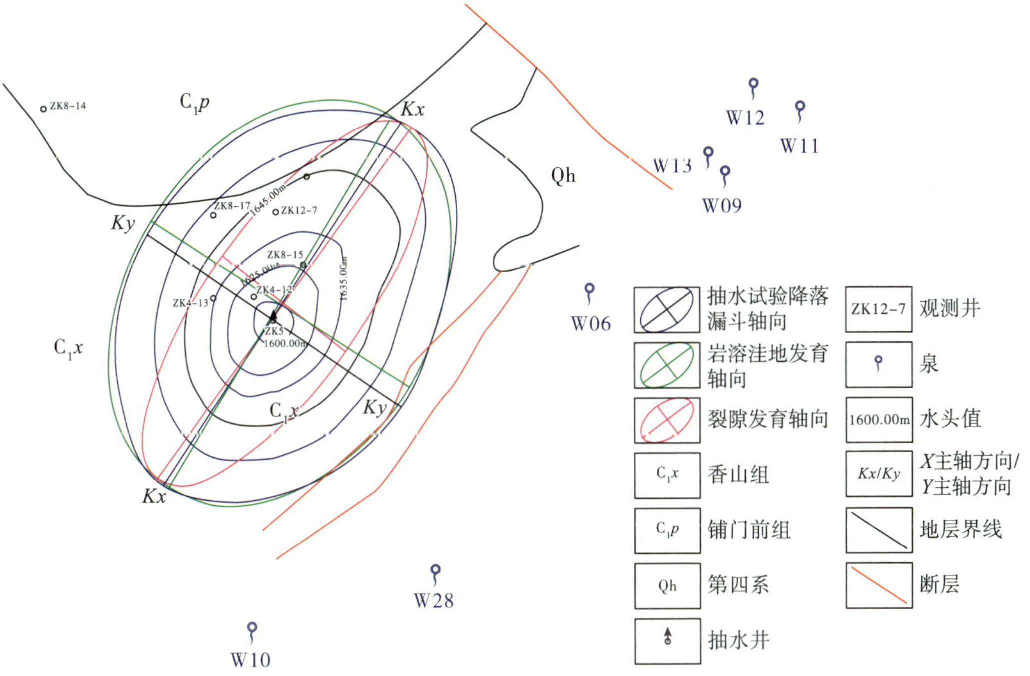

图 3.34 云南保山 X 铅锌矿矿区大型抽水试验比例关系对比图

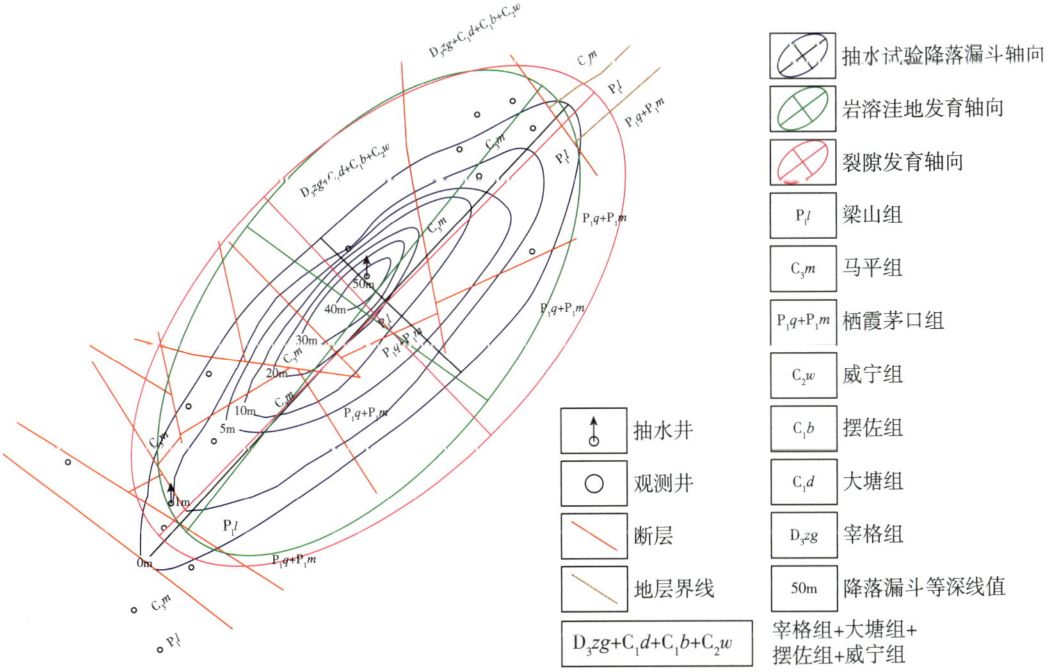

图 3.35 云南会泽 C 铅锌矿矿区大型抽水试验比例关系对比图

表 3.6 线性关系方程统计表

矿区	方程关系	大型抽水试验	岩溶洼地统计分析	相对误差	节理裂隙统计分析	相对误差
贵州贞丰 H 金矿矿区	水平长轴和短轴	$K_y=0.7663K_x$	$K_y=0.7130K_x$	6.96%	$K_y=0.7926K_x$	3.43%
	水平长轴和垂直方向轴	$K_z=0.2463K_x$	$K_z=0.1716K_x$	30.33%	$K_z=0.2607K_x$	5.85%
云南保山 X 铅锌矿矿区	水平长轴和短轴	$K_y=0.6588K_x$	$K_y=0.7165K_x$	8.75%	$K_y=0.5293K_x$	19.66%
	水平长轴和垂直方向轴	$K_z=0.2431K_x$	$K_z=0.1387K_x$	42.95%	$K_z=0.1338K_x$	44.96%
云南会泽 C 铅锌矿矿区	水平长轴和短轴	$K_y=0.3151K_x$	$K_y=0.5471K_x$	73.63%	$K_y=0.5621K_x$	78.39%
	水平长轴和垂直方向轴	$K_z=0.1689K_x$	$K_z=0.0987K_x$	41.56%	$K_z=0.1647K_x$	2.49%

4 集中参数法

集中参数法预测涌水量主要思路是把岩溶地下水视为一个不稳定的系统，建立降水与地下水位或泉水流量之间的量化关系，通过集中参数模型求出反映岩溶水系统总体特征的集中参数，常见的集中参数法例如泉水瞬间曲线分析法、数理统计法（相关分析法、时序模型）、小波分析、灰色系统理论方法等，多属于随机的不确定模型或概率模型。本章集中参数法引用水量水位拟合外推法，同时推导出了水池模型法。

4.1 水量水位拟合外推法

4.1.1 方法原理

水量水位拟合外推法将地下水系统视为一个灰箱，着眼于研究正在开发的主含水层输入与输出的响应关系，而不深究地下水系统内部本身所发生的运动或动力特征及规律。这一研究重点关注主含水层平均压力产生变化后，在与之发生联系的其他含水层通过多个渗流通道或途径产生渗流补给的情况下，随着开采量的调整，主含水层的平均压力对不同储水模式和水文地质模式作出的响应。

主含水层因开发导致压力降低，打破了自然条件下与各关联含水层之间的动力平衡，致使它们之间产生渗流补给。但补给量与复杂的地质构造和水文地条件关系密切，难以建立普适的数学方程。

考虑渗流与电流具有相同的控制方程，因此可用许多成熟的电流理论公式刻画或模拟渗流场。若将各关联含水层之间的渗流用与电阻类似的“流阻”加以简化，则无论地质构造和水文地质条件多么复杂，均可将其混杂定量化，形成集中参数模型。下面先建立与“流阻”有关的渗流方程。假定两个容器通过一段长 L、装满细砂的圆管相连，左侧容器为充砾容器，其水头高于右侧容器；右侧容器保持溢流状态或恒定水头（图 4.1）。该模型可等价于图 4.2 所示的集中参数模型，若充砾容器的体积为 V，贮水率为 S，则等价集中参数模型的有压容器储存率为 κ。

由于 $\kappa = VS$，而根据储水率的定义有

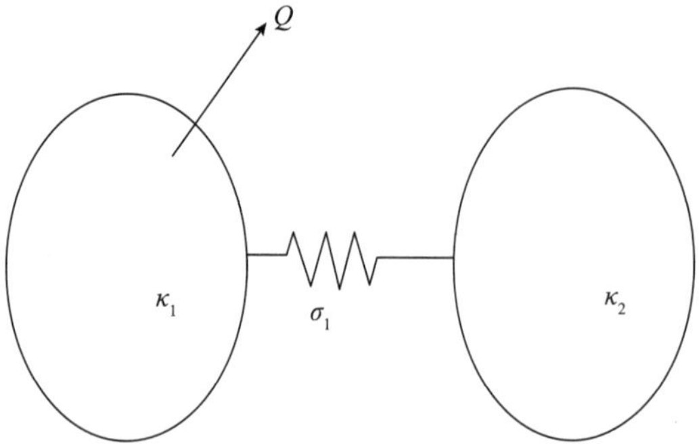

图 4.1　两个容器导通补给模型

κ_1—非定压容器储存率，无量纲；κ_2—封闭容器储存率，无量纲；σ_1—两容器之间流阻的倒数，单位为 $Pa \cdot S/m^3$；Q—非定压容器开采量，单位为 m^3/s

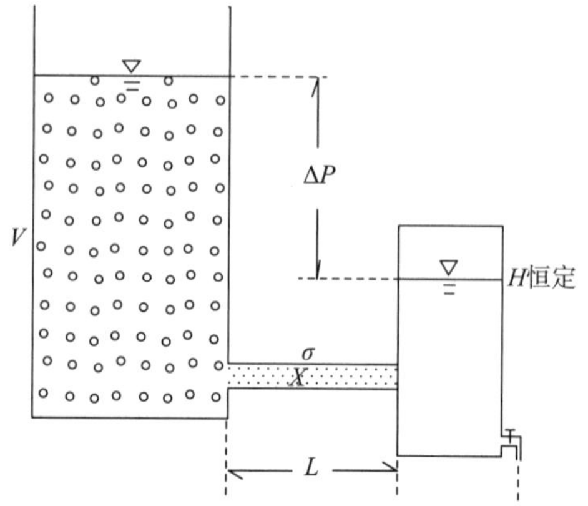

图 4.2　两个容器封闭集中参数模型

V—充砾容器的体积，单位为 m^3；ΔP—两容器的压力差，单位为 Pa；σ—两容器之间通道流阻的倒数，单位为 $Pa \cdot S/m^3$；L—两容器之间通道的长度，单位为 m；H—水头，单位为 m；X—两容器之间细砂充填物

$$S = \frac{m}{PV} \tag{4.1}$$

式中，m 为充砾容器中流体的质量，单位为 kg。因此，有

$$\kappa = \frac{m}{P} \tag{4.2}$$

设圆砂管横截面积为 A，并以 σ' 表示流阻，则沿着圆砂管产生的渗流量为

$$q = \frac{\Delta P}{\sigma'} \tag{4.3}$$

式中，q 为渗流量，单位为 m^3/s；ΔP 为两容器的压力差，单位为 Pa。

与电阻相似，流阻的大小也和渗流长度及流体的动力黏滞系数成正比，和渗流过流面积及渗透率成反比，即

$$\sigma' = \frac{\mu L}{KA} \tag{4.4}$$

式中，μ 为流体的动力黏滞系数，单位为 $Pa \cdot S$；L 为渗流长度，单位为 m；K 为渗透率，单位为 L^2；A 为渗流过流面积，单位为 m^2。

显然，这种集中参数混杂化处理可望有效地解决一些精度要求不高的复杂地下水开发预测问题。鉴于使用流阻的倒数更有益于简化模型的数学方程，因此定义：

$$\sigma = \frac{1}{\sigma'} = \frac{KA}{\mu L} \tag{4.5}$$

为了形象化概念模型与集中参数模型之间的对应关系，不妨再考察两个实例。有越流的承压含水层开采模型较为常见，与之相对应的集中参数模型如图 4.3 所示，应注意该模型的开采量系承压含水层所有开采总量，而非单井流量，因此该模型的数学方程中含水层

压力表征整个含水层的平均值，这一点是集中参数模型与分布参数模型的根本区别。

集中参数模型经混杂化处理后，其显著特点就是具有较好的数学解，现由浅入深加以讨论。最简单的集中参数模型是一个封闭容器（图 4.4），设容器储存率为 κ_1，储水层开采总量为 Q，根据式 4.3 有控制方程：

$$\kappa_1 = \frac{\mathrm{d}P}{\mathrm{d}t} = -Q \tag{4.6}$$

式中，κ_1 为容器存储率，无量纲；P 为压力，单位为 Pa；t 为时长，单位为 T；Q 为储水层开采总量，单位为 $\mathrm{m^3/s}$。

其初始条件为 $P(0)=P_0$，即 0 时刻的压力，单位为 Pa。其解的表达式为

$$P(t) = P_0 - Q\frac{t}{\kappa_1} \tag{4.7}$$

式中，t 为热储开采时间，单位为 T。

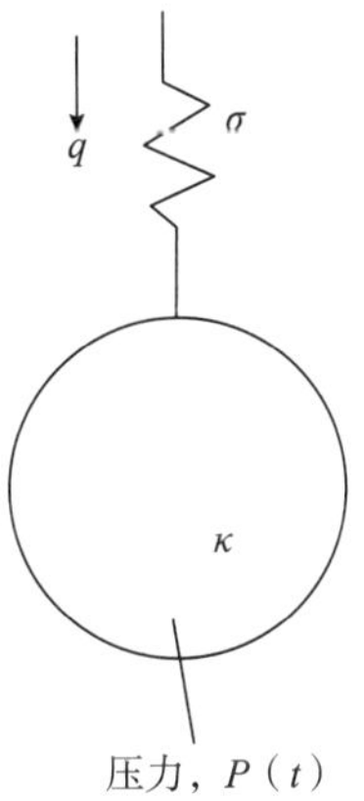

图 4.3 有越流含水层开采集中参数模型

κ—封闭容器储存率，无量纲；σ—通道流阻的倒数，单位为 $\mathrm{Pa\cdot S/m^3}$；q—渗流量，单位为 $\mathrm{m^3/s}$

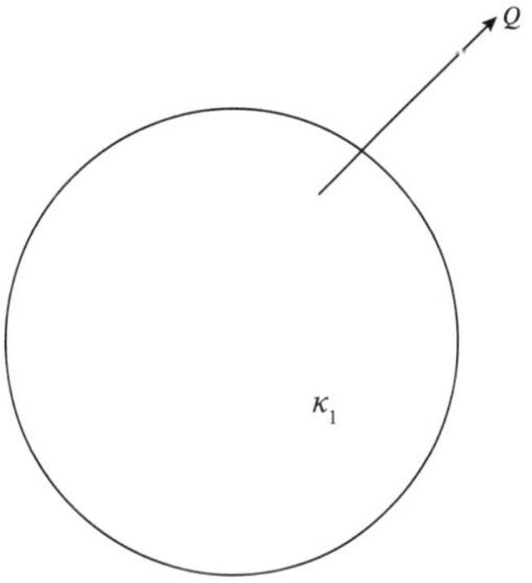

图 4.4 一个封闭容器集中参数模型

κ_1—非定压容器储存率，无量纲；Q—储水层开采总量，单位为 $\mathrm{m^3/s}$

若该容器与外界定压系统连通，即变为一个开放容器（图 4.5），此时控制方程为

$$\kappa_1\frac{\mathrm{d}P}{\mathrm{d}t} + \sigma_1 P = -Q \tag{4.8}$$

其初始条件不变，解的表达式为

$$P(t) = P_0 - \frac{Q}{\sigma_1}(1 - \mathrm{e}^{-\sigma_1 t/\kappa_1}) \tag{4.9}$$

当一个封闭容器与另一个非定压容器相连，模型成为两个封闭容器（图 4.6），此时解为

$$P(t) = P_0 - Q\left[\frac{\kappa_2}{\kappa_1(\kappa_1+\kappa_2)\lambda}(1-\mathrm{e}^{\lambda t}) + \frac{t}{\kappa_1+\kappa_2}\right] \tag{4.10}$$

式中，

$$\lambda = \frac{\sigma_1(\kappa_1+\kappa_2)}{\kappa_1\kappa_2} \tag{4.11}$$

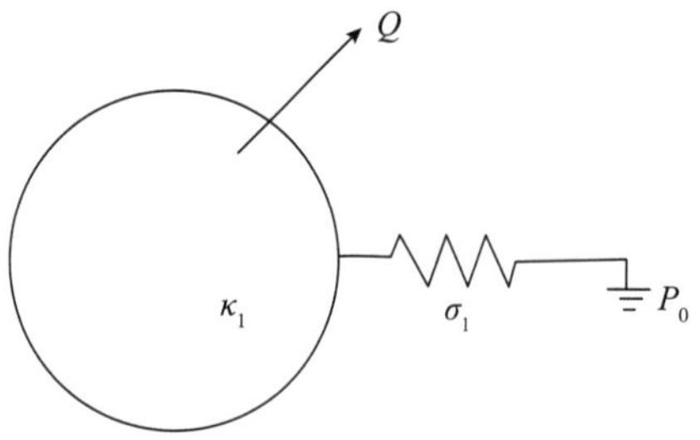

图 4.5　一个开放容器集中参数模型

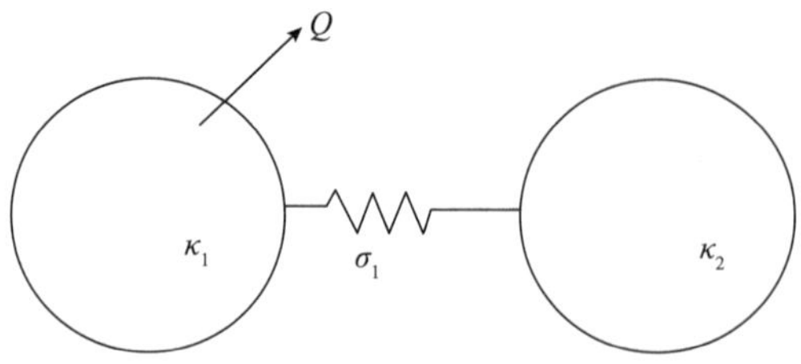

图 4.6　两个封闭容器集中参数模型

在上述研究基础上，冰岛学者 Axelsson（1989）在地热研究中将集中参数模型又推进了一步，导出对多个开放系统及封闭系统的热储压力与出流量的响应关系通式，分别由式 4.12 及式 4.13 表示，并于 1992 年与 Arason 合作开发出了 LumpFiT 计算程序，应用十分方便（Axelsson et al.，1992）。

$$P(t)=-\sum_{j=1}^{N}Q\frac{Aj}{Lj}(1-\mathrm{e}^{-Ljt}) \tag{4.12}$$

$$P(t)=-\sum_{j=1}^{N-1}Q\frac{Aj}{Lj}(1-\mathrm{e}^{-Ljt})+QBt \tag{4.13}$$

式中，$P(t)$ 为 t 时刻的热储压力，单位为 Pa；Q 为容器中的开采量或注入量，单位为 m^3/s；t 为开采或注入时间，单位为 T；Aj、Lj 为容器储存系数；B 为容器流阻的函数。

4.1.2　水量水位拟合外推法的实例验证

4.1.2.1　拟合模型及其地质合理性

由概念模型结论可将贵州贞丰 H 金矿矿区茅口组地下水系统视为一个灰箱，研究其水量和水位输入与输出的响应关系。现有资料为矿区西部水银洞采区 1097m 水平井巷 2011 年 8 月—2013 年 10 月抽水量统计表，以及 ZK5532 水位长期观测记录表。ZK5532 标高为 1380.262m，ZK5532 水位从 1186.5m 降到 1165.0m，运用 LumpFiT 程序进行拟合运算，建立 1097m 水平井巷涌水量的集中参数模型，计算结果如表（表 4.1）。

表 4.1　贵州贞丰 H 金矿矿区充水层 LumpFiT 计算成果表

拟合钻孔号	模型类型	相关系数/%	残差/m	标准差/m	κ_1	δ_1/(m·s)	Aj	Lj	B	κ_2
ZK5532	一个封闭水池	0	7.691	7.710	40109.4	—	—	—	0.1795×10^{-3}	—
	一个开放水池	99.334	0.508	0.512	3294.8	5.36×10^{-4}	2.67×10^{-3}	14.00×10^{-3}	—	—
	两个封闭水池	99.768	0.299	0.303	4761.5	4.72×10^{-4}	1.93×10^{-3}	8.22×10^{-3}	-0.079×10^{-3}	−106144

4.1.2.2 矿区模型概化

LumpFiT 运算结果表明，一个封闭水池模型拟合度差，拟合系数是 0；一个开放水池模型、两个封闭水池模型拟合度较高，拟合系数分别达 99.33%和 99.77%，但是按照 LumpFiT 运算原理，两个封闭水池模型容器的储存率是负值，不满足运算条件。通常情况下，封闭水池模型的预测效果往往不够理想，然而实际情况下地下水系统同时接受开放含水层和封闭含水层的补给。

1）一个封闭水池模型

一个封闭水池模型认定二叠系下统茅口组石灰岩为一个完全封闭的含水系统，区域内断层全部为隔水断层；在茅口组出露地表区如晴隆安谷地区，地下水不接受外界补给。

由于茅口组上覆数百米厚的不透水龙潭组，再加上茅口组岩溶系统深埋地下，在不考虑构造断裂的情况下可以判定茅口组岩溶系统是封闭的地下水系统，与上覆含水层之间无联系。在定性认识一个封闭水池模型可行性存在的情况下，运用 LumpFiT 软件进行茅口组含水层定量模拟，拟合曲线如图 4.7 所示。模拟结果显示，拟合系数为 0；ZK5532 水位观测表也显示，随着 1097m 水平井巷抽水量的增加或减少，ZK5532 观测水位也在上升或下降，显然不符合一个封闭水池模型条件。一个封闭水池模型不接受外部或深部含水层补给，随着抽水量的增加或减少，水位值应是总体下降趋势，因此可以推断茅口组地下水系统有其他含水层对其进行补给。

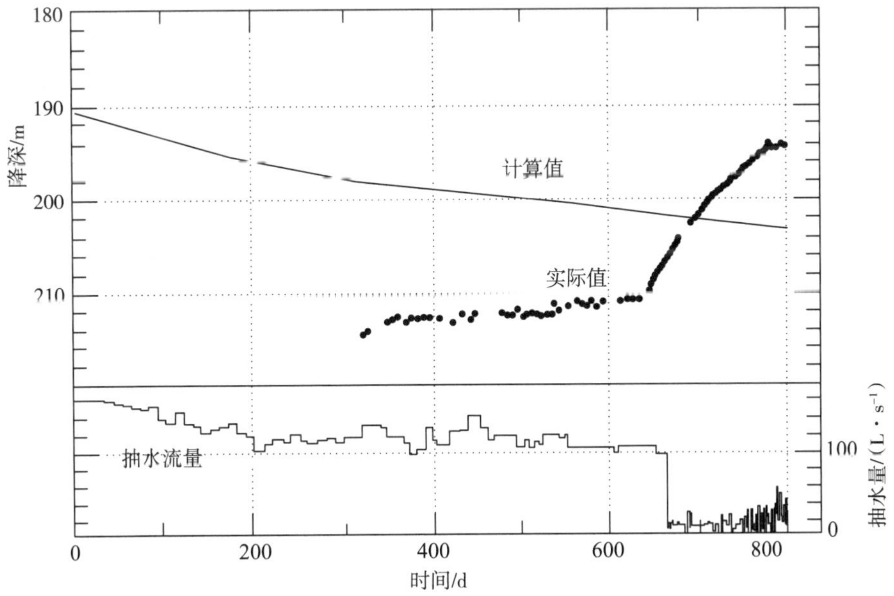

图 4.7 贵州贞丰 H 金矿矿区水量-水位响应拟合曲线图（一个封闭水池）

2）一个开放水池模型

一个开放水池模型与一个封闭水池模型的不同之处在于，一个封闭水池模型不考虑断裂、褶皱等构造对模型的影响，而一个开放水池模型则考虑茅口组含水层通过断层及出露地表茅口组进行补给导通的情况。因此，判断茅口组地下水系统是开放还是封闭的关键是查明茅口组地下水系统与其上覆龙潭组含水系统是否存在导通通道。

区域上，前文3.1.1节中概念模型确定的矿区西部F_{14}断层、东部F_{19}断层、北部F_{21}断层、南部F_{34}断层4条边界断层均为导水断层。受区域断裂构造影响，矿区断层较发育，主要有东西向断层、南北向断层及北东向断层。矿区东西向断层为主要控矿构造，也是主要的潜在导水通道；南北向断层导水性差，以局部导水为主，断层破碎带富水性极弱。因此，一个开放水池模型在定性认识上符合LumpFiT运算条件，通过软件运算，一个开放水池模型拟合度极高，达到99.33%，拟合曲线如图4.8所示。利用一个开放水池模型关系式可以推导出贵州贞丰H金矿矿区平均水头值与所抽取地下水总量之间的关系式：

$$H(t)=1186.5-0.1907Q(t)(1-e^{-01014t}) \tag{4.14}$$

式中，H（t）为块段中热储层t时刻的平均水头，单位为m；Q（t）为t时刻从块段中抽取的地下水总量，单位为L/s；t为从初始时刻起算的时间，单位为s。

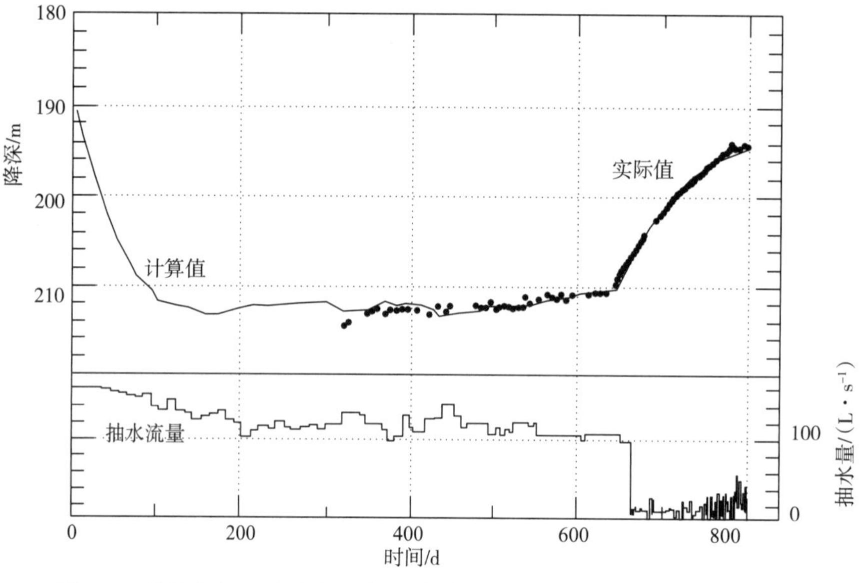

图4.8　贵州贞丰H金矿矿区水量-水位响应拟合曲线图（一个开放水池）

3）两个封闭水池模型

两个封闭水池模型与一个封闭水池模型和一个开放水池模型既有相似又有不同，两个封闭水池模型认为茅口组含水层与龙潭组上覆含水层之间不存在补给关系，茅口组存在两个封闭的地下水系统，上层地下水系统接受下层地下水系统补给。茅口组内部存在两个地下水系统，第一个地下水系统集中在距龙潭组底板0～300m处，第二个地下水系统集中在距龙潭组底板300m以下。第一个地下水系统有大量的钻孔资料，第二个地下水系统由于经费和施工难度等原因没有任何钻孔资料进行验证。

LumpFiT运算结果显示，两个封闭水池模型拟合度高，拟合系数达99.77%，具体拟合曲线如图4.9所示，由此可以建立水量-水位响应关系解析式，基本上粗略地描述主含水层压力值与所抽取地下水量之间的定量关系。

$$H(t)=1186.5-0.2347Q(1-e^{-0.822\times10^{-2}t})-0.79\times10^{-4}Qt \tag{4.15}$$

式中，$H(t)$ 为块段中热储层 t 时刻的平均水头，单位为 m；Q 为从块段中抽取的地下水量，单位为 m^3/d；t 为时间，以天计，从 2012 年 8 月开始。

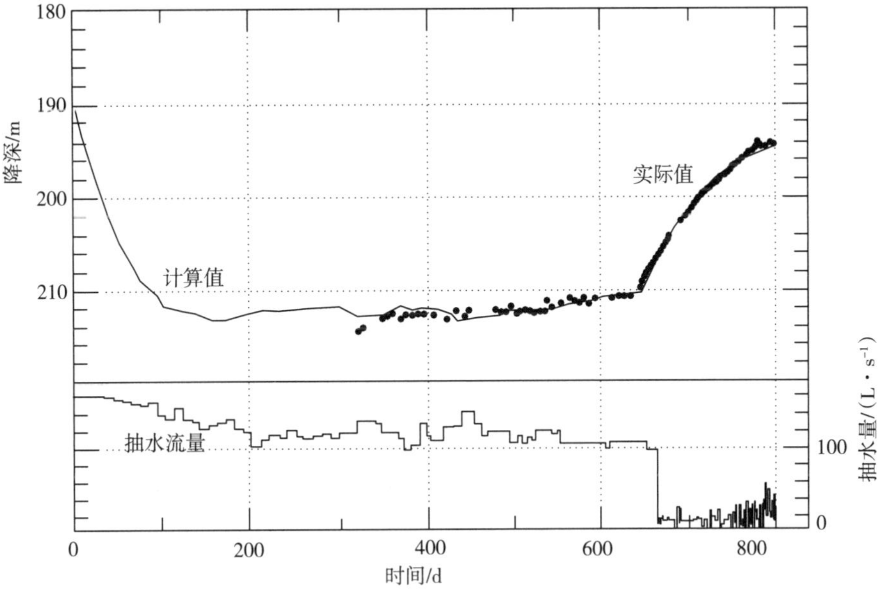

图 4.9 贵州贞丰 H 金矿矿区水量-水位响应拟合曲线图（两个封闭水池）

4.1.2.3 通过计算含水层分布面积核定模型类型

弹性释水系数（S）或称储水系数、弹性给水度，表示水头变化 1m 时，从单位面积（$1m^2$）含水层中释放或储存的水量。对于潜水含水层其储水系数在数值上等于给水度。

导压系数 a，又称压力传导系数，表示水压力从一点传到另一点的速率，其计算公式为 $a=\dfrac{Km}{S}$。

依据《水文地质手册（第二版）》第十一章水文地质试验中的公式，渗透系数和水压传导系数的计算公式为

$$K=\frac{0.183Q}{m(S_{t_1}-S_{t_2})}\lg\frac{t_1}{t_2} \tag{4.16}$$

$$a=0.445\frac{r_w^2}{t_1}e^{\frac{4\pi KmS_{t_2}}{Q}} \quad 或 \quad \lg a=\frac{5.46KmS_{t_1}}{Q}-\lg\frac{2.25t_1}{r_w^2} \tag{4.17}$$

$$a=\frac{Km}{S} \tag{4.18}$$

式中，a 为压力传导系数；S 为弹性释水系数；K 为渗透系数，单位为 m/d；Q 为抽水量，单位为 m^3/d；S_{t_1} 为 t_1 时刻井降深，单位为 m；S_{t_2} 为 t_2 时刻井降深，单位为 m；

r_w 为井半径，单位为 m；m 为含水层厚度，单位为 m。

根据式 4.16、式 4.17、式 4.18 计算出贵州贞丰 H 金矿矿区茅口组含水层压力传导系数 $a=621056907.30$，弹性释水系数 $S=0.00000055\text{m}^{-1}$。由基本定义有

$$K=VS \tag{4.19}$$

式中，V 为是水池体积，单位为 m^3；S 为弹性释水系数，单位为 m^{-1}。

茅口组含水层平均厚度约为 330m，平均孔隙率约为 5%，对于一个开放水池模型，计算出水池体积为 $5.827\times10^{10}\text{m}^3$，由此推算茅口组含水层分布面积约为 353km^2；对于两个封闭水池模型，计算出水池体积为 $8.656\times10^{10}\text{m}^3$，由此推算茅口组含水层分布面积约为 525km^2。

贵州贞丰 H 金矿矿区茅口组含水层分布面积为 365km^2，相比说明一个开放水池模型更为合理，也与地质条件相符，用以预测开采涌水量更有依据。

虽然，集中参数法属于不确定数学模型方法中的时间序列法，但需要对整个例证区水文地质与地质构造及其地下水补给、赋存有精确认识，同时需要具有观测孔长期实测资料才具备实施条件。

4.2 水池模型法

以溶隙-溶洞充水为主的地下工程区，岩体空隙类型包括孔隙、溶蚀裂隙、岩溶管道、溶洞等，岩溶发育的多期性和不均匀性，使地下水的赋存空间和径流通道较为复杂。简单地运用传统的涌水量预测方法计算岩溶区地下线性工程涌水量有一定的局限性，其预测精度有待提高。因岩溶区地下水分布不均匀，难以量测，学者们将岩溶水文系统概化为黑箱或灰箱（关志成，2002；严启坤，1993），并提出水箱模型（Tank Model，也称 Tank 模型）。本书在 Tank 模型的基础上，综合水均衡理论和能量守恒定理，结合井巷开拓情况，建立预测岩溶裂隙及溶洞充水工程涌水量的水池模型。

4.2.1 预测模型推导

20 世纪 60 年代初，由日本国立防灾科学技术研究中心（现称日本防灾科学技术研究所）提出了水箱模型，将复杂的降水径流过程概化为简单的水箱流入与流出关系。Tank 模型经过不断的改进和发展，被广泛应用于流域水文预测中，通过若干个串联、并联组合的水箱，以水箱的蓄水深度边孔和底孔出流为控制，模拟整个流域的降水径流过程（董建楠，2010；关志成等，2001）。Maramathas et al.（2003）以一个出露在希腊克里特岛海边的岩溶泉点为例，提出了基于 Tank 模型的定量模型。该泉点除接受大气降水补给外，还存在海水入侵问题，使泉点流量及水中氯化物的浓度随时间发生变化。在综合考虑了水动力模拟过程中的质量守恒和能量守恒问题的基础上，以大气降水作为模型的补给源，以泉点为排泄点，以每天为时间间隔，来模拟该岩溶泉点流量和水中氯化物浓度的动态变化。Maramathas（2006）以上述模型为基础，提出人为提高泉点水位来防止附近海水入侵的观点。Fiorillo（2011）提出以一个圆柱体代表一个水箱，在不考虑水和水箱之间的

摩擦力且忽略外界补给、只有排泄点的理想状态下建立的 Torricelli 模型和 Darcy 模型，以及考虑水和水箱之间的摩擦力的情况下建立的 Poseuille 模型模拟岩溶泉点流量的衰减问题。Torricelli 模型中存在的缺陷而后被 Carlier（2012）提出质疑并讨论，认为 Fiorillo 提出的模型应综合 Maramathas et al.（2003）提出的模型进行模拟分析。龙玉桥等（2011）运用水箱模型来模拟晋祠岩溶水系统的地下水亏缺量与水位之间的关系，将岩溶水位作为控制泉流量动态变化的唯一变量，通过高斯误差函数建立了回归模型。

上述研究中基于水箱模型的计算均是模拟已知数量的岩溶泉点的流量或泉点中某物质浓度的动态变化，模型中存在大气降水补给、地表水补给、各含水层之间的渗流补给等补给源，排泄点为已知的泉点，排泄点的面积为定值。

在地下线性工程建设过程中，为了保障生产安全，采用超前探水的模式，即在井巷开拓前，通过探水方式对导水裂隙带内的水体进行探测。随着井巷的不断开拓，排水孔的面积不断地增加，直至无新增开拓井巷，排水孔的补给范围才会稳定成为一个定值，井巷的排泄量因排泄点面积及水头的波动而动态变化。本章节所提出的“水池模型”理论上与“Tank 模型”相类似，仅考虑水池的补给量与排泄量，将一个含水层或一个连续的岩溶发育带看作一个水池，上部水池接受大气降水的补给（若地下线性工程区所在范围内存在地表水补给，可根据实际情况调试模型的源汇项），在水均衡理论的基础上，结合能量守恒定理，分别在雨季和旱季推算出各时段水池中不同井巷的涌水量大小。

对于岩溶含水层，可将其看作一个巨大的水池（图 4.10），疏排某岩溶层附近溶洞中地下水，相邻区域立即进行补给，垂向上也渗流下渗。当附近溶洞中的水基本疏干，则稳定流量由相邻岩溶含水层（带）提供。因此，疏干排水过程实际上可能具有多层水位，相邻溶洞间的地下水流状态取决于溶洞的连通方式。溶洞、溶隙相连，地下水大多呈现管道流动状态；裂隙相连，则呈现的是渗流。

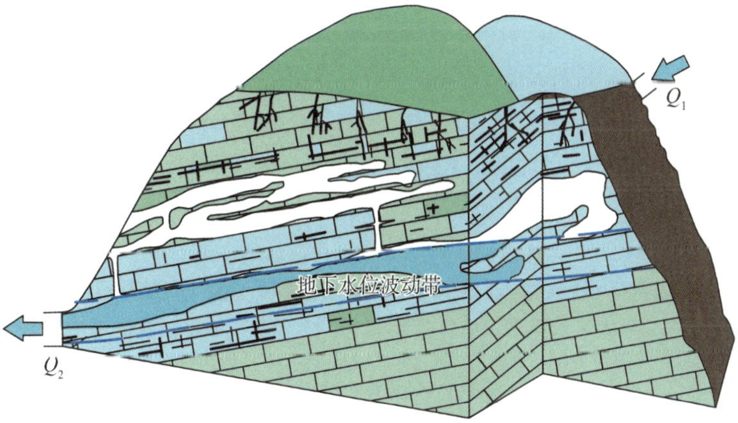

图 4.10 岩溶水池示意图

Q_1—补给量；Q_2—排泄量

单个溶洞涌水量预测可以按照水均衡法给出流量随时间的衰减方程计算，当然，要加上附近溶洞的补给量；井巷揭露的溶洞（与溶隙连通）可通过叠加计算结果得出涌水量，揭露的溶洞数越多，涌水量越大，但相互补给量减少。

由于溶洞、溶隙所构成的岩溶含水介质是在地层岩溶化过程中形成的，其形成条件的基础是岩体中可溶岩成分的多少；溶解度往往在不同岩层中存在着差异，层间裂隙将使岩溶在特定地貌与地层倾向的组合条件下形成不同的组合形态。近水平层是沿着层间裂隙，尤其是溶解度较小的地层上部形成岩溶空隙；单斜地层，虽然在溶解度相对较大的地层中形成溶隙和溶洞，但同一时期形成的岩溶水系统，连通性往往较好。因此，可不按单层考虑岩溶水系统的流动问题。

各时期成层的岩溶系统若具有较好的连通性，则基本具备统一的水力联系，即具备统一的水头（水位），在水池模型中，可将其视为一个水池。若岩溶系统层间连通性较差，主要受垂向裂隙控制，水池模型的连接可用渗流刻画。

裸露型岩溶地下线性工程区充水条件均较为复杂，开拓不同水平的井巷时，因疏干排水等人为活动的影响，地下水流场会发生变化，常常导致多层水位的存在。为了较为清晰地刻画含水层充水模型，将含水层概化为一个或多个水池，上部水池接受大气降水的补给，成为开放或半开放的水池；下部水池接受上部水池的补给，因水池之间水头能态的差异，补给量的大小视具体情况而定（图 4.11）。

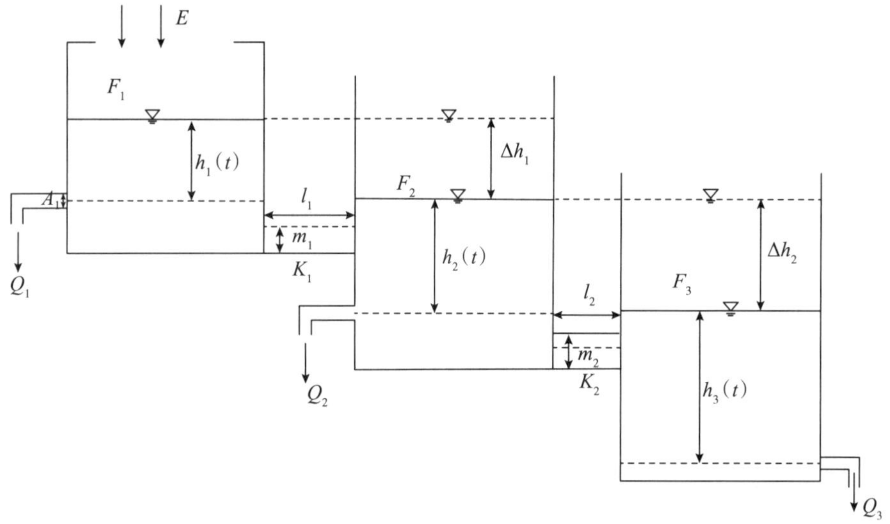

图 4.11　几个水池联动模型示意图

E—外界对水池的补给量，单位为 m^3/s；F_1—第一层水池的面积，单位为 m^2；F_2—第二层水池的面积，单位为 m^2；F_3—第三层水池的面积，单位为 m^2；$h_1(t)$—t 时刻第一层水池的水头，单位为 m；$h_2(t)$—t 时刻第二层水池的水头，单位为 m；$h_3(t)$—t 时刻第三层水池的水头，单位为 m；Δh_1—t 时刻第一层水池与第二层水池的水头差，单位为 m；Δh_2—t 时刻第二层水池与第三层水池的水头差，单位为 m；Q_1—通过第一层水池的排水孔中排出的水量，单位为 m^3/s；Q_2—通过第二层水池的排水孔中排出的水量，单位为 m^3/s；Q_3—通过第三层水池的排水孔中排出的水量，单位为 m^3/s；l_1—第一层水池与第二层水池之间弱岩溶裂隙发育带的长度，单位为 m；m_1—第一层水池与第二层水池之间弱岩溶裂隙发育带的厚度，单位为 m；l_2—第二层水池与第三层水池之间弱岩溶裂隙发育带的长度，单位为 m；m_2—第二层水池与第三层水池之间弱岩溶裂隙发育带的厚度，单位为 m。下文中图注与此处相同，不再赘述

图 4.11 中所示的模型是理想状态下概念模型的分解示意图。在实际应用中，往往将不同的岩溶含水层或岩溶发育层看作一个水池，夹在两个水池之间的岩溶弱发育带为渗流通道，各水池之间的地下水因水头能态的差异而流动。从纵剖面上看，岩溶弱发育带过水断面的大小与上下两个水池的面积大小有关。

4.2.1.1 理想状态下的单层水池模型

为了简明地刻画潜水含水层充水模型，将单一岩溶层概化为一个半开放的水池（图 4.12）。设水池面积为 F，排水孔面积为 A，水头高出排水孔距离 h，水池补水量为 E，水池排水量为 Q。大部分岩溶裸露区域主要由大气降水补给，在地表径流、蒸发作用等因素的影响下，旱季有效大气降水补给量几乎可以忽略不计，水池仅在雨季接受大气降水的补给。因此，分别对旱季和雨季的排水模型进行概化。

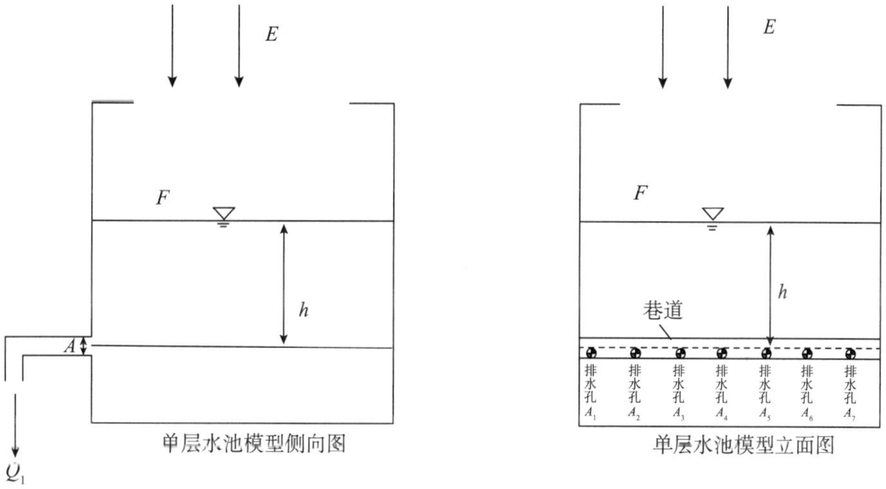

图 4.12 单层水池模型示意图

1）旱季单层水池模型

旱季降水较少，有效大气降水量可以忽略不计，井巷排水以消耗水池的静储量为主，此时可以将单层水池视为一个半封闭的水池。若有地表水补给、人工补给等补给源，可参考雨季单层水池模型。

在时间 t 内，通过排水孔排出的水量与含水层释出水的体积相平衡：

$$F\mathrm{d}h = Q\mathrm{d}t \Rightarrow \frac{\mathrm{d}h}{\mathrm{d}t} = \frac{Q}{F} \tag{4.20}$$

式中，Q 为通过排水孔排出的水量，单位为 $\mathrm{m^3/s}$。依据能量守恒定理，排水孔口的流速 v 为

$$mgh = \frac{1}{2}mv^2 \Rightarrow v = \sqrt{2gh} \tag{4.21}$$

式中，m 为地下水的质量，单位为 kg；g 为重力加速度，单位为 $\mathrm{m/s^2}$；排水孔面积为 A，单位为 $\mathrm{m^2}$，则单位时间内通过排水孔口的水的体积为

$$Q = Av \Rightarrow Q = A\sqrt{2gh} \tag{4.22}$$

在时间 $[t_0, t]$ 范围内，水池内的地下水以排泄为主，水头变化为 $[h_t, h_0]$。将式4.21、式4.22代入式4.20，并对等式两边进行积分，得出：

$$\int_{h_t}^{h_0} \frac{1}{\sqrt{2gh}} \mathrm{d}h = \int_{t_0}^{t} \frac{A}{F} \mathrm{d}t \tag{4.23}$$

$$\frac{2}{\sqrt{2g}}(\sqrt{h_0} - \sqrt{h_t}) = \frac{A}{F}(t - t_0) \tag{4.24}$$

$$\sqrt{h_t} = \sqrt{h_0} - \frac{A}{F}(t - t_0)\sqrt{\frac{g}{2}} \tag{4.25}$$

$$h_t = \left[\sqrt{h_0} - \frac{A}{F}(t - t_0)\sqrt{\frac{g}{2}}\right]^2 \tag{4.26}$$

$$Q_t = Av_t = A\sqrt{2gh_t} = A\sqrt{2g}\left[\sqrt{h_0} - \frac{A}{F}(t - t_0)\sqrt{\frac{g}{2}}\right] \tag{4.27}$$

当 $t=t_0$ 时，若 $h=h_0$，$Q_0=Av=A\sqrt{2gh_0}$，将其代入式4.27得出：

$$Q_t = Q_0 - \frac{A^2 g}{F}\Delta t \tag{4.28}$$

即在无外界补给，仅有一个排泄点的情况下，地下水的排泄量呈现不断衰减的状态。

旱季单层水池模型与Fiorillo（2011）提出的以一个圆柱体为水箱而建立的Torricelli模型相吻合。但Torricelli模型模拟的排泄点仅有一个，而在井巷开拓过程中，排水孔的数目不断增加，每个排水孔开始排水的瞬间，地下水的势能转化为动能，其初始水头是在动态变化的。每个排水孔在下一个排水孔被打开之后，之前的排水孔的水头与后来被打开的排水孔的水头一致，采用迭代的方法对其流量进行预测，与排水孔的实际流量进行拟合。

假设 t_0 时刻开拓第一个排水孔，排水孔面积为 A，在 t_0 至 t_1 的过程中，水池的水头由 h_0 变为 h_{t_1}。t_1 时刻开拓第二个排水孔，在 t_1 及以后的时刻，第一个排水孔与第二个排水孔的水头一致，即 h_{t_1} 变为 t_1 时刻的两个排水孔的初始水头。排水孔的流量大小随排水孔面积的增加而增大，排水孔面积由 A 变为 A_1。

$$h_{t_1} = \left[\sqrt{h_0} - \frac{A}{F}(t_1 - t_0)\sqrt{\frac{g}{2}}\right]^2 \tag{4.29}$$

$$Q_{t_1} = A_1 v_1 = A_1\sqrt{2gh_{t_1}} = A_1\sqrt{2g}\left[\sqrt{h_0} - \frac{A}{F}(t_1 - t_0)\sqrt{\frac{g}{2}}\right] \tag{4.30}$$

设 t_2 时刻开拓第三个排水孔，排水孔面积由 A_1 变为 A_2，依次迭代：

$$h_{t_2} = \left[\sqrt{h_{t_1}} - \frac{A_1}{F}(t_2 - t_1)\sqrt{\frac{g}{2}}\right]^2 \tag{4.31}$$

$$Q_{t_2} = A_2 v_2 = A_2\sqrt{2gh_{t_2}} = A_2\sqrt{2g}\left[\sqrt{h_{t_1}} - \frac{A_1}{F}(t_2 - t_1)\sqrt{\frac{g}{2}}\right] \tag{4.32}$$

t_n 时刻开拓第 $n+1$ 个排水孔，排水孔面积由 A_{n-1} 变为 A_n，得到 t_n 时刻：

$$h_{t_n} = \left[\sqrt{h_{t_{n-1}}} - \frac{A_{n-1}}{F}(t_n - t_{n-1})\sqrt{\frac{g}{2}}\right]^2 \tag{4.33}$$

$$\sqrt{h_{t_n}}=\sqrt{h_{t_{n-1}}}-\frac{A_{n-1}}{F}\sqrt{\frac{g}{2}}(t_n-t_{n-1})$$

$$=\sqrt{h_0}-\frac{A}{F}\sqrt{\frac{g}{2}}(t_1-t_0)-\frac{A_1}{F}\sqrt{\frac{g}{2}}(t_2-t_1)-\cdots-\frac{A_{n-1}}{F}\sqrt{\frac{g}{2}}(t_n-t_{n-1}) \tag{4.34}$$

$$Q_{t_n}=A_nV_n=A_n\sqrt{2gh_{t_n}}=A_n\sqrt{2g}\sqrt{h_{t_n}}$$

$$=A_n\sqrt{2g}\left[\sqrt{h_0}-\frac{A}{F}\sqrt{\frac{g}{2}}(t_1-t_0)-\frac{A_1}{F}\sqrt{\frac{g}{2}}(t_2-t_1)-\cdots-\frac{A_{n-1}}{F}\sqrt{\frac{g}{2}}(t_n-t_{n-1})\right]$$

$$=A_n\sqrt{2gh_0}-\frac{A_n}{F}g\left[A(t_1-t_0)+A_1(t_2-t_1)+\cdots+A_n(t_n-t_{n-1})\right] \tag{4.35}$$

由此得出 t_n 时刻，排水孔面积为 A_n 时的涌水量。

2）雨季单层水池模型

雨季，水池接受大气降水的补给，成为一个开放的水池，大气降水对地下水的补给量为

$$E=F'G\lambda \tag{4.36}$$

式中，E 为单位时间降水入渗量，单位为 mm；F' 为降水补给面积，单位为 m^2；G 为单位时间降水量，单位为 mm；λ 为降水入渗系数。

在接受降水补给情况下，在 Δt 时间内，水池的水均衡方程为

$$E\mathrm{d}t+F\mathrm{d}h=Q\mathrm{d}t \tag{4.37}$$

即：$(Q-E)\mathrm{d}t=F\mathrm{d}h$，$t\in[t_0,\ t]$，$h\in[h_t,\ h_0]$。

在理想状态下，随着排水孔不断地排水，水池中的水头逐渐衰减，即 h_t 小于 h_0。但在实际生产过程中发现，经过大气降水补给后，水池中的水头呈现动态变化，h_t 可能会大于 h_0。针对此情况，在计算中可依据相应时间段内水头的实际变化情况进行计算，以下公式推导是在假设 h_t 小于 h_0 的前提下进行的。

将式 4.22 代入式 4.37，并对两边积分得出：

$$\int_{t_0}^{t}\frac{1}{F}\mathrm{d}t=\int_{h_t}^{h_0}\frac{1}{A\sqrt{2gh}-E}\mathrm{d}h \tag{4.38}$$

式 4.38 左边：
$$\int_{t_0}^{t}\frac{1}{F}\mathrm{d}t=\frac{1}{F}(t-t_0) \tag{4.39}$$

式（4.38）右边：令 $u=A\sqrt{2gh}-E$，$u\in[u_t,\ u_0]$，则 $h=\left(\frac{u+E}{A\sqrt{2g}}\right)^2=\frac{(u+E)^2}{2A^2g}$，

$\mathrm{d}h=\frac{u+E}{A^2g}\mathrm{d}u$，代入式 4.38 得：

$$\int_{h_t}^{h_0}\frac{1}{A\sqrt{2gh}-E}\mathrm{d}h=\int_{u_t}^{u_0}\frac{1}{u}\cdot\frac{u+E}{A^2g}\mathrm{d}u=\int_{u_t}^{u_0}\frac{1}{A^2g}\left(1+\frac{E}{u}\right)\mathrm{d}u=\frac{1}{A^2g}(u+E\ln|u|)\Big|_{u_t}^{u_0}$$

$$=\frac{1}{A^2g}\left[(u_0+E\ln|u_0|)-(u_t+E\ln|u_t|)\right]$$

$$=\frac{1}{A^2g}\left[(u_0-u_t)+E\ln\left|\frac{u_0}{u_t}\right|\right]$$

$$=\frac{1}{A^2g}\left[(A\sqrt{2gh_0}-A\sqrt{2gh_t})+E\ln\left|\frac{A\sqrt{2gh_0}-E}{A\sqrt{2gh_t}-E}\right|\right]$$

$$=\frac{1}{A^2g}\left[(Q_0-Q_t)+E\ln\left|\frac{Q_0-E}{Q_t-E}\right|\right] \tag{4.40}$$

式 4.38 中左边表达式＝右边表达式，即式 4.39＝式 4.40，得：

$$\frac{1}{F}(t-t_0)=\frac{1}{A^2g}\left[(Q_0-Q_t)+E\ln\left|\frac{Q_0-E}{Q_t-E}\right|\right] \tag{4.41}$$

$$\Rightarrow t=t_0+\frac{F}{A^2g}\left[(Q_0-Q_t)+E\ln\left|\frac{Q_0-E}{Q_t-E}\right|\right] \tag{4.42}$$

假设 t_1 时刻开拓第二个排水孔，在 t_0 至 t_1 的过程中，仅有一个排水孔在排水，排水孔面积为 A_1，其排水量随着水头值的下降而减小，依据式 4.21 和式 4.22，式 4.38 变为

$$\int_{t_0}^{t_1}\frac{1}{F}\mathrm{d}t=\int_{h_1}^{h_0}\frac{1}{A_1\sqrt{2gh}-E}\mathrm{d}h \tag{4.43}$$

式 4.42 变为

$$t_1=t_0+\frac{F}{A_1^2g}\left[(Q_0-Q_1)+E\ln\left|\frac{Q_0-E}{Q_1-E}\right|\right] \tag{4.44}$$

式中，Q_1 为 t_1 时刻，第二个排水孔开始放水之前，第一个排水孔的流量，即 $Q_1=A_1\sqrt{2gh_1}$。设 t_2 时刻开拓第三个排水孔，在 t_1 至 t_2 的过程中，仅有两个排水孔在排水，排水孔的面积由 A_1 变为 A_2，其排水量随着水头值的下降而减小，依据式 4.21 和式 4.22，式 4.38 变为

$$\int_{t_1}^{t_2}\frac{1}{F}\mathrm{d}t=\int_{h_2}^{h_1}\frac{1}{A_2\sqrt{2gh}-E}\mathrm{d}h \tag{4.45}$$

式 4.42 变为

$$t_2=t_1+\frac{F}{A_2^2g}\left[(Q_1'-Q_2)+E\ln\left|\frac{Q_1'-E}{Q_2-E}\right|\right] \tag{4.46}$$

式中，Q_1'为 t_1 时刻两个排水孔的流量，即 $Q_1'=A_1\sqrt{2gh_1}$；Q_2 为 t_2 时刻两个排水孔的流量，即 $Q_2=A_2\sqrt{2gh_2}$。设 t_n 时刻开拓第 $n+1$ 个排水孔，在 t_{n-1} 至 t_n 的过程中，有 n 个排水孔在排水，排水孔的面积由 A_{n-1} 变为 A_n，其排水量随着水头值的下降而减小，依据式 4.21 和式 4.22，式 4.38 变为

$$\int_{t_{n-1}}^{t_n}\frac{1}{F}\mathrm{d}t=\int_{h_n}^{h_{n-1}}\frac{1}{A_n\sqrt{2gh}-E}\mathrm{d}h \tag{4.47}$$

式 4.42 变为

$$t_n=t_{n-1}+\frac{F}{A_n^2g}\left[(Q_{n-1}'-Q_n)+E\ln\left|\frac{Q_{n-1}'-E}{Q_n-E}\right|\right]$$
$$=t_0+\frac{F}{A_1^2g}\left[(Q_0-Q_1)+E\ln\left|\frac{Q_0-E}{Q_1-E}\right|\right]+\frac{F}{A_2^2g}\left[(Q_1'-Q_2)+E\ln\left|\frac{Q_1'-E}{Q_2-E}\right|\right]$$
$$+\cdots+\frac{F}{A_n^2g}\left[(Q_{n-1}'-Q_n)+E\ln\left|\frac{Q_{n-1}'-E}{Q_n-E}\right|\right] \tag{4.48}$$

式 4.48 中，Q_{n-1}'为 t_{n-1} 时刻 n 个排水孔的流量，即 $Q_{n-1}'=A_n\sqrt{2gh_{n-1}}$；$Q_n$ 为 t_n 时刻 n 个排水孔的流量，即 $Q_n=A_n\sqrt{2gh_n}$。由此便得出理想状态下，单层水池模型的排水时间

与排水量的关系。在矿山开拓过程中可依据前述计算过程进行外推，以此来预测地下工程涌水量。

4.2.1.2 理想状态下的双层水池模型

在岩溶区，岩溶在垂向上成层发育。在双层水池模型中，将上部岩溶发育带概化为第一层水池，第二层岩溶发育带概化为第二层水池，以此类推。当开采到第二层水池时，上部水池中的水可能并未全部疏干，上、下两个水池中的水由于能态的差异而流动。上部水池与单层水池模型类似，可将其看作半封闭水池，接受大气降水等外界补给。旱季有效降水量较小，可忽略不计。上部水池通过其与下部水池之间的弱岩溶裂隙发育带进行渗流补给，裂隙成为主要导水通道，因此可用渗流进行刻画，遵循达西定律。

若上部水池的地下水对下部水池的地下水的补给速度小于下部水池的疏干速度，两个水池的水位差距将会逐渐拉大（图 4.13），在水头差的驱动下，上部水池对下部水池进行渗透补给。设第一层水池的面积为 F_1，水头为 h_1，排水孔面积为 A_1，排水量为 Q_t；第二层水池面积为 F_2，水头为 h_2，排水孔面积为 A_2，排水量为 Q_t'；连接两个水池的渗透层的长度为 l_1，t 时刻渗透层的厚度为 m_t，过流断面面积为 S_1，渗透系数为 k_1，上部水池对下部水池的渗流补给量为 $Q_渗$。

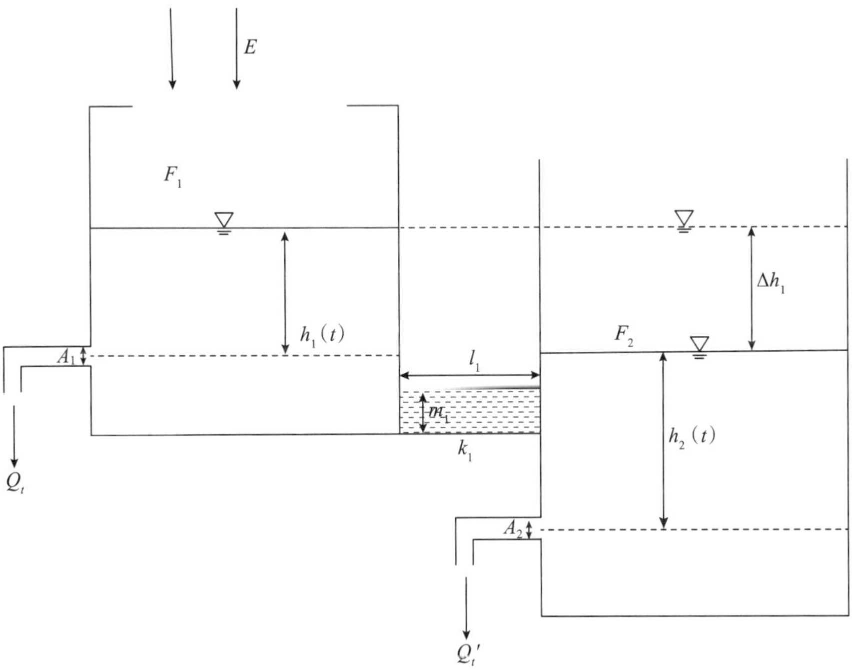

图 4.13 上部水池渗流补给下部水池模型示意图

当第一层水池和第二层水池各有一个排水孔时，有：

$$第一层水池：F_1 dh_1 = Q_t dt + Q_渗 dt \tag{4.49}$$

$$第二层水池：F_2 dh_2 + Q_渗 dt = Q_t' dt \tag{4.50}$$

由式 4.21 和式 4.22 得：

$$Q_t = A_1\sqrt{2gh_1} \tag{4.51}$$

$$Q_t' = A_2\sqrt{2gh_2} \tag{4.52}$$

两个水池因水头差的作用，流过弱岩溶裂隙发育带时遵循达西定律，即：

$$Q_{渗} = k_1 \frac{h_1 - h_2}{l_1} s_1 \tag{4.53}$$

将式 4.51、式 4.52 和式 4.53 代入式 4.49 和式 4.50 中，得：

$$F_1 \mathrm{d}h_1 = A_1\sqrt{2gh_1}\,\mathrm{d}t + k_1 \frac{h_1 - h_2}{l_1} s_1 \mathrm{d}t \tag{4.54}$$

$$F_2 \mathrm{d}h_2 + k_1 \frac{h_1 - h_2}{l_1} s_1 \mathrm{d}t = A_2\sqrt{2gh_2}\,\mathrm{d}t \tag{4.55}$$

设 $a_1 = A_1\sqrt{2g}$，$a_2 = A_2\sqrt{2g}$，$b_1 = \frac{k_1 s_1}{l_1}$，$\sqrt{h_1} = x$，$\sqrt{h_2} = y$，则 $h_1 = x^2$，$\mathrm{d}h_1 = 2x\mathrm{d}x$，$h_2 = y^2$，$\mathrm{d}h_2 = 2y\mathrm{d}y$，式 4.54、式 4.55 变为

$$F_1 2x\mathrm{d}x = a_1 x\mathrm{d}t + b_1(x^2 - y^2)\mathrm{d}t \tag{4.56}$$

$$F_2 2y\mathrm{d}y = a_2 y\mathrm{d}t - b_1(x^2 - y^2)\mathrm{d}t \tag{4.57}$$

由式 4.56 得：

$$y^2 = \frac{a_1}{b_1}x + x^2 - 2x\frac{F_1}{b_1}\frac{\mathrm{d}x}{\mathrm{d}t} \tag{4.58}$$

$$y = \left(\frac{a_1}{b_1}x + x^2 - 2x\frac{F_1}{b_1}\frac{\mathrm{d}x}{\mathrm{d}t}\right)^{\frac{1}{2}} \tag{4.59}$$

$$\frac{\mathrm{d}y}{\mathrm{d}t} = \frac{1}{2}\left(\frac{a_1}{b_1}x + x^2 - 2x\frac{F_1}{b_1}\frac{\mathrm{d}x}{\mathrm{d}t}\right)^{-\frac{1}{2}}\left[\left(\frac{a_1}{b_1} + 2x - 2\frac{F_1}{b_1}\frac{\mathrm{d}x}{\mathrm{d}t}\right)\frac{\mathrm{d}x}{\mathrm{d}t} - 2x\frac{F_1}{b_1}\frac{\mathrm{d}^2x}{\mathrm{d}t^2}\right] \tag{4.60}$$

由式 4.57 得：

$$\frac{\mathrm{d}y}{\mathrm{d}t} = \frac{a_2}{2F_2} - \frac{b_1}{2F_2}\left(\frac{a_1}{b_1}x + x^2 - 2x\frac{F_1}{b_1}\frac{\mathrm{d}x}{\mathrm{d}t}\right)^{-\frac{1}{2}}x^2 + \frac{b_1}{2F_2}\left(\frac{a_1}{b_1}x + x^2 - 2x\frac{F_1}{b_1}\frac{\mathrm{d}x}{\mathrm{d}t}\right)^{\frac{1}{2}} \tag{4.61}$$

联立式 4.60 和式 4.61 得：

$$\begin{aligned}&\frac{1}{2}\left(\frac{a_1}{b_1}x + x^2 - 2x\frac{F_1}{b_1}\frac{\mathrm{d}x}{\mathrm{d}t}\right)^{-\frac{1}{2}}\left[\left(\frac{a_1}{b_1} + 2x - 2\frac{F_1}{b_1}\frac{\mathrm{d}x}{\mathrm{d}t}\right)\frac{\mathrm{d}x}{\mathrm{d}t} + \left(-2x\frac{F_1}{b_1}\frac{\mathrm{d}^2x}{\mathrm{d}t^2}\right)\right]\\ &= \frac{a_2}{2F_2} - \frac{b_1}{2F_2}\left(\frac{a_1}{b_1}x + x^2 - 2x\frac{F_1}{b_1}\frac{\mathrm{d}x}{\mathrm{d}t}\right)^{-\frac{1}{2}}x^2 + \frac{b_1}{2F_2}\left(\frac{a_1}{b_1}x + x^2 - 2x\frac{F_1}{b_1}\frac{\mathrm{d}x}{\mathrm{d}t}\right)^{\frac{1}{2}}\end{aligned} \tag{4.62}$$

等式两边同乘以 $\left(\frac{a_1}{b_1}x + x^2 - 2x\frac{F_1}{b_1}\frac{\mathrm{d}x}{\mathrm{d}t}\right)^{\frac{1}{2}}$ 得：

$$\frac{1}{2}\left[\left(\frac{a_1}{b_1} + 2x - 2\frac{F_1}{b_1}x\frac{\mathrm{d}x}{\mathrm{d}t}\right) - 2\frac{F_1}{b_1}\frac{\mathrm{d}^2x}{\mathrm{d}t^2}\right]$$

$$=\frac{a_2}{2F_2}\left(\frac{a_1}{b_1}+2x-2\frac{F_1}{b_1}\frac{dx}{dt}\right)^{\frac{1}{2}}-\frac{bx^2}{2F_2}+\frac{b_1}{2F_2}\left(\frac{a_1}{b_1}x+x^2-2\frac{F_1}{b_1}x\frac{dx}{dt}\right) \tag{4.63}$$

等式两边同乘以 F_2b_1 得：

$$\left[F_2\left(a_1+2b_1x-2F_1\frac{dx}{dt}\right)+2b_1F_1x\right]\frac{dx}{dt}-2F_1F_2x\frac{d^2x}{dt^2}-a_1b_1x$$
$$=a_2\left(a_1b_1x+b_1^2x^2-2F_1b_1x\frac{dx}{dt}\right)^{\frac{1}{2}} \tag{4.64}$$

等式两边平方得：

$$\left[F_2\left(a_1+2b_1x-2F_1\frac{dx}{dt}\right)+2b_1F_1x\right]^2\left(\frac{dx}{dt}\right)^2+x^2\left(2F_1F_2\frac{d^2x}{dt^2}+a_1b_1\right)^2-$$
$$2\left[F_2\left(a_1+2b_1x-2F_1\frac{dx}{dt}\right)+2b_1F_1x\right]x\left(2F_1F_2\frac{d^2x}{dt^2}+a_1b_1\right)$$
$$=a_2^2\left(a_1b_1x+b_1^2x^2-2F_1b_1x\frac{dx}{dt}\right) \tag{4.65}$$

整理得：

$$4F_1^2F_2^2\left(\frac{dx}{dt}\right)^4-4F_1F_2[a_1F_2+2b_1x(F_1+F_2)]\left(\frac{dx}{dt}\right)^3+4b_1^2(F_1+F_2)x^2\left(\frac{dx}{dt}\right)^2+$$
$$4a_1b_1F_2x(F_1+F_2)\left(\frac{dx}{dt}\right)^2+a_1^2F_2^2\left(\frac{dx}{dt}\right)^2+4F_1^2F_2^2x^2\left(\frac{d^2x}{dt^2}\right)^2+a_1^2b_1^2x^2+$$
$$4a_1b_1F_1F_2x^2\left(\frac{d^2x}{dt^2}\right)-$$
$$2x\{[a_1F_2+2b_1x(F_1+F_2)]\cdot 2F_1F_2\frac{d^2x}{dt^2}-4F_1F_2^2\frac{dx}{dt}\frac{d^2x}{dt^2}+a_1^2b_1F_2$$
$$-2a_1b_1F_1F_2\frac{dx}{dt}+2a_1b_1^2x(F_1+F_2)\}=a_2^2\left(a_1b_1x+b_1^2x^2-2F_1b_1x\frac{dx}{dt}\right) \tag{4.66}$$

由于该方程为高阶导数，已知量较少，方程较难解，本书暂不考虑此模型。

在水池长时间疏干排水之后，第一层水池对第二层水池的渗流补给类似于第一层水池接受大气降水补给的情况，随时间呈现动态变化。在计算的过程中可以将渗流补给量考虑为一个随时间动态变化的量，在计算中将其处理为一个常量。

设第一层水池对第二层水池的渗流补给量为 c_1，根据达西定律，c_1 的表达式为

$$c_1=k_1\frac{h_1(t)-h_2(t)}{l_1}s_1 \tag{4.67}$$

式中，$h_1(t)$ 为 t 时刻第一层水池的水头，$h_2(t)$ 为 t 时刻第二层水池的水头。

此时，下部水池的水均衡方程为

$$F_2dh_2+c_1dt=A\sqrt{2gh_2}dt \tag{4.68}$$

$$\frac{F_2}{A\sqrt{2gh_2}-c_1}dh_2=dt，t\in[t_0，t]，h_2\in[h_{2_t}，h_{2_0}] \tag{4.69}$$

令 $\sqrt{h_2}=i$，$i\in[i_t，i_0]$，则 $h_2=i^2$，$dh_2=2idi$，式 4.69 左侧表达式为

$$\frac{F_2}{A\sqrt{2gh_2}-c_1}\mathrm{d}h_2=\frac{F_2}{A\sqrt{2g}\,i-c_1}2i\,\mathrm{d}i=\frac{2F_2 i}{A\sqrt{2g}\,i-c_1}\mathrm{d}i \tag{4.70}$$

令 $x=A\sqrt{2g}\,i-c_1$，$x\in[x_t,\ x_0]$，则 $i=\frac{x+c_1}{A\sqrt{2g}}$，$\mathrm{d}i=\frac{1}{A\sqrt{2g}}\mathrm{d}x$，代入式 4.70 得：

$$\begin{aligned}\frac{F_2}{A\sqrt{2gh_2}-c_1}\mathrm{d}h_2&=\frac{2F_2 i}{A\sqrt{2g}\,i-c_1}\mathrm{d}i\\&=\frac{2F_2(x+c_1)\frac{1}{A\sqrt{2g}}}{x}\frac{1}{A\sqrt{2g}}\mathrm{d}x\\&=\frac{F_2}{A^2g}\left(1+\frac{c_1}{x}\right)\mathrm{d}x\end{aligned} \tag{4.71}$$

式 4.70 左边积分得：

$$\begin{aligned}\int_{x_t}^{x_0}\frac{F_2}{A^2g}\left(1+\frac{c_1}{x}\right)\mathrm{d}x&=\frac{F_2}{A^2g}\int_{x_t}^{x_0}\left(1+\frac{c_1}{x}\right)\mathrm{d}x\\&=\frac{F_2}{A^2g}\left[(x_0-x_t)+c_1\ln\left|\frac{x_0}{x_t}\right|\right]\\&=\frac{F_2}{A^2g}\left[(A\sqrt{2g}\,i_0-A\sqrt{2g}\,i_t)+c_1\ln\left|\frac{A\sqrt{2g}\,i_0-c_1}{A\sqrt{2g}\,i_t-c_1}\right|\right]\\&=\frac{F_2}{A^2g}\left(A\sqrt{2gh_{2_0}}-A\sqrt{2gh_{2_t}}+c_1\ln\left|\frac{A\sqrt{2gh_{2_0}}-c_1}{A\sqrt{2gh_{2_t}}-c_1}\right|\right)\end{aligned} \tag{4.72}$$

式 4.70 右边积分得：

$$\int_{t_0}^{t}\mathrm{d}t=t-t_0=\Delta t \tag{4.73}$$

当 $t=t_0$ 时，$h_2=h_{2_0}$；在 t 时刻，$h_2=h_{2_t}$，代入式 4.68 得：

$$A\sqrt{2gh_{2_0}}-A\sqrt{2gh_{2_t}}+c_1\ln\left|\frac{A\sqrt{2gh_{2_0}}-c_1}{A\sqrt{2gh_{2_t}}-c_1}\right|=\Delta t\,\frac{A^2g}{F_2} \tag{4.74}$$

上部水池水位的变化主要受有效降水补给量和排泄量的影响。在雨季强降水的作用下，上部水池水位随之波动，并伴随一定的滞后效应，进而影响着对下部水池渗流补给量的大小，下部水池的水位也随之呈现动态变化。下部水池在两个水池中的水头能态差异驱动下，常年接受上部水池的渗流补给，补给量大小随水头差的波动而变化，其原理与上部水池雨季接受大气降水补给类似。由此可进一步推算出第三层、第四层……第 N 层水池的代数公式。

当上部水池被疏干，其水头降至第一层水池的底板以下时，第二层水池替代第一层水池变为上部水池，在雨季接受有效降水补给，旱季排水以消耗地下水静储量为主，同时视具体情况对下部水池进行补给。以此类推，在矿山井巷往深部掘进，不同深度的水池更替迭代进行补给排泄。

4.2.1.3 实际应用中的水池模型

在水池模型的实际应用中，地下水体因其本身的黏滞性、温度变化等特性而存在的黏滞力，以及在径流过程中与围岩的摩擦阻力等因素的存在，消耗机械能，使地下水产生了水头损失。当固体边界的形状、尺寸或两者之一沿流程急剧变化时，地下水会产生局部水头损失，水池模型暂不考虑局部水头损失，主要以沿程水头损失为主。

地下水在空隙介质中流动均会产生水头损失，本书依据工程实际情况及前人对岩溶区水头损失的研究，将水头损失考虑为一个随水头变化的变量。

在实际应用中，并非例证区圈定的面积即为水池面积，水池出流面积的大小由例证区岩体裂隙的发育情况及给水度决定。因此，实际应用中的水池面积为例证区面积（F）与给水度（μ）的乘积，用 f 表示，即 $f=F\mu$。

1）旱季有水头损失的单层水池模型

在旱季，上部水池以消耗静储量为主，无有效大气降水补给量。在地下水流动过程中，水头损失随水头的变化而发生变化，将其考虑为一个与水头相关的变量。设水头损失为 h_f，水头损失系数为 ξ，$h_f=\xi h$，则排水孔的水头经过沿程水头损失后变为

$$h'=(1-\xi)h \tag{4.75}$$

在时间 t 内，水池的水均衡方程变为

$$f\mathrm{d}h'=Q\mathrm{d}t \Rightarrow \frac{\mathrm{d}h'}{\mathrm{d}t}=\frac{Q}{F} \tag{4.76}$$

代入式 4.22 变为：

$$Q=Av=A\sqrt{2(1-\xi)gh} \tag{4.77}$$

将式 4.77 代入式 4.23 得：

$$\int_{h_{1_t}}^{h_{1_0}} \frac{1}{\sqrt{2g(1-\xi)h}}\mathrm{d}h=\int_{t_0}^{t}\frac{A}{f}\mathrm{d}t \tag{4.78}$$

式 4.26 变为

$$h_{1_t}=\left[\sqrt{h_{1_0}}-\frac{A}{f}(t-t_0)\sqrt{\frac{(1-\xi)g}{2}}\right]^2 \tag{4.79}$$

式 4.77 变为

$$\begin{aligned} Q_t &= Av=A\sqrt{2gh_{1_t}'}=A\sqrt{2g(1-\xi)h_{1_t}} \\ &= A\sqrt{2(1-\xi)g}\left[\sqrt{h_{1_0}}-\frac{A}{f}(t-t_0)\sqrt{\frac{(1-\xi)g}{2}}\right] \end{aligned} \tag{4.80}$$

式 4.80 是仅有一个排水孔的情况下，t 时刻排水孔流量的表达式。设 t_n 时刻开拓第 $n+1$ 个排水孔，$t_{n-1}\to t_n$ 的过程中，有 n 个排水孔在排水，排水孔的面积由 A_{n-1} 变为 A_n，则 t_n 时刻排水孔的流量为

$$\begin{aligned} Q_{t_n} &= A_n v=A_n\sqrt{2gh_{1t_n}'}-A_n\sqrt{2g(1-\xi)h_{1_{t_n}}} \\ &= A_n\sqrt{2(1-\xi)g}\left[\sqrt{h_{1_{t(n-1)}}}-\frac{A_n}{f}(t_n-t_{n-1})\sqrt{\frac{(1-\xi)g}{2}}\right] \end{aligned} \tag{4.81}$$

2）雨季有水头损失的单层水池模型

在雨季，上部水池接受大气降水的补给，降水入渗量为 E，在遭受水头损失之后，建

立如下均衡方程：

$$E\mathrm{d}t + F\mathrm{d}h' = Q\mathrm{d}t \tag{4.82}$$

依据能量守恒：

$$mgh' = \frac{1}{2}mv^2 \Rightarrow v = \sqrt{2gh'} \tag{4.83}$$

式中，$h' = (1-\xi)h$，$h \in (h_t, h_0)$，则排水孔的流量为

$$Q = Av = A\sqrt{2g(1-\xi)h} \tag{4.84}$$

将式 4.84 代入式 4.81 中，得：

$$\frac{1}{A\sqrt{2(1-\xi)gh} - E}\mathrm{d}h = \frac{1}{f}\mathrm{d}t \tag{4.85}$$

分别对式 4.85 两边积分，右边对 t 积分，$t \in [t_0, t]$：

$$\int_{t_0}^{t} \frac{1}{f}\mathrm{d}t = \frac{1}{f}(t - t_0) \tag{4.86}$$

令 $\delta = A\sqrt{2(1-\xi)gh} - E$，$\delta \in (\delta_t, \delta_0)$，则

$$h = \frac{(\delta+E)^2}{2(1-\xi)A^2},\quad \mathrm{d}h = \frac{\delta+E}{A^2 g(1-\xi)}\mathrm{d}\delta \tag{4.87}$$

对式 4.87 两边积分得：

$$\int_{h_t}^{h_0} \frac{1}{A\sqrt{2(1-\xi)gh} - E}\mathrm{d}h = \int_{\delta_t}^{\delta_0} \frac{(\delta+E)}{A^2 g(1-\xi)}\left(\frac{1}{\delta}\right)\mathrm{d}\delta = \frac{1}{A^2 g(1-\xi)}\left[\delta + E\ln|\delta|\right]_{\delta_t}^{\delta_0}$$

$$= \frac{1}{A^2 g(1-\xi)}\left\{A\left[\sqrt{2(1-\xi)gh_0} - \sqrt{2(1-\xi)gh_t}\right] + E\ln\left|\frac{A\sqrt{2(1-\xi)gh_0} - E}{A\sqrt{2(1-\xi)gh_t} - E}\right|\right\}$$

$$\frac{1}{f}(t - t_0) = \frac{1}{A^2 g(1-\xi)}\left\{A\left[\sqrt{2(1-\xi)gh_0} - \sqrt{2(1-\xi)gh_t}\right] + E\ln\left|\frac{A\sqrt{2(1-\xi)gh_0} - E}{A\sqrt{2(1-\xi)gh_t} - E}\right|\right\} \tag{4.88}$$

$$\Delta t = \frac{f}{A^2 g(1-\xi)}\left\{A\left[\sqrt{2(1-\xi)gh_0} - \sqrt{2(1-\xi)gh_t}\right] + E\ln\left|\frac{A\sqrt{2(1-\xi)gh_0} - E}{A\sqrt{2(1-\xi)gh_t} - E}\right|\right\} \tag{4.89}$$

式 4.89 表示 Δt 时间内，在水池面积一定、排水孔面积一定、降水补给量一定的情况下，排水孔流量与水池水位和降水入渗补给量呈非线性关系。

自式 4.82 至式 4.89 推导的公式为水池只有一个排水孔时的情况，然而对于井巷而言，随着井巷工程的开拓，会不断增加超前排水孔，当水池的水位尚未降至井巷底板之下时，之前开拓的排水孔依旧会有水流出，只是随着排水时间的延续，流量会有所衰减，如式 4.42 至式 4.47 推导的公式所示。

设 t_n 时刻开拓第 $n+1$ 个排水孔，$t_{n-1} \to t_n$ 的过程中，有 n 个排水孔在排水，排水孔的面积由 A_{n-1} 变为 A_n，则：

$$t_n = t_{n-1} + \frac{f}{A_n^2 g(1-\xi)}\left[(Q_{n-1}' - Q_n) + E\ln\left|\frac{Q_{n-1}' - E}{Q_n - E}\right|\right]$$

$$= t_0 + \frac{f}{A_1^2 g(1-\xi)}\left[(Q_0 - Q_1) + E\ln\left|\frac{Q_0 - E}{Q_1 - E}\right|\right]$$

$$+\frac{f}{A_2^2 g(1-\xi)}\left[(Q_1'-Q_2)+E\ln\left|\frac{Q_1'-E}{Q_2-E}\right|\right]+$$

$$\cdots+\frac{f}{A_n^2 g(1-\xi)}\left[(Q_{n-1}'-Q_n)+E\ln\left|\frac{Q_{n-1}'-E}{Q_n-E}\right|\right] \tag{4.90}$$

式中，Q_{n-1}'为t_{n-1}时刻n个排水孔的流量，即$Q_{n-1}'=A_n\sqrt{2(1-\xi)gh_{n-1}}$；$Q_n$为$t_n$时刻$n$个排水孔的流量，即$Q_n=A_n\sqrt{2(1-\xi)gh_n}$。由此便得出有水头损失的状态下，单层水池模型的排水时间与排水量的关系。

3）有水头损失的双层水池模型

针对前述理想状态下双层水池模型的情况可知，下部水池接受上部水池的渗流补给的状态类似于上部水池接受大气降水补给的情况。同理，考虑沿程水头损失的情况下，下部水池的排泄时间流量方程同式4.89所示。

设下部水池水头为h_2，上部水池对下部水池的补给量为C_1，水头损失系数为ξ'，下部水池面积为F_2，给水度为μ_2，则水池的实际出水面积为f_2，即$f_2=F_2\mu_2$。在t_n时刻开拓第$n+1$个排水孔，$t_{n-1}\to t_n$的过程中，有n个排水孔在排水，排水孔的面积由A_{n-1}'变为A_n'则：

$$t_n=t_{n-1}+\frac{F_2}{A_n'^2 g(1-\xi')}\left[(Q_{n-1}'-Q_n)+c_1\ln\left|\frac{Q_{n-1}'-c_1}{Q_n-c_1}\right|\right]$$

$$=t_0+\frac{F_2}{A_1'^2 g(1-\xi)}\left[(Q_0-Q_1)+c_1\ln\left|\frac{Q_0-c_1}{Q_1-c_1}\right|\right]$$

$$+\frac{F_2}{A_2'^2 g(1-\xi')}\left[(Q_1'-Q_2)+E\ln\left|\frac{Q_1'-c_1}{Q_2-c_1}\right|\right]+$$

$$\cdots+\frac{F}{A_n'^2 g(1-\xi')}\left[(Q_{n-1}'-Q_n)+c_1\ln\left|\frac{Q_{n-1}'-c_1}{Q_n-c_1}\right|\right] \tag{4.91}$$

式4.91中，Q_{n-1}'为t_{n-1}时刻n个排水孔的流量，即$Q_{n-1}'=A_n'\sqrt{2(1-\xi')gh_{2_{(n-1)}}}$；$Q_n$为$t_n$时刻$n$个排水孔的流量，即$Q_n=A_n'\sqrt{2(1-\xi')gh_{2_n}}$。由此便得出有水头损失状态下，双层水池模型的排水时间与排水量的关系。

以此类推，若例证区在垂向上存在多层水池，可将其概化为多个水池模型。在地下工程开拓过程中可依据前述计算过程进行外推，预测涌水量。

4.2.1.4 模型参数的确定

1）水池层数

对于岩溶充水工程而言，在井巷开拓过程中，岩溶水涌向坑道，易于诱发突水问题。现阶段的岩溶大多是多期次溶蚀作用的结果，岩性组分和水的溶蚀能力是影响岩溶发育的重要内因，加之构造运动、温度、气候、微生物等因素的共同影响，使岩溶发育具有差异性（李源航，2014；郭纯青等，2015；曹贤发等，2014）。岩溶发育的多期性使岩溶充水工程较其他种类的充水工程更为复杂。由于岩溶的不均匀发育，不同期次的岩溶连通性相对较弱，可能形成多个不连续的地下水面，此状况对地下工程疏排水方案的选取有一定的影响。水池模型是基于区域岩溶分带的涌水量计算模型，研究地下工程所在区域的岩溶分带特征是确定水池个数及水池连通方式的重要手段。

众所周知，岩溶发育的前提是可溶岩中的水在裂隙中流动，并且在活跃的二氧化碳的作用下，对沿程的围岩进行溶蚀。构造作用控制岩体裂隙的发育，在各个方向上形成了密度、开度和延伸长度不同的裂隙，进而影响可溶岩的透水性；同时，构造裂隙又通过控制主要汇水通道影响地下水的流动。

可溶岩的组分和岩石结构构造是岩溶发育的基础条件，碳酸盐岩在不同的沉积环境中形成了多种特有的结构构造，直接影响着岩溶的发育强度。可溶岩在沉积成岩时期成层发育，各小层的可溶性存在一定的差异，使岩溶主要呈现出层状发育特征，层控现象突出。岩溶发育初期，受裂隙展布方向及其连通性等因素的控制，切层裂隙发育较差，地下水主要沿层面流动，同时对围岩进行溶蚀。在裂隙宽度较宽处，地下水较易流动，成为地下水流动的主方向，水循环速度加快，对可溶岩的溶蚀增强；裂隙宽度较窄处，地下水流动缓慢，对可溶岩的溶蚀作用也相对较弱，差异性溶蚀效果明显，最初期的岩溶发育层带主要顺层面发育。

在长期内动力和外动力地质作用下，裂隙在各个方向上均有所展布，形成了交叉的裂隙网络，地下水在裂隙网络中流动。随着地下水的流动，水流向某些通道集中，软弱的可溶岩逐渐被溶蚀，裂隙宽度逐渐增大，地下水循环速度加快，出现紊流状态，水流对围岩的机械溶蚀能力增强，进而形成各种规模的岩溶管道、溶洞等，但层间差异性溶蚀仍然主导着岩溶发育的分布形态。与此同时，复杂的地下水径流网络沟通了不同岩溶发育层之间的联系，表现出较强的非均质性和各向异性特征。

经过长期的构造运动及人为活动的影响，地下水的赋存状态发生改变，地下水位线随之变动。在地下水季节变动带之上的垂直循环带（即包气带）内，地下水以垂向运动为主，向下补给至季节变动带，在此带近地表处，垂向岩溶有所发育，但受裂隙网络及岩石可溶性的影响，垂向岩溶的发育程度仍旧远不及顺层岩溶的发育程度。在地下水季节变动带内，地下水位线频繁变动，对周围岩石不断溶蚀和机械侵蚀，受地下水流动性和岩石可溶性的影响，岩溶继续沿层面发育，岩溶发育的规模也从最初的溶蚀裂隙逐步发育成规模较大的溶洞、岩溶管道等（图 4.14）。随着地壳的抬升，早期在地下水季节变动带附近形成的顺层状岩溶也随之抬升，成为上部的导水与排水通道，形成新的排泄点；与此同时，地表的地形地貌也在不断地发生变化，沟谷切割逐步加深，地下水循环达到新的平衡，形成新的地下水季节变动带，进一步形成新的岩溶发育带。早期形成的上部层状岩溶与后期的地下水季节变动带附近的层状岩溶共同组成了多层岩溶，岩溶层间由垂向发育的岩溶裂隙相连通（图 4.15）。地壳继续抬升，早期形成的岩溶被抬升出地表，遭受风化剥蚀，溶洞、岩溶管道等或被地表沉积物覆盖，形成大规模的岩溶漏斗，或与地表河流相连通，形成伏流（图 4.16）。

顺层岩溶发育带形成以后，在构造运动的影响下，经历地壳的间歇性升降或掀斜等作用，其发育规模被进一步改变，但岩溶发育层位相对于其所在地层顶板和底板的位置相对稳定。在垂向上，岩溶表现为在不同高程上的分层发育；在平面上，岩溶洼地、岩溶漏斗等在所发育的地层内各个方向上均有分布，但相对于所在层位的顶板和底板，岩溶发育呈现出一定的规律性。

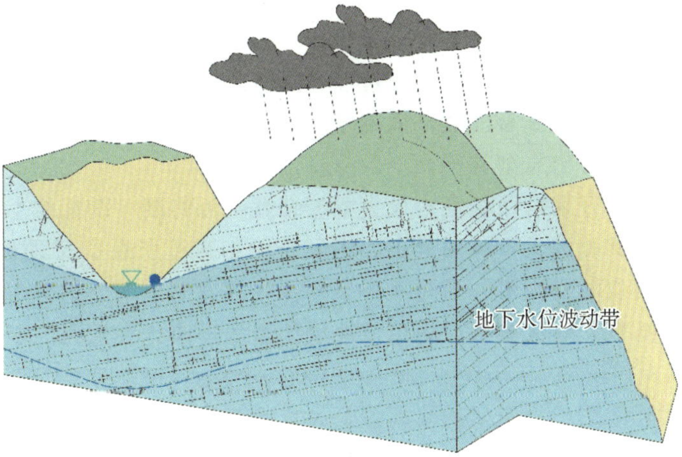

图 4.14 岩溶发育初期示意图

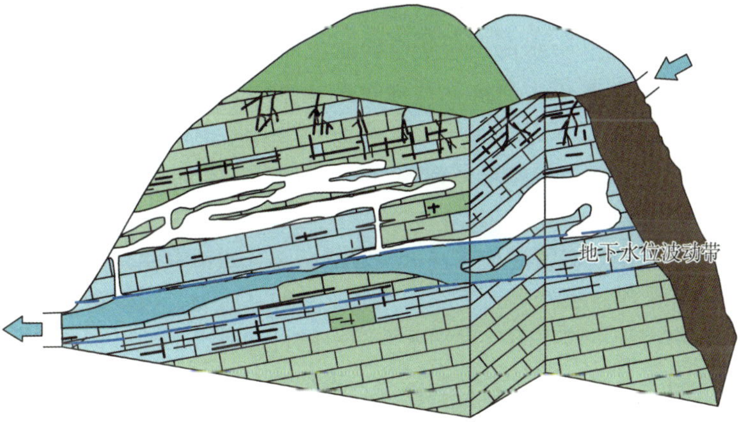

图 4.15 多层岩溶发育示意图

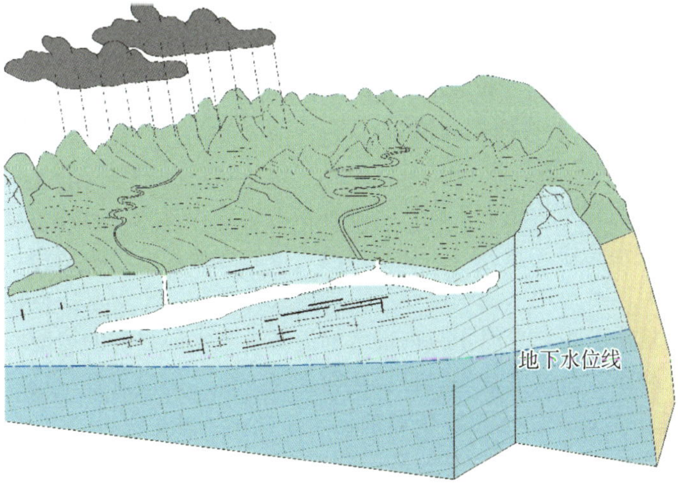

图 4.16 随地壳抬升岩溶发育变化示意图

对于某地层岩溶发育层带的划分，垂向上，可通过地表实测剖面统计结果、钻孔垂向岩溶分带、地球物理勘探测试结果进行，并统计分析岩溶发育层带与地层顶板和底板之间的分层规律。平面上，岩溶发育层带划分可以通过野外岩溶调查、剖面测制进行，即通过分析岩溶洼地的发育层位，结合实测剖面确定发育层位距其所在地层顶板和底板距离及岩溶发育的形态特征，划分出岩溶在平面上的分带情况。

在探矿勘查及矿山开采阶段均会布设大量的钻孔，可将同一勘探线上的钻孔投影在勘探线剖面上，根据各钻孔编录资料划分出岩溶发育段相对于所在层位顶板和底板的位置，进而推算出该层位的岩溶发育带。通过对多条勘探线剖面的总结归纳并与地表实测剖面划分的岩溶发育带相结合，对比分析后得出该地层的岩溶垂向分层情况。

2）水池面积

在水池模型实际应用过程中，水池面积是决定井巷涌水量大小的因子之一。在计算水池面积的过程中，将例证区所在范围概化为一个封闭或半封闭的水池，该水池在雨季接受大气降水、地表水等外界补给，具有相对独立的地下水补给-径流-排泄系统。水池的汇水范围及水池的边界条件决定着例证区面积的大小。在平面上，将地表分水岭、阻水断层等边界所圈闭的范围概化为一个水池，所圈闭的面积即为水池的面积（F）。

水池模型中，水池的面积为例证区所圈闭的面积（F），而在实际应用中，研究范围所概化的水池并非全部充满水。水池的给水的能力由岩体的给水度（μ）确定。在实例应用中，水池的出流面积（f）为例证区面积（F）与给水度（μ）的乘积，即 $f=F\mu$。

3）水头损失

在水池模型的计算中，水池中的水流处于理想状态，水流在水池内径流排泄，不存在水头损失。但是在实际应用过程中，地下水因水体本身的黏滞力、与管道之间的摩擦阻力等因素的存在而产生水头损失。因岩溶区局部水头损失随机性较强，难以刻画，在实例计算过程中仅考虑沿程水头损失。水力学雷诺实验表明，当水流为层流时，沿程水头损失与断面平均流速的一次方成正比；当水流为紊流时，沿程水头损失与断面平均流速的1.75～2.00次方成正比。

在双层水池模型中，两水池之间的岩溶弱发育带以裂隙流为主，属于层流的范畴，沿程水头损失与断面平均流速的一次方成正比，将其概化为随水头动态变化的数值，设水头损失 $h_f=mh$。水力学中用尼古拉兹圆管实验来确定水头损失，在实际应用中，采用岩溶区能量损失的经验值作为水头损失的值。

4）水池模型普适性分析

对于以溶隙、溶洞充水为主的工程区，地下水流态较为复杂，可通过计算雷诺数判断地下水的流态。当地下水为紊流状态时，基于达西定律的渗流理论已不适用，而需要将其进行模糊概化处理，此时，可运用水池模型将一个岩溶发育带或一个含水层概化为一个水池，仅考虑水池的输入与输出关系，忽略水池内部水的流态。当水池之间的岩溶弱发育带地下水流速较慢时，雷诺数较小，呈层流状态，符合达西定律，可运用渗流理论进行刻画。

水池模型是基于例证区岩溶发育规律的涌水量预测方法，适用于岩溶较为发育，且分带性明显的工程区域。岩溶在垂向上的分带情况和各岩溶发育带之间的连通关系表征着工程区选取水池模型的个数和各水池之间的串联、并联关系，对于进一步求取工程区涌水量有决定性的意义。

水池模型经过推导计算后得出了排水时间间隔与水池的水头、水池面积、排水孔面积等因素相关的隐式。在运用水池模型进行涌水量计算的过程中，计算时段内，水池的水头和排水孔面积的变化是影响井巷出水量大小的关键因素。对于水位及流量动态监测系统较为完善的工程区，可以及时获得工程区水位动态变化的连续值，利用水池模型进行连续动态模拟；对于地下水动态监测系统不完善的工程区，钻孔及涌水量的观测工作由专人负责，观测时间间隔较长，可能会出现一定的误差。

在使用水池模型法预测涌水量以前，通过对工程区进行野外踏勘及地下工程工作调查，搜集例证区已有工作成果及涌水量、水位监测资料，综合例证区的地质状况、水文地质条件、构造发展史、岩相古地理等，探求例证区的岩溶在垂向上和平面上的发育规律，同时确定模型计算所需参数。

现阶段，在井巷开拓时均使用超前探水的方式确保地下工程生产安全。随着排水孔面积不断增加，可通过监测排水孔水压及流量的变化，采用水池模型法进行涌水量预测。对于带压工作的地下工程，已经过长时间疏干排水，排水孔的面积和钻孔水位已趋于稳定，在使用水池模型法进行计算时，可连续计算出井巷涌水量的动态变化值。因此，除井巷底板因水压过大而被破坏的突水情况，水池模型法对于裸露型溶隙、溶洞充水工程的涌水量预测均可适用。

4.2.2 水池模型法的实例验证

在岩溶区地下井巷建设和运营的过程中，会遇到井巷涌水（突水）的现象，轻则造成井巷淹水，重则酿成人员伤亡和财产损失，危害性较大。井巷的涌水程度取决于区域构造发展史、区域岩溶分布和发育规律、含水层的富水性和结构构造、岩溶洞穴的规模及连通性、岩石力学特性、水力学特性等。因此，查明岩溶井巷所在范围内的岩溶发育规律是提高井巷涌水量预测精度的前提。水池模型是基于岩溶发育特征的涌水量预测模型，使用水池模型进行涌水量预测时必须详细调查例证区的岩溶发育规律。

本节基于云南个旧G矿田的水文地质条件，采用水池模型对井巷涌水量进行拟合预测，阐述水池模型在矿坑涌水量预测中的应用，同时验证水池模型的准确性与精度。

4.2.2.1 云南个旧G矿田地质环境概况

1）矿区概况

云南个旧G矿田位于个旧南东80°，距个旧12km，是云南锡业集团有限责任公司主要的生产矿田之一，包括大箐东、马吃水、芦塘坝矿段，主要生产锡矿、银矿和铅矿。矿体主要赋存于花岗岩体与三叠系中统个旧组的接触带中，矿体空间产出严格受断层破碎带及个旧组微晶石灰岩、白云岩控制，含矿岩性为灰质构造角砾岩及碎裂岩。矿床从地表到深部均有出现，地表及浅部出露氧化矿，深部赋存硫化矿。经过几十年的开采，地表及浅部的氧化矿床已经开采殆尽，目前的开采主要集中在矿区深部。随着深部中段的不断开拓，矿区水文地质条件发生改变，截至2011年6月月底，主要涌水坑道为1720m以下的各个中段，涌水量最大处为1360m中段，最大涌水量达$20\times10^4m^3/d$。

2）地形地貌及水文特征

矿区地势南高北低，高差悬殊，气候具有垂直差异变化特征，属于亚热带高原型湿润季风气候。在海拔2000m以上的地区，气温较低，降水量大，随海拔降低气温逐渐升高，降水量减少。区内气候温湿多雨，年均降水量为1603.1mm，年均蒸发量为1203.1mm；旱季和雨季较为分明，降水多集中于每年的5月至10月，其余时间多为旱季。

区域上处于红河水系与南盘江（泸江）水系的分水岭地段，属于南盘江支流泸江水系，主要有绿冲河、乍甸河、沙甸河、临安河4条溪流，以及大屯海、个旧湖两个湖泊。矿田内无地表水系，仅在矿田北东侧的蒙自大屯盆地内分布有大屯海及长桥海。

4.2.2.2 矿区构造特征

云南个旧G矿田位于矿区东部一级构造个旧断裂和甲界山断裂之间，二级构造五子山复式背斜北中段。矿田受与五子山复式背斜斜交的次级构造大箐-阿西寨向斜控制，呈开阔、舒缓的向斜。在矿区褶皱的基础上，发育轴向北西的向斜和北西向、东西向、北东向断裂（图4.17）。

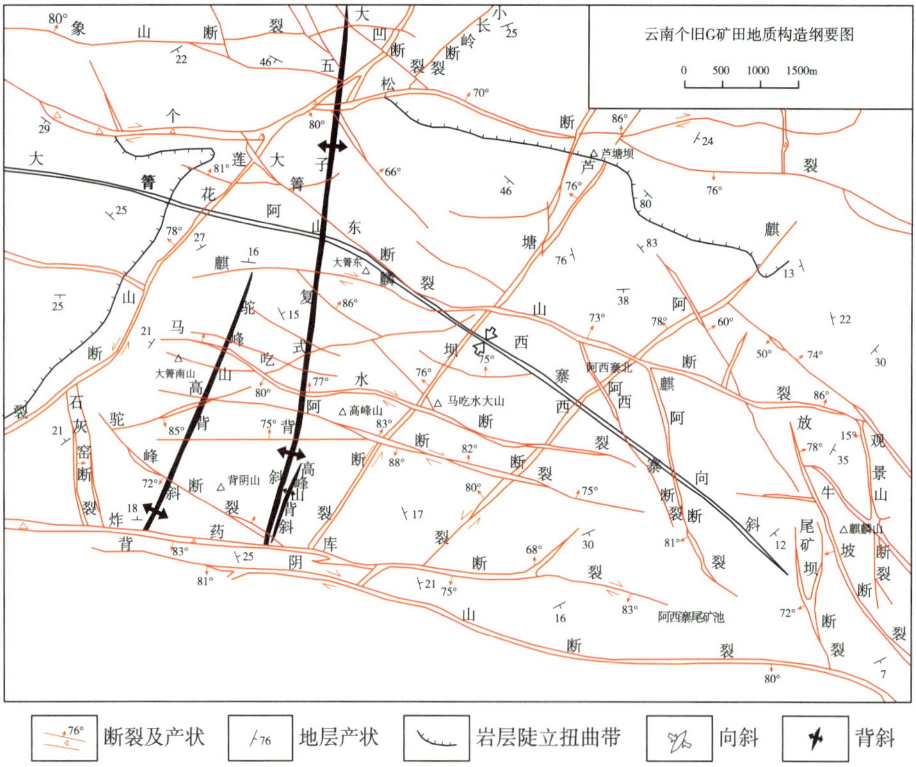

图4.17 云南个旧G矿田地质构造纲要图

1）褶皱

矿区位于轴向近东西的大箐-阿西寨向斜中，两翼岩层平缓、开阔，倾角北翼陡，为25°～90°，南翼为10°～20°。大箐-阿西寨向斜轴与五子山复式背斜轴垂直相交，自西向东由近东西向转为南东向，是区内主要汇水构造之一。

2）断裂

矿区受多期构造运动的影响，断裂、节理构造发育。根据地表水文地质调查和矿坑调查，矿区各组断裂构造导水性、富水性差异较大。

北东向组的芦塘坝断裂、莲花山断裂走向北东 25°～45°，倾向北西，倾角 45°～88°。断裂带长 0.45～8km，宽 0.2～30m，主要表现为压性、压扭性质。断裂带中挤压透镜体、片理化、糜棱岩等特征显著，角砾多被红色铁质、泥质物胶结，挤压紧密，孔隙度小，节理呈闭合状，断裂带、节理带不利于地下水活动，富水性和导水性较弱。

个旧断裂、甲界山断裂分别作为东部矿区的西边界、东边界，纵贯整个矿区，在矿区内部并不发育。甲界山断裂是区域性的小江断裂带的南部分支，走向近南北，断裂带宽度可达数百米，由糜棱岩及其影响带（碎斑岩、碎粒岩、碎裂岩）组成，对地下水的隔挡作用较大，富水性、导水性较弱。断裂具压扭-张扭性质。沿断裂破碎带溶洞、裂隙较发育，甲界山断裂虽对区域成矿作用及破矿作用影响不大，但它是区内主要的控水构造。

北西向组断裂有大凹断裂、大箐东断裂、黑码石断裂、阿西寨断裂等。断裂带多由破碎角砾岩及节理破碎带构成，角砾大小不等，以棱角状—次棱角状为主，胶结物为钙质胶结，断面较粗糙，具压扭-张扭性质。北西向节理裂隙、断裂构造带以松弛、张裂开放状态为主，孔隙度较大，有利于地下水活动，是地下水渗透、储存的主要场所。坑道揭露的滴水区、涌水点多数分布在西向和近南北向这两组断裂、节理裂隙带上或与北东向组节理交会的部位。

东西向组的麒麟山断裂、个松断裂、背阴山-炸药库断裂、马吃水断裂、高阿断裂，走向近东西，倾向南或北，倾角 70°～90°。断裂破碎带长 6～12km，宽 0.5～30m。断面光滑平整，近水平擦痕，角砾大小不均，次磨圆状—次棱角状，胶结物多为红色铁质和泥质胶结物，沿断裂破碎带挤压透镜体及破碎带发育，具有压扭-张扭性质、多期构造活动特征，对成矿花岗岩产状、形态及地下水活动具有一定的控制作用。

3）矿区岩浆岩

矿区地表无岩浆岩出露，地表以下 1200～1400m，标高 900～1600m 深处有隐伏花岗岩体。岩体侵入层位最高为个旧组卡房段第六层，最高突起点标高 2100m。岩性为灰白色细-中粒黑云母花岗岩，总体呈东西向的簸箕状，即南、西、北三面高，东面低的簸箕状凹槽产出。岩体因受褶皱及断裂构造的控制，表面形态复杂，形成相对凸起的岩脊、岩枝、岩脉和相对低凹的岩盆、岩槽、凹槽等形态，这些形态不仅为成矿提供了条件，亦对地下水的径流、汇集起到了显著的控制作用。在花岗岩突起以上的岩层中，地下水活动主要受断裂、节理裂隙及岩溶的控制，地下水活动的强径流区（带）一旦被坑道揭露则成为地下（矿坑）水的主要排泄区。在花岗岩体附近，地下水活动则受岩体形态的控制，突起的花岗岩岩脊构成地下水的局部分水岭，相对低凹的槽状部位构成了盆槽状汇水-蓄水型控水构造。

4.2.2.3 云南个旧 G 矿田水文地质特征

矿区位于红河水系与南盘江水系的分水岭地段，地表分水岭位于平顶山—莲花山—鸡关山—轿顶山。区内大面积出露个旧组碳酸盐岩，地表岩溶较为发育，地层富水性强。地下水的运动总是朝着海拔较低的侵蚀基准面排泄。红河海拔 150m，南盘江海拔 1300m，相对而言，红河峡谷更低，地下水为适应深切的红河排泄基准面，岩溶不断向深部发育，地下水溯源侵蚀速度也更快，使区域上地下水分水岭较地表分水岭向北偏移约 20km。矿区处于地下水分水岭以南，地下水整体由北向南径流排泄，红河为矿区所在区域水文地质单元的最低排泄基准面。

1）矿区地层及其富水性

矿区地表主要出露马拉格段（T_2g^2）和卡房段（T_2g^1）碳酸盐岩地层，其中，马拉格段主要为厚层至中厚层状白云岩，其第二层、第四层局部夹白云质石灰岩透镜体；卡房段第四层、第六层为石灰岩与灰质白云岩互层，第三层、第五层为中厚层状石灰岩、含泥质石灰岩夹白云岩。个旧组碳酸盐岩分布于整个矿段，总厚度大于 1000m，岩溶发育，富水性强，是区内主要透水含水层。矿体围岩为个旧组卡房段第五层碳酸盐岩，岩溶地下水是矿床的主要充水水源。

2）矿区地下水补给-径流-排泄特征

矿区以个旧断裂为西部边界，甲界山断裂为东部边界，个松断裂为北部边界，背阴山-炸药库断裂为南部边界，面积为 31.07km^2。区内主要出露三叠系中统个旧组岩溶含水层，受断裂和矿区内部褶皱等构造的影响，岩溶洼地、溶孔、溶洞等岩溶现象发育强烈，形成典型的岩溶洼地、岩溶漏斗和溶蚀残丘等岩溶地貌。

矿区无地表水系发育，地势中间高四周低，属强切割中山地貌区，山坡坡度一般为 15°～20°。大气降水是地下水的主要补给来源，以散流状垂直渗透补给为主。矿区 1997—2017 年平均降水量为 987.97mm，历年降水多集中在每年的 5 月至 10 月，占年降水量的 83%以上。在构造、地形等因素的控制下，地下水经岩溶洼地、落水洞、断层、岩溶裂隙等一系列的导水通道径流至矿区深部，矿区深部岩浆岩起到一定的隔水作用，控制着深部地下水的径流情况。地下水从北、西、南 3 个方向向矿区深部汇集，然后向东部流走，这构成了该区域地下水活动的总体特征和规律。

矿区地处分水岭山脊北部斜坡地带，地势高于大屯盆地及红河侵蚀基准面 1200～2500m，无地表河流等地表水系发育，大气降水是个旧 G 矿田地下水主要补给来源。地表侵蚀洼地、岩溶漏斗、落水洞、裂隙是接收并转化大气降水为地下（矿坑）水的主要场所，降水以散流分散的形式汇集，通过落水洞、溶洞等直接流入或灌入，在短时间内通过畅通的途径补给，降水入渗量达降水量的 60%以上。在小雨至中雨的情况下，雨水在岩层近地表部位的运动，因地表岩溶和第四系松散层的缓冲作用，以散流状垂直渗透补给为主，经过较长时间的渗透，向下部管道状岩溶通道汇集，并伴随一定的滞后现象。在大暴雨条件下，降水强度往往超过地表降水入渗速度，易形成地表径流，并汇集于低洼地带，以较强的水动力条件，通过岩溶通道集中灌入地下。地表径流和地下水间转化时间仅需数小时，矿坑涌水量变化表现为暴涨暴落，持续时间短，水流携砂量大，流量可达正常矿坑涌水量的数十倍。因此，暴雨作为充水水源对矿坑充水具有较大的威胁。

在岩溶含水系统中，由于局部流与整体流的不一致性，雨季地表落水洞、岩溶漏斗、岩溶管道迅速、大量地吸收降水及地表水，使岩溶水水位迅速抬升，在向下流动的同时，还向周围裂隙网络扩散、渗透；旱季岩溶管道中形成水位凹槽，而周围裂隙网络保持高水位，水流沿着垂直于岩溶管道方向汇流。岩溶水在向下渗透的过程中，当处于地下水位线以上时，一般以垂直运动（渗透）为主；当遇到局部隔水层（矿体）时转为水平运动（上层滞水），越过局部隔水层后，又转为垂直运动；遇到深部隔水层（花岗岩体）或进入含水层时，则转变其流向作水平运动。当岩溶水位于地下水位线以下时，主要为水平（横向）运动，朝着水位较低的方向继续渗透、迁移。岩溶水在沿着溶洞裂隙渗透、运移的过程中，被坑道和钻孔揭露以后，即直接涌入矿坑内成为矿坑水，直接从坑道和钻孔排水系统排泄。坑道和钻孔揭露的涌水点均分布于溶洞、节理裂隙带上，裂隙越发育的地带，涌水点和涌水量越多，对矿床开采的影响就越大。

4.2.2.4 水池模型法预测涌水量在云南个旧G矿田中的应用

1）高峰山矿段双层水池模型概化

A. 边界条件的概化

高峰山矿段位于云南个旧G矿田东南部，南以背阴山-炸药库断裂为界，北至高阿断裂，东以麒阿西断裂为界，西至芦塘坝断裂。

矿段北部近东西向的马吃水断裂总体走向北西75°～85°，倾向南西，倾角为75°～88°，破碎带宽度变化较大，主要由大理岩组成，见有红色铁质和泥质胶结物，为一整体阻水断层。将马吃水断裂设为高峰山矿段双层水池模型的北部隔水边界。

矿段东部麒阿西断裂走向北东，倾向北西，倾角为61°～80°，破碎带宽5～65m，岩性主要为角砾岩、斑岩。麒阿西断裂经历过4个期次的活动，是矿区内二级断裂构造，为一隔水断层。矿区井巷工程建设均在该断层西部，因此以该断层为高峰山矿段双层水池模型的东部隔水边界。

矿段南部，背阴山-炸药库断裂走向近东西，倾向南西。其中，背阴山断裂带宽20～150m，见有断层角砾岩，属张扭性断层；炸药库断裂破碎带宽5～30m，见有构造角砾岩，也属张扭性断层，具隔水性质，两条断层共同组成了高峰山矿段双层水池模型的南部隔水边界。

矿段西部的高峰山为矿段附近最高点，以高峰山为界的地表分水岭影响着大气降水对矿段内部的补给范围及补给量的大小。以该地表分水岭为高峰山矿段双层水池模型的西部边界。

由上述4条边界构成了高峰山矿段双层水池模型的边界。水池模型将水池视为一个灰箱，仅考虑水池的输入与输出关系，矿段内部的微小断裂构造等均忽略不计。由此，将高峰山矿段在平面上概化为一多边形，面积为2.72km^2。

B. 含水层结构的概化

高峰山矿段内主要出露个旧组马拉格段白云岩、白云质石灰岩，在矿区底部赋存大面积的花岗岩，花岗岩的分布情况受构造等因素的控制，构成了矿段底部的隔水边界。高峰山矿段内花岗岩突起，发育标高1500～1700m。个旧组碳酸盐岩在垂向上岩性变化不大，区域岩溶发育在垂向上大致可分为4层，其标高分别为1067～1200m、1290～1380m、1474～1750m和1800～1950m。因岩溶通道发育不均匀，上部地下水对深部地下水的补给有一定的滞后，在垂向上可能会出现多层水位。

高峰山矿段已开拓井巷主要有 1950m、1900m、1800m、1730m 和 1650m 等中段，目前矿区正在向矿段深部的花岗岩开拓新的生产中段。受矿床开采疏干排水的影响，旱季 1800m 中段以上的井巷处于无水状态；雨季，随着大气降水的补给而有地下水涌出，井巷涌水强度随降水强度的变化而变化。

1800m 中段井巷和 1730m 中段井巷主要开拓在个旧组卡房段第五层，结合区域岩溶垂向发育规律及矿区内各地层岩溶发育情况，在距卡房段第五层含水层顶板 35～90m 和 140～246m 处岩溶较为发育，可分为两个岩溶发育层。经过对井巷的垂分剖析，高峰山矿段 1800m 中段井巷平均标高距卡房段第五层含水层顶板 58～80m，1730m 中段井巷平均标高距卡房段第五层含水层顶板 145～150m，即 1800m 中段井巷和 1730m 中段井巷分别开拓于个旧组卡房段第五层的两个不同的岩溶层内（图 4.18，图 4.19）。

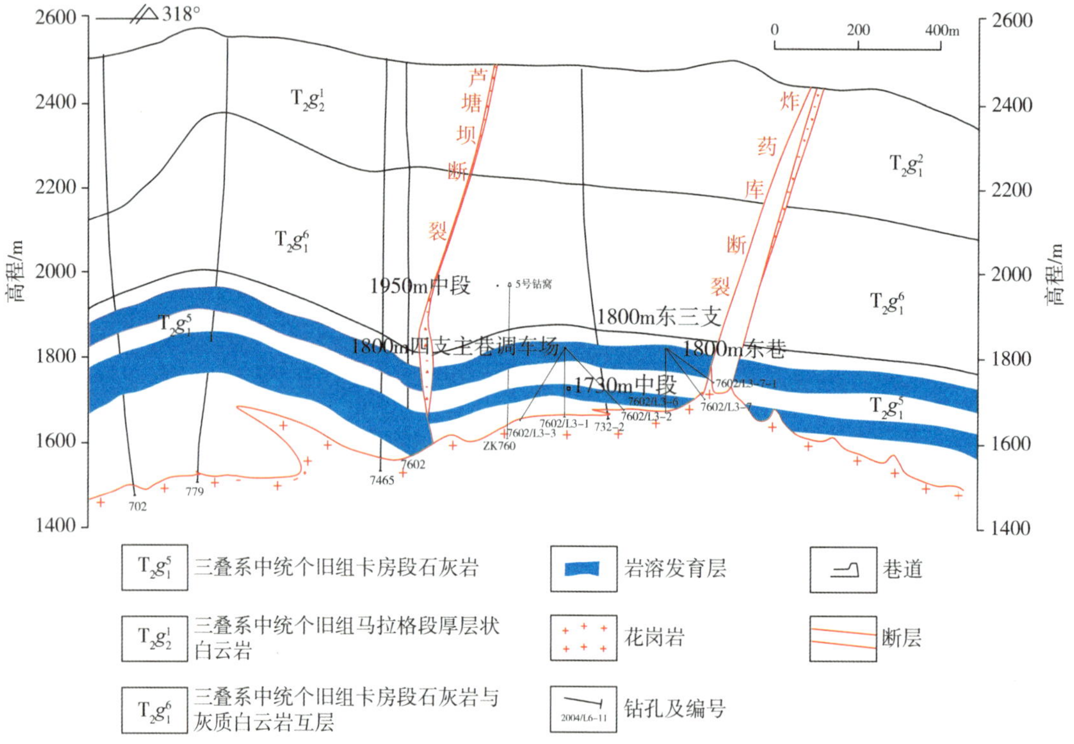

图 4.18　高峰山矿段 L3 线剖面图

在运用水池模型预测矿区涌水量时，将每个岩溶层概化为一个水池，则 1800m 中段和 1730m 中段分属不同的水池。经过较长时间的开采，1800m 以上的中段大部分已成为采空区，因此将 1800m 中段所在水池概化为接受大气降水补给的上部水池，将 1730m 中段所在水池概化为接受上部水池渗流补给的下部水池。两个岩溶层之间的地带（标高 1730～1800m）概化为两个水池之间相互渗流补给的过渡带。

2）高峰山矿段双层水池模型涌水量预测

随着深部井巷的不断开拓和延伸，经过长时间的探采及疏干排水等人为工程活动，矿

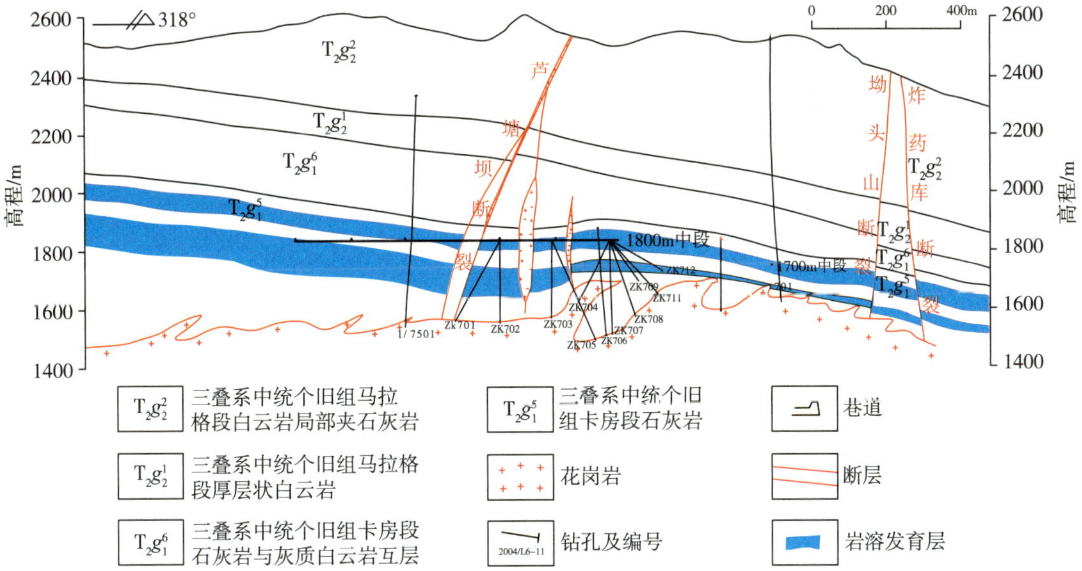

图 4.19　高峰山矿段 L6 线剖面图

区浅部中段大部分已成为采空区，并无涌水，地下水位逐渐下降。2008 年以前，矿区内各矿段均有一套相对独立的采矿和排水系统；2009 年以后，伴随矿区开采和生产规模的不断扩大，各矿段内修建井巷相互连通，处于矿段结合带的井巷较难分清其涌水量的补给范围。因此，选取 2007 年 3 月—2008 年 2 月一整个水文年对处于高峰山矿段和大马芦矿段接合带的 1800m 中段和 1730m 中段进行涌水量计算和拟合。

经过长时间的疏干排水，矿区地表范围内已无泉点出露，1800m 以上的中段已经疏干。旱季，1800m 中段所在的上部水池排泄以消耗静储量为主，在水头差的作用下对 1730m 中段所在水池进行渗流补给；雨季，特别是单点强暴雨之后，大气降水通过矿区地表的岩溶洼地、落水洞等通道灌入式补给地下水，上部水池地下水位骤然升高，涌水量激增，与下部水池之间的水头差加大，对下部水池的渗流补给量也随之动态变化。1730m 中段所在的下部水池在两个水池水头能态差异下，常年接受上部水池的渗流补给，其补给量的大小随两个水池水头差的波动而呈现动态变化。若上部水池被疏干，下部水池代替上部水池而成为接受大气降水补给的水池。

A. 参数选取

(1) 水池面积。根据前人对高峰山矿段的水文地质研究成果及本书模型概化的模拟范围建立高峰山矿段双层水池模型。因上部水池和下部水池所处地层岩性变化不大，其接受补给的范围相同，将模型概化的水池面积视为两个水池及水池之间过渡带的面积之和，即 $F_1=F_2=2.72\text{km}^2$。

(2) 给水度及裂隙带渗透系数。岩溶区岩体的给水度受岩体裂隙的影响，以岩溶裂隙率作为岩体的给水度。前人通过对个旧组岩石取样试验得出岩溶裂隙率为 0.04726，渗透系数为 0.018m/d。

(3) 降水入渗补给。矿区 2007 年 3 月—2008 年 2 月降水量如图 4.20 所示，受地表径流和蒸发等作用的影响，60%的降水入渗补给地下水，因此，降水入渗补给系数为0.6。通过对矿区内涌水量动态变化、钻孔水位变化与大气降水动态变化的对比研究发现，区内涌水量较大气降水存在一定的滞后现象，滞后时间一般为降水过后的半个月左右，单点强暴雨除外。模拟区大气降水对地下水的入渗补给量按式4.36进行计算。

（4）水头损失系数。地下水在流动过程中因摩擦、水动力黏滞等因素存在沿程水头损失和局部水头损失，本书高峰山矿段双层水池模型计算依据前人对岩溶区水头损失计算的经验值，将水头损失系数选取为0.1。

（5）排水孔面积。井巷超前探水孔直径一般为75mm，随着井巷的不断开拓，1800m中段和1730m中段的排水孔的数量在不断增加。排水孔的面积随井巷开拓的实际情况而定。

（6）水头值。在水池模型计算中，水头值是关键的计算参数。水池模型中，水头值随排水时间的增加呈现衰减的趋势，但是在实际的生产过程中，水头值呈现动态变化。因此，在计算的过程中为了避免计算误差，将水头的观测值作为水头计算值。

B. 双层水池涌水量计算

1800m中段的排水孔随着井巷的不断开拓而增加，依据矿区勘查施工的简易水文地质观测资料得出，2007年3月—2008年2月1800m中段平均地下水位为1800.4～1829.0m，随降水量的大小有一定的波动（图4.20，图4.21），井巷平均涌水量为5415.2～44339.9m^3/d。根据钻孔L10-1水位监测资料，1730m中段雨季平均地下水位为1754.6～1759.0m，平均涌水量为42186.526～83264.955m^3/d。

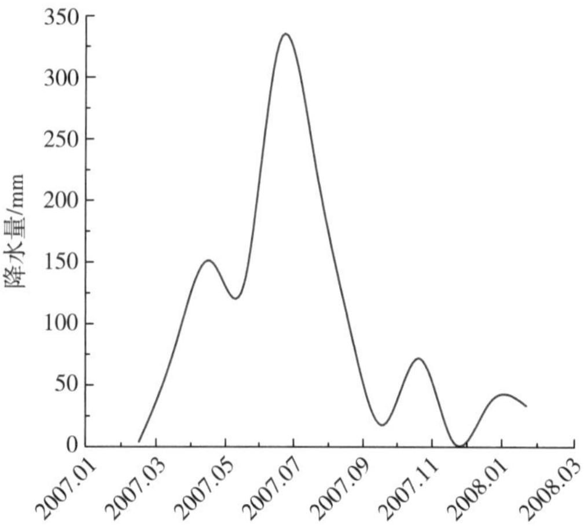

图4.20　2007年3月—2008年2月矿段降水量曲线图

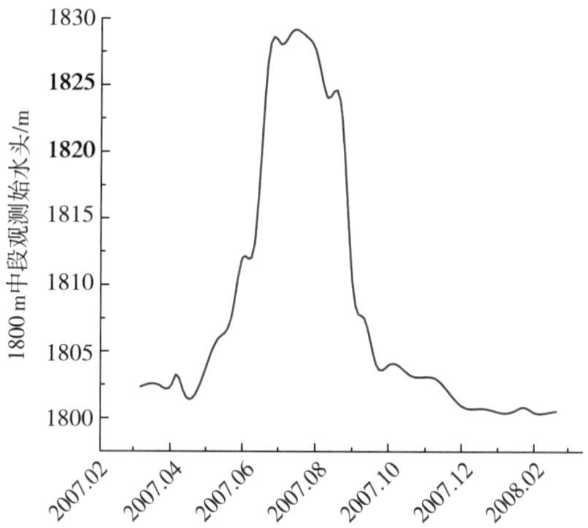

图4.21　2007年3月—2008年2月1800m中段钻孔平均水位动态曲线图

依据前述考虑沿程水头损失情况下的水池模型对高峰山矿段1800m中段和1730m中段建立双层水池模型。

（1）上部水池的计算及拟合。经过分析矿区水文地质条件及监测资料，选取2007年3月—2008年2月一整个水文年为模拟时段，以每个月为计算时间间隔。根据1800m中段的钻孔水位观测值，将前述计算参数代入考虑水头损失情况下的上部水池模型（式4.75至式4.90），分为旱季和雨季两种情况对1800m中段进行了涌水量计算，并与实测涌水量进行对比拟合，结果如表4.2和图4.22所示。拟合结果表明，作为上部水池的1800m中段受大气降水影响较为明显，2007年6月计算结果误差较大，其余月份的计算结果与实测涌水量的误差均在20%以内。

表4.2 2007年3月—2008年2月1800m中段井巷涌水量拟合计算表

日期	计算涌水量/($m^3 \cdot d^{-1}$)	实测涌水量/($m^3 \cdot d^{-1}$)	拟合误差/%	日期	计算涌水量/($m^3 \cdot d^{-1}$)	实测涌水量/($m^3 \cdot d^{-1}$)	拟合误差/%
2007.3	6098.82	5415.2	12.62	2007.9	43021.26	38300.1	12.33
2007.4	6414.06	7231.5	−11.30	2007.10	17050.01	15571.1	9.49
2007.5	18688.34	15912.9	17.44	2007.11	12409.97	13851.2	−10.41
2007.6	23099.05	14229.8	62.32	2007.12	8825.11	10050.0	−12.19
2007.7	31987.39	27290.1	17.21	2008.1	9163.30	8269.8	10.80
2007.8	46986.79	44339.9	5.97	2008.2	7753.43	6543.8	18.49

（2）下部水池的计算及拟合。根据矿区水文监测资料及井巷开拓状态，1730m中段仅有2007年7月和8月的涌水量和钻孔水位的动态监测资料，因此，作为下部水池的1730m中段的计算时段即基于该时段，计算时间间隔以观测孔和涌水量监测时段为基准。将水头观测资料及前述计算参数代入有水头损失的情况下的下层水池模型式（式4.91）中，进行1730m中段涌水量计算，并与实际涌水量进行拟合分析，结果如表4.3和图4.23所示。拟合结果表明，下部水池的补给量受上部水池和下部水池之间水头差的影响，并随上部水池接受大气降水的补给而呈现动态变化。计算涌水量为49255.78～76636.59m^3/d，实测涌水量为42186.526～83261.955m^3/d，计算误差均小于20%。

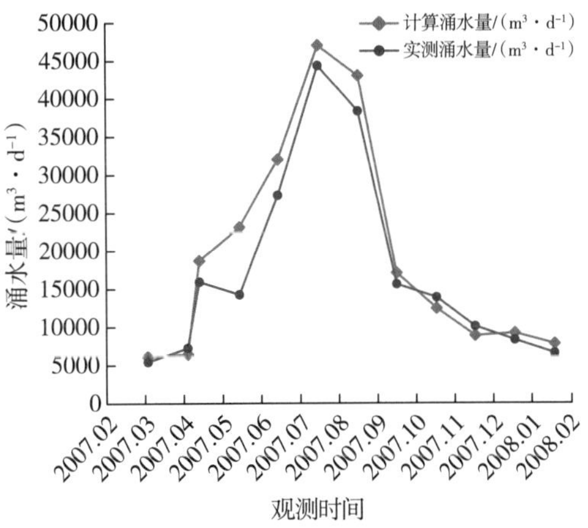

图4.22 1800m中段涌水量实测值与计算值对比曲线图

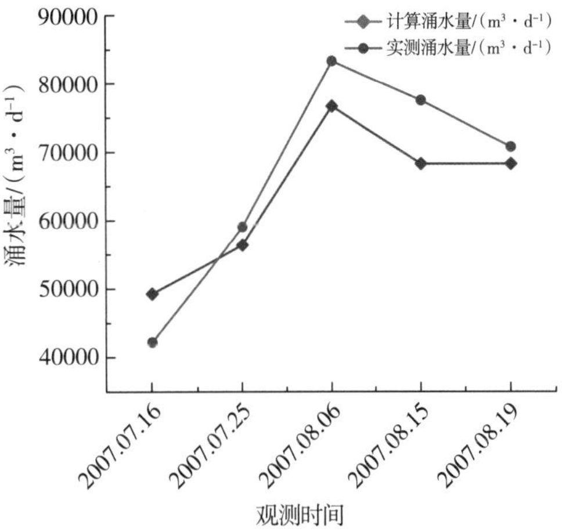

图4.23 1730m中段涌水量实测值与计算值对比曲线图

表 4.3　2007 年 7—8 月 1730m 中段井巷涌水量拟合计算表

日期	计算涌水量/($m^3 \cdot d^{-1}$)	实测涌水量/($m^3 \cdot d^{-1}$)	拟合误差/%
2007.07.16	49255.78	42186.526	16.757
2007.07.25	56397.64	59027.722	−4.456
2007.08.6	76636.59	83261.955	−7.957
2007.08.15	68244.40	77489.600	−11.931
2007.08.19	68232.47	70694.794	−3.483

3）大马芦矿段单层水池模型概化

A. 边界条件的概化

大马芦矿段位于云南个旧 G 矿田东北部，北至个松断裂，南抵马吃水断裂，西至莲花山断裂，东达麒阿西断裂。

大马芦矿段北部近东西向的个松断裂在西部向南倾，东部向北倾，倾角为 70°～90°，局部断裂破碎带宽 50m，见构造角砾岩等发育，为一整体阻水断层。将个松断裂设为大马芦矿段单层水池模型的北部边界。

大马芦矿段东部麒阿西断裂走向北东，倾向北西，倾角为 61°～80°，断裂破碎带宽 5～65m，岩性主要为角砾岩、斑岩。麒阿西断裂经历过 4 个期次的活动，是矿区内二级断裂构造，为隔水断层。矿区井巷工程活动均在该断层西部，因此以该断层为大马芦矿段单层水池模型的东南部边界。

大马芦矿段南部马吃水断裂总体走向为北西 75°～85°，倾向南西，倾角为 75°～88°，断裂破碎带宽度变化较大，主要由大理岩组成，见有红色铁质和泥质胶结物，为一整体阻水断层。将马吃水断裂设为大马芦矿段单层水池模型的南部边界。

大马芦矿段西部的地表分水岭影响着大气降水的汇水范围，将地表分水岭设为大马芦矿段单层水池模型的西部边界（图 4.24，图 4.25）。

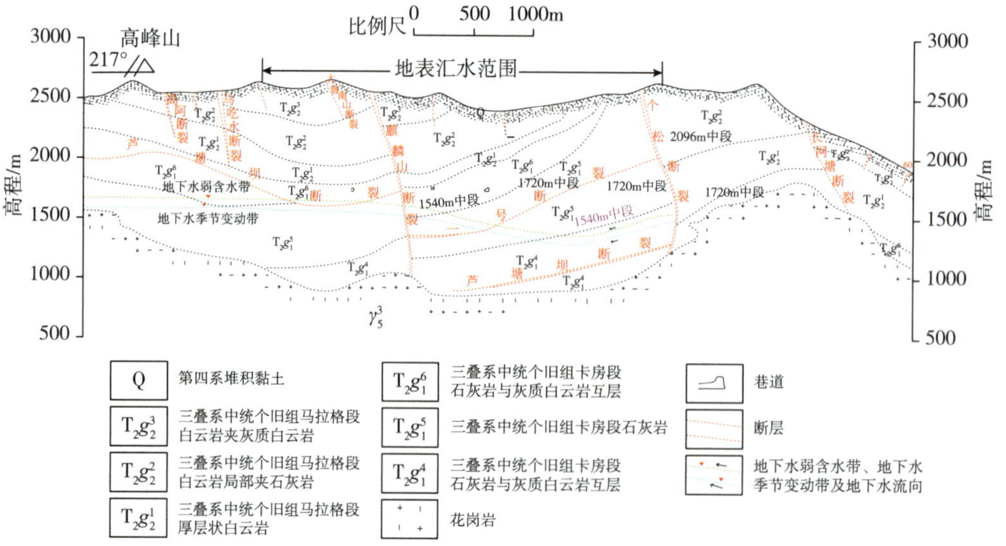

图 4.24　大马芦矿段水文地质剖面图 1

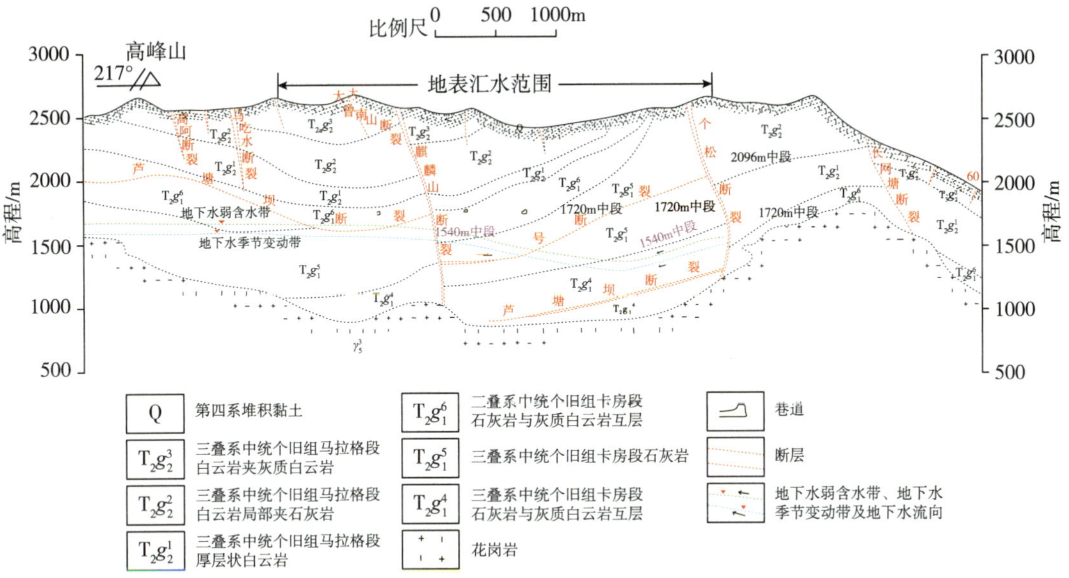

图 4.25 大马芦矿段水文地质剖面图 2

由以上 4 条边界构成了矿段概念模型的边界。矿段内部尚有北东向的芦塘坝断裂、北西向的马吃水断裂、大箐东断裂等，都属于矿段内部构造，并且有人为通道导通断层，因此在计算过程中将忽略此类断层的影响。在平面上，将大马芦矿段概化为一多边形，面积为 9.8km^2。

B. 含水层结构的概化

大马芦矿段大面积出露个旧组卡房段、马拉格段碳酸盐岩，矿体主要赋存于卡房段第五层（$T_2g_1^5$）和第六层（$T_2g_1^6$）中，岩性主要为灰质白云岩、白云质石灰岩、大理岩，地层岩性化学成分以 CaO 为主，MgO 次之。在近地表范围内（标高 1900～2550m），岩溶洼地、岩溶裂隙、落水洞等较为发育，岩溶率达 2.00%～6.59%；随着深度的增加，岩溶发育减弱，呈不均匀发育。在矿段底部赋存大面积的花岗岩，花岗岩的分布情况受构造等因素的控制，顶部标高 1000～1300m，局部地段高于 1360m 中段井巷。

大马芦矿段已开拓井巷主要有 1720m、1690m、1660m、1630m、1540m、1360m 等中段，1540m 中段井巷主要开拓在个旧组卡房段第六层，岩性主要为灰色中厚层状微晶石灰质白云岩与微晶石灰岩互层，属于区域上的第二层岩溶层内。

随着深部中段井巷的不断开拓和延伸，经过长时间的探采及疏干排水等人为工程活动，矿区浅部 1720m 中段以上大部分为采空区，并无涌水，地下水位逐渐下降，在 1540m 中段形成了 6 个较为稳定的排泄点（图 4.26）。因矿区内排水平台的连通，1360m 中段受其他矿区排水的影响，涌水量资料较难辨别；1540m 中段经过较长时间的开拓和排水，已趋于稳定。由于 2010 年以后，1540m 中段施工的钻孔已不再涌水，大马芦矿段单层水池模型计算选取 2009 年 1540m 中段井巷涌水情况进行动态计算，将其概化为接受大气降水补给的单层水池。

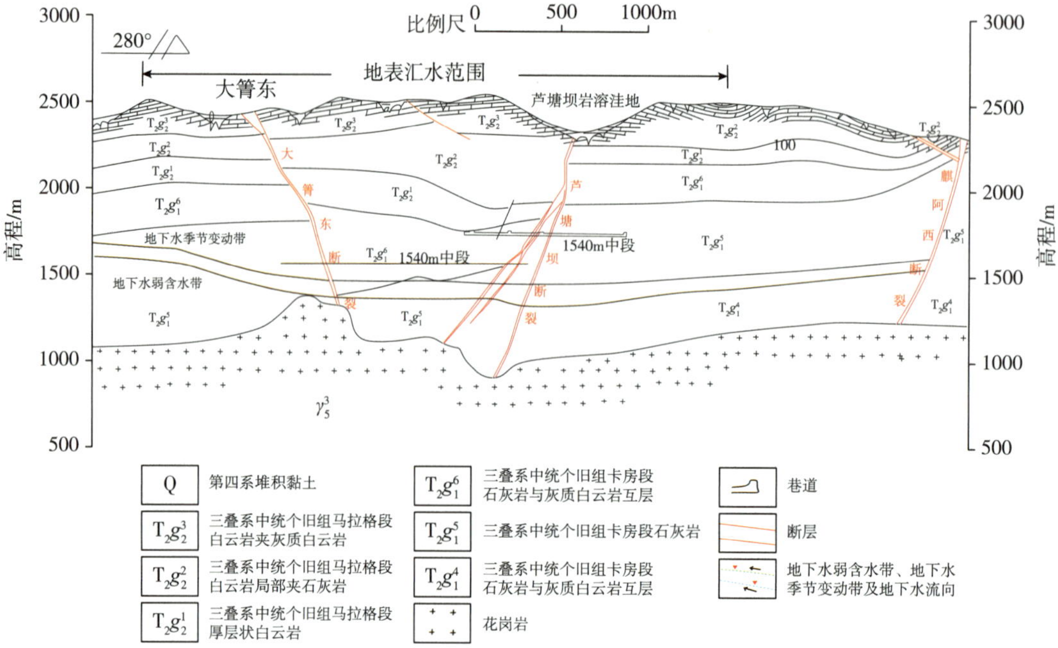

图 4.26 大马芦矿段 1540m 中段平面图

4）大马芦矿段单层水池模型涌水量预测

依据矿区勘查施工的简易水文地质观测资料得出，2009 年 1540m 中段平均地下水位为 1540.7～1542.4m，平均涌水量为 39804.1～44078.4m^3/d，排水孔水压较大。岩芯较完整，在施工过程中局部矿段钻遇溶洞，发生掉钻现象。

A. 参数选取

（1）降水入渗补给。因地表径流和蒸发作用的影响，矿区旱季有效降水量可忽略不计，仅雨季降水会形成有效的地下水补给量。根据长期水文监测统计，矿区约 60％的降水经过岩溶漏斗、溶隙、岩溶管道等通道渗入地下，并伴随一定的滞后效应，一般涌水量的峰值比降水峰值晚半个月左右。因此，降水入渗补给系数为 0.6。随着矿区勘探的深入，采空区不断扩大，暴雨后一天矿坑涌水量可迅速增大，随后逐渐减小至消失，具有暴涨暴落的特点。矿坑雨季最大涌水量一般为旱季最大涌水量的 11.7～55.5 倍，最高可达 176.2 倍。2009 年矿区降水情况如图 4.27 所示，为避免降水滞后效应的影响，选取每月的前半个月的降水量作为大气降水补给量进行计算。

（2）水池面积。根据前人对大马芦矿段的水文地质研究成果及此次模型概化的模拟范围建立大马芦矿段单层水池模型，水池面积 $F=9.8km^2$。

（3）给水度及裂隙带渗透系数。云南个旧 G 矿田大面积出露个旧组，各矿段岩性变化不大，岩石的给水度和渗透系数选取前人对岩石取样试验得出的岩溶裂隙率 0.04726，渗透系数为 0.018m/d。

（4）水头观测值。经过长时间的疏干排水，1540m 中段水位基本趋于稳定。2009 年 1—12 月，1540m 中段钻孔水位平均观测值为 1540.7～1542.5m（图 4.28）。

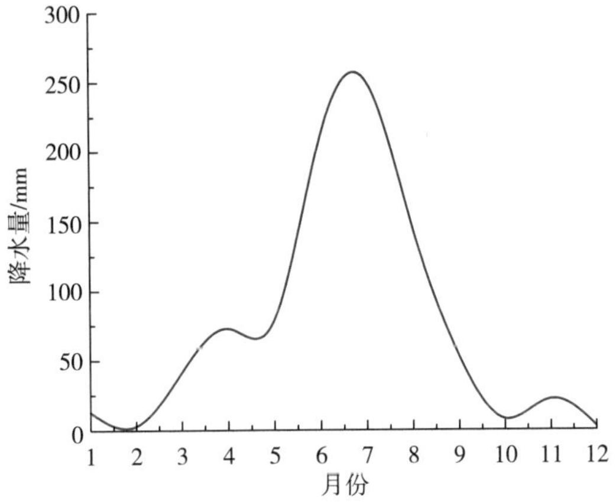

图 4.27 2009 年矿区降水量曲线图

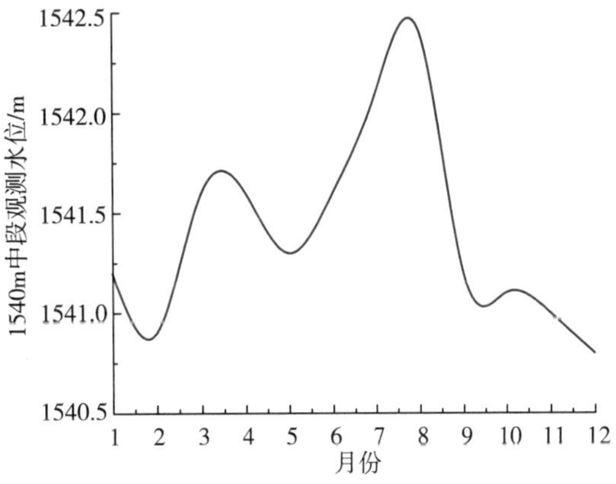

图 4.28 2009 年 1540m 中段平均水位图

(5) 排水孔面积。矿山开拓过程中，排水孔均为直径为 75mm 的钻孔，每个排水孔面积为 0.004416m^2。长时间的疏干排水之后，排水孔个数基本稳定为 6 个。排水孔的总面积为 0.0265m^2。

B. 单层水池涌水量计算

选取 2009 年 1—12 月一整个水文年为计算时段，以每个月为时间间隔，将前述计算参数代入考虑沿程水头损失情况下的单层水池模型（式 4.75 至式 4.91），对大马芦矿段 1540m 中段涌水量进行计算，并与实测涌水量进行拟合，结果如表 4.4 和图 4.29 所示。计算结果表明，该水池受大气降水影响较为明显，计算涌水量为 5618.18～19890.94m^3/d，实测涌水量为 6619.2～17625.6m^3/d，计算误差均小于 20%。

表 4.4 2009 年 1—12 月 1540m 中段井巷涌水量拟合计算表

时间	计算涌水量/($m^3 \cdot d^{-1}$)	实测涌水量/($m^3 \cdot d^{-1}$)	拟合误差/%	时间	计算涌水量/($m^3 \cdot d^{-1}$)	实测涌水量/($m^3 \cdot d^{-1}$)	拟合误差/%
1 月	7216.60	8812.80	−18.11	7 月	17701.81	14092.80	12.85
2 月	6326.72	7446.40	−15.04	8 月	19890.94	17625.6	19.23
3 月	9067.60	11047.38	−17.92	9 月	13488.97	11313.7	−5.73
4 月	9091.14	11016.50	−17.48	10 月	9630.41	10216.0	−18.29
5 月	11517.99	12923.20	−10.87	11 月	6377.08	7804.6	−15.12
6 月	12703.83	13084.20	−2.91	12 月	5618.18	6619.2	15.12

5) 拟合结果分析

水池模型适用于以岩溶管道流、溶隙流为主的矿区，通过对矿区平面及垂向岩溶发育分带进行模拟计算井巷涌水量。

云南个旧 G 矿田所在区域位于古近纪夷平面上，自地质历史时期至今共发育 4 层岩溶。矿田内部大面积出露个旧组岩溶含水层，岩溶沿断裂带不同程度发育，在断层交会处发育强烈。矿体围岩主要为个旧组卡房段第五层石灰岩，部分围岩为个旧组卡房段第六层白云岩与石灰岩互层。通过钻孔及坑道编录资料得出，在距个旧组卡房段第五层石灰岩顶板 35～90m 和 140～246m 范围内岩溶较为发育，可将其划分为两个岩溶发育亚段。在水池模型中，将每个岩溶发育亚段概化为一个水池。

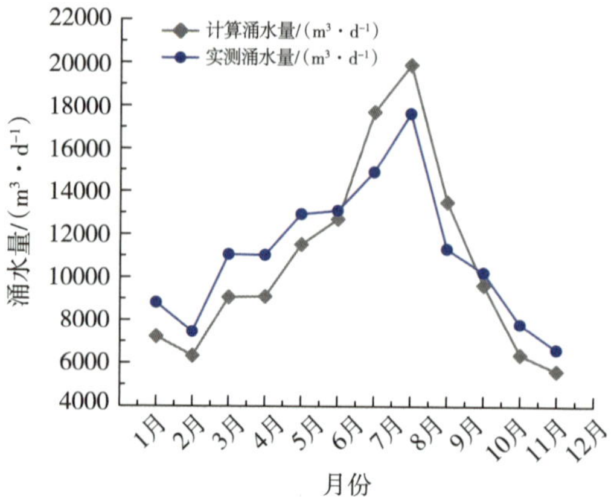

图 4.29　2009 年 1540m 中段涌水量计算值与实测值对比曲线图

云南个旧 G 矿田矿体处于区域排泄基准面以上，矿床主要充水水源为大气降水与地下水，矿区对钻孔水位及涌水量的监测频率为半个月左右一次，雨季监测频率有所增加。在使用水池模型进行井巷涌水量拟合计算时，选取钻孔水位动态监测的平均值作为水池的水头值，以每个月或以观测时间段为时间间隔进行计算的，计算结果仅代表计算时段内井巷涌水量的平均值。

本书分别选取了高峰山矿段 1800m 中段和 1730m 中段井巷开拓过程中的钻孔水位及井巷涌水量观测值，以及大马芦矿段中段经过长时间疏干排水后，钻孔水位和出水点面积趋于稳定的 1540m 中段井巷涌水量观测值，使用水池模型进行涌水量计算和拟合。结果得出除个别点拟合结果误差较大外，其余计算值与实测值误差均控制在 20％以内，可以为之后的矿山开拓过程中的涌水量预测提供一定的参考。

通过实例验证得出，在使用水池模型预测涌水量时，需详细调查矿区的岩溶发育特征，建立合适的概念模型；需综合矿坑开拓过程中的动态监测资料对新开拓井巷进行涌水量预测。

5 井巷出水法

井巷出水法是本书提出的全新的涌水量计算方法，以单个井巷为研究对象，基于井巷流场特点，结合围岩的渗透特性及井巷的几何特征分段计算井巷涌水量，并将全部井巷的涌水量累加，得出该井巷最终的涌水量。本书根据井巷充水条件，分别建立底板直接充水型预测模型和岩溶层开拓充水型预测模型。

5.1 底板直接充水型

5.1.1 预测模型推导

底板直接充水型的井巷出水法涌水量预测模型是基于井底进水的承压非完整井模型改进的全新的涌水量计算公式。不同于人井法，该模型以单个井巷为研究对象，研究每个井巷流场特点，推导出涌水量计算公式，再通过全部井巷的累加得出最终涌水量。

一般矿区采掘井巷模式，单条井巷空间展布图如图 5.1 所示。

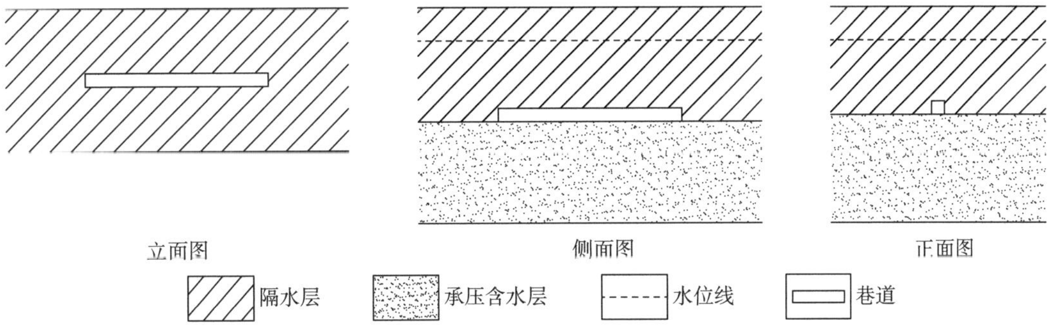

图 5.1 井巷空间展布图

为矿山生产安全，开采必须把地下水位线降至井巷底板以下，此时的井巷可以看作以井巷长度为长、井巷宽度为宽的长方体抽水井，地下水断面则可以视为以井巷长度方向为椭圆柱体而井巷两端为对称的椭球体。底板直接充水型井巷具体流场与流线如图 5.2 所示。

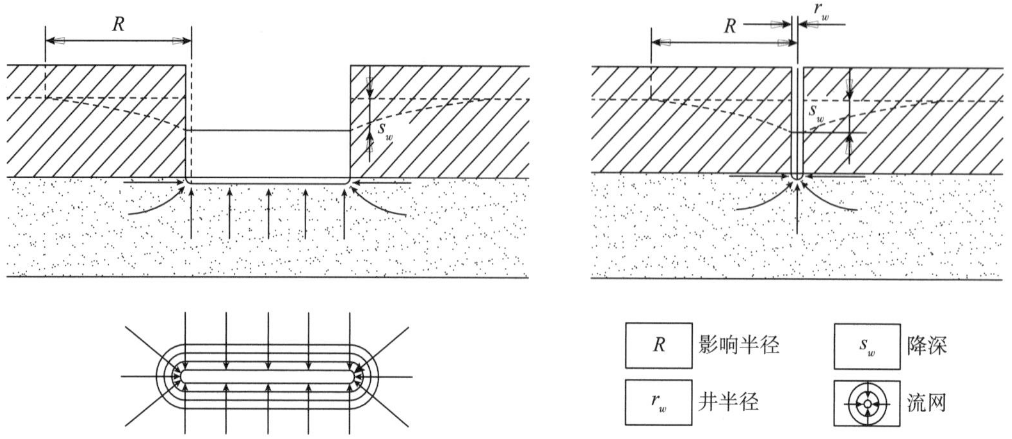

图 5.2　底部进水的承压水非完整井巷流场与流线示意图

用微分原理可以把井巷视为很多连续的承压水非完整井巷，无数的承压水非完整井巷的流网系统组合在一起就可以形成椭球柱体状过水断面。当抽水量无限大、影响范围无限大时，平面上看到的流场等同于椭圆面。

在井巷开拓过程中，当井巷底面揭露承压含水层，亦即井巷顶部为富水性弱的隔水层时，井巷系统可以看成底部涌水的非完整抽水井。由于岩溶地层各向异性十分显著，渗透张量对地下水渗流的过流断面起着决定性作用，对于稳定流，依据达西定律，在底部进水的半无限承压含水层中过水断面形状近似等于渗透椭球体的下半面，并非球形。因此，需要对各向同性介质组成的非完整抽水井模型的半球形过水断面进行修正，以便获得较为精确的水量计算公式。底板直接充水型矿坑透水方式以井巷底部单面进水为主，考虑岩溶各向异性的情形，井巷底面过水断面应为半椭圆柱面的形式（图 5.3），过水断面的弧度主要由垂直于井巷掘进方向的渗透椭球面展布方向所控制，其涌水量与井巷长度成正比（图 5.4）。

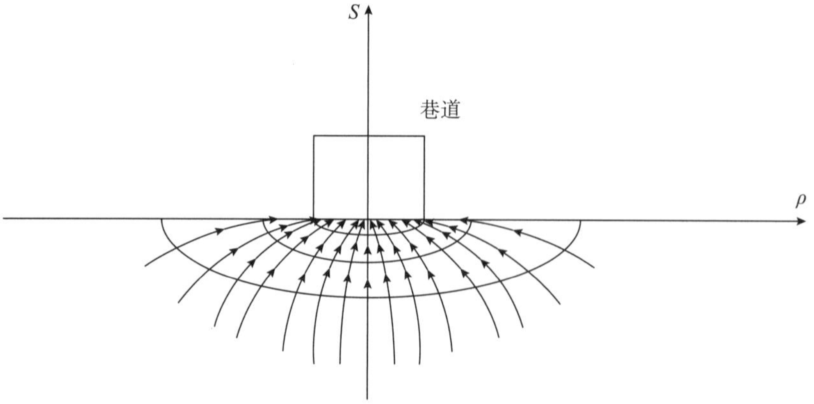

图 5.3　井巷底部突水示意图

S—垂向；ρ—渗透椭球所在平面

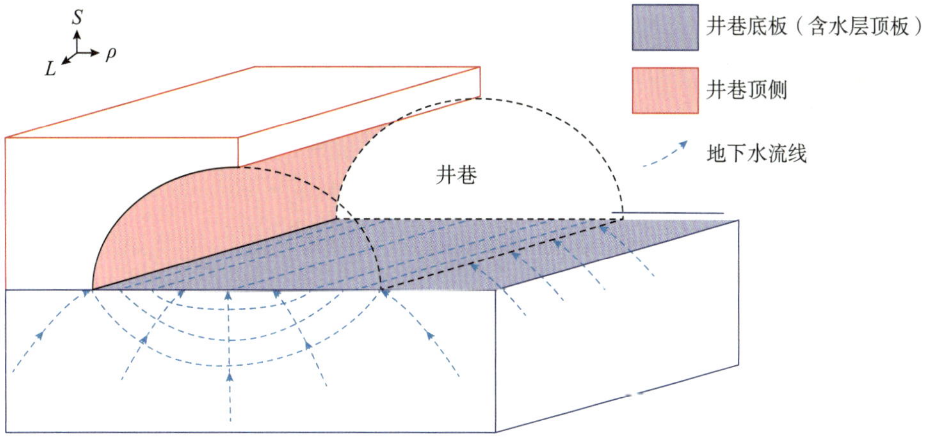

图 5.4　井巷底板地下水流场图

对于渗透张量主平面在水平方向的椭球而言，不同井巷展布方向将促使相对应的渗透椭球面随之改变，井巷朝向决定渗透平面椭圆的切面形状。假定渗透平面椭圆长轴轴长为 a，短轴轴长为 b，长轴与垂直井巷掘进方向的夹角为 α，垂直井巷掘进方向在渗透平面椭圆投影轴长为 r（图 5.5）。

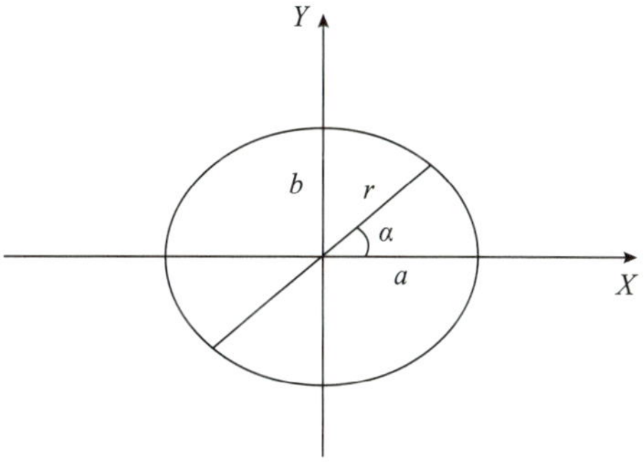

图 5.5　渗透平面椭圆示意图

渗透张量平面椭圆方程为

$$\frac{x^2}{a^2}+\frac{y^2}{b^2}=1 \tag{5.1}$$

式中，x 为渗透平面椭圆长轴轴向；y 为渗透平面椭圆短轴轴向；a 为渗透平面椭圆长轴轴长；b 为渗透平面椭圆短轴轴长。将长轴轴向、短轴轴向转化为极坐标函数，即 $x=r\cos\alpha$、$y=r\sin\alpha$，则式 5.1 为

$$\frac{r^2\cos^2\alpha}{a^2}+\frac{r^2\sin^2\alpha}{b^2}=1 \tag{5.2}$$

解得

$$r=\sqrt{\frac{a^2b^2}{b^2\cos^2\alpha+a^2\sin^2\alpha}} \tag{5.3}$$

设：

$$\lambda_1=\frac{a}{b}，\lambda_2=\frac{a}{c} \tag{5.4}$$

式中，c 为渗透椭球垂向轴长。由此可反求得不同 α 角度的渗透椭球三轴关系：

$$a=r\sqrt{\cos^2\alpha+\lambda_1^2\sin^2\alpha} \tag{5.5}$$

$$b=\frac{r}{\lambda_1}\sqrt{\cos^2\alpha+\lambda_1^2\sin^2\alpha} \tag{5.6}$$

$$c=\frac{r}{\lambda_2}\sqrt{\cos^2\alpha+\lambda_1^2\sin^2\alpha} \tag{5.7}$$

垂直井巷掘进方向的立面椭圆如图 5.6 所示，图 5.6 中椭圆弧长微分：

$$dl = \sqrt{r^2\sin^2\theta + c^2\cos^2\theta}\,d\theta \tag{5.8}$$

引用罗居刚等（2007）研究成果，可得出椭圆近似周长：

$$L = \pi[1.5(r+c) - \sqrt{rc}\,] \tag{5.9}$$

由式 5.7、式 5.9 可得：

$$L = \pi r\left\{1.5\left[1+\left(\frac{1}{\lambda_2}\right)(\cos^2\alpha+\lambda_1^2\sin^2\alpha)^{\frac{1}{2}}\right]-\left(\frac{1}{\lambda_2}\right)^{\frac{1}{2}}(\cos^2\alpha+\lambda_1^2\sin^2\alpha)^{\frac{1}{4}}\right\} \tag{5.10}$$

长条形井巷底板进水时，地下水将由远处向垂直于井巷的方向流动，补给强度由渗透椭球主轴所在方向及含水层中由观测点到井巷出水点的水头差所决定，对于距离很远的点，则主要由井巷中心点与观测点距离和两点水头差决定。取单位井巷长度（单位长度为1m）进行考察，井巷底板进水面为椭圆柱面（图 5.7），此时过水椭圆柱断面面积为

$$A = L\cdot 1 = \frac{r}{2}\pi\left\{1.5\left[1+\left(\frac{1}{\lambda_2}\right)(\cos^2\alpha+\lambda_1^2\sin^2\alpha)^{\frac{1}{2}}\right]-\left(\frac{1}{\lambda_2}\right)^{\frac{1}{2}}(\cos^2\alpha+\lambda_1^2\sin^2\alpha)^{\frac{1}{4}}\right\} \tag{5.11}$$

令 $\rho=\frac{r}{2}$，$\beta=\pi\left\{1.5\left[1+\left(\frac{1}{\lambda_2}\right)(\cos^2\alpha+\lambda_1^2\sin^2\alpha)^{\frac{1}{2}}\right]-\left(\frac{1}{\lambda_2}\right)^{\frac{1}{2}}(\cos^2\alpha+\lambda_1^2\sin^2\alpha)^{\frac{1}{4}}\right\}$，则

$$A = \rho\beta \tag{5.12}$$

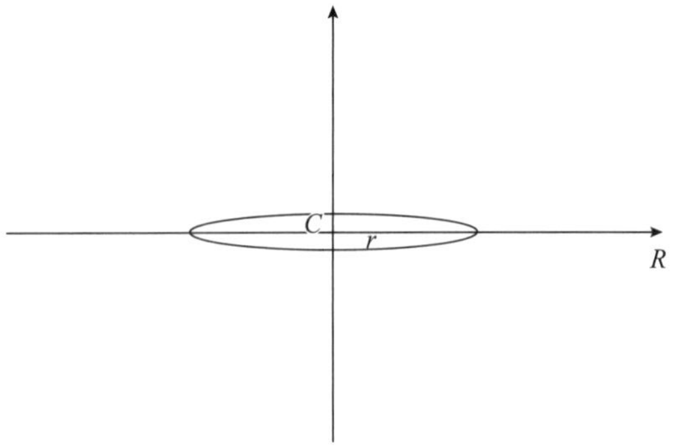

图 5.6　立面渗透椭圆示意图

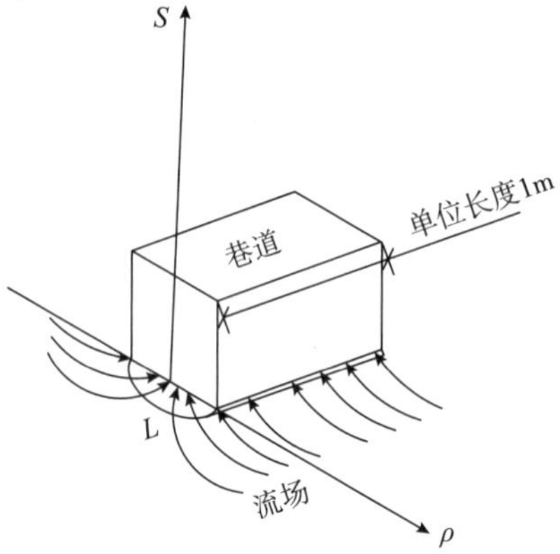

图 5.7　单位长度井巷突水示意图

由达西定律可得地下水向井巷运动的微分方程：

$$dQ = K_\alpha A\frac{ds}{dp} = K_\alpha\rho\beta\frac{ds}{dp} \tag{5.13}$$

对式 5.13 分离变量，由井巷侧边缘向远处观测点做定积分，有：

$$Q\int_{f_w}^{R}\frac{1}{\rho}dp = K_\alpha\beta\int_{h_w}^{H_0}ds \tag{5.14}$$

解积分方程，得

$$Q = \frac{K_\alpha\beta(H_0-h_w)}{\ln\left(\frac{R}{r_w}\right)} = \frac{K_\alpha\beta s_w}{\ln\left(\frac{R}{r_w}\right)} \tag{5.15}$$

式中，Q 为流量，单位为 m^3/s；R 为影响距离，单位为 m；r_w 为井巷宽度之半，单位为 m；S_w 为井中水位降深，单位为 m，$S_w=H_0-h_w$；K_α 为垂直井巷掘进方向的渗透系数，单位为 m/d。

二维条件下渗透椭圆方程为（张有天，2005）：

$$\frac{x^2}{\left(\frac{1}{\sqrt{k_x}}\right)^2}+\frac{y^2}{\left(\frac{1}{\sqrt{k_y}}\right)^2}=1 \tag{5.16}$$

式中，$\frac{1}{\sqrt{k_x}}$为椭圆短半径，$\frac{1}{\sqrt{k_y}}$为椭圆长半径。把式 5.16 扩展到三维空间，对照式 5.1，由 $K=\sqrt[3]{K_xK_yK_z}$、$K_y=\frac{a^2K_x}{b^2}$、$K_z-\frac{a^2K_x}{c^2}$有

$$K=\sqrt[3]{K_xK_yK_z}=\sqrt[3]{\frac{a^4}{b^2c^2}K_x^3}=\sqrt[3]{\frac{a^4}{b^2c^2}}K_x \tag{5.17}$$

$$K_x=\sqrt[3]{\frac{b^2c^2}{a^4}}K \tag{5.18}$$

同理可以得：

$$K_y=\sqrt[3]{\frac{a^2c^2}{b^4}}K，K_z=\sqrt[3]{\frac{a^2b^2}{c^4}}K \tag{5.19}$$

式中，K 为试验获取的渗透系数，单位为 m/d；K_x、K_y、K_z 分别为 X、Y、Z 方向的渗透系数，单位为 m/d。联立式 5.3、式 5.18、式 5.19 可得

$$K_\alpha=\sqrt{\frac{\left(\frac{1}{K_x^2}\right)\left(\frac{1}{K_y^2}\right)}{\left(\frac{1}{K_y^2}\right)\cos^2\alpha+\left(\frac{1}{K_x^2}\right)\sin^2\alpha}}=K\sqrt{\frac{\left(\frac{a^2b^2}{c^4}\right)^{\frac{2}{3}}}{\left(\frac{b^4}{a^2c^2}\right)^{\frac{2}{3}}\cos^2\alpha+\left(\frac{a^4}{b^2c^2}\right)^{\frac{2}{3}}\sin^2\alpha}} \tag{5.20}$$

令

$$\varphi=\sqrt{\frac{\left(\frac{a^2b^2}{c^4}\right)^{\frac{2}{3}}}{\left(\frac{b^4}{a^2c^2}\right)^{\frac{2}{3}}\cos^2\alpha+\left(\frac{a^4}{b^2c^2}\right)^{\frac{2}{3}}\sin^2\alpha}} \tag{5.21}$$

则

$$K_\alpha=\varphi K \tag{5.22}$$

联立式 5.15 和式 5.22 可得涌水量计算公式：

$$Q'=\frac{\varphi K\beta s_w}{\ln\left(\frac{R}{r_w}\right)} \tag{5.23}$$

累加每条井巷的涌水量，可得最终涌水量公式：

$$Q=\frac{\sum_{i=1}^{n}\varphi_iK\beta_is_w}{\ln\left(\frac{R}{r_w}\right)} \tag{5.24}$$

式中，

$$\varphi_i=\sqrt{\frac{\left(\frac{a^2b^2}{c^4}\right)^{\frac{2}{3}}}{\left(\frac{b^4}{a^2c^2}\right)^{\frac{2}{3}}\cos^2\alpha_i+\left(\frac{a^4}{b^2c^2}\right)^{\frac{2}{3}}\sin^2\alpha_i}} \tag{5.25}$$

$$\beta_i=\pi l_i\left\{1.5\left[1+\left(\frac{1}{\lambda_2}\right)(\cos^2\alpha_i+\lambda_1^2\sin\alpha_i)^{\frac{1}{2}}\right]-\left(\frac{1}{\lambda_2}\right)^{\frac{1}{2}}(\cos^2\alpha_i+\lambda_1^2\sin^2\alpha_i)^{\frac{1}{4}}\right\} \tag{5.26}$$

5.1.2 底板直接充水型井巷出水法的实例验证

贵州贞丰 H 金矿矿区矿井中井巷仅揭露二叠系下统茅口组巨厚层石灰岩顶部或蚀变体，井巷顶部为二叠系上统龙潭组厚层黏土岩，龙潭组为隔水层，井巷涌水主要以底部涌水为主，可分段计算矿区井巷系统涌水量。矿区裂隙和岩溶洼地规律研究揭示，矿区渗透椭球在平面上呈椭圆形，渗透主轴方向为北东 60°，且 $\lambda_1=\frac{a}{b}=1.2648$，$\lambda_2=\frac{a}{c}=3.9416$，$K_x=1.70834K$，$K_y=1.35061K$。

井巷出水法预测涌水量首先单独计算每一条井巷的涌水量，再通过累加各井巷涌水量精确地算出整个井巷系统的涌水量，因此理论上对井巷涌水量预测的精确程度比大井法高，误差较小。井巷出水法的缺点是观测点必须取在垂直井巷方向上的一点，在实际操作中，观测点的位置很难满足要求，因此只能选取比较符合条件的观测点。

5.1.2.1 采用观测孔对贵州贞丰 H 金矿 1 号矿区抽水试验计算验证

利用贵州贞丰 H 金矿 1 号矿区 2012 年和 2013 年 1 号主井两次抽水试验的观测数据可以对式 5.23 进行验证。贵州贞丰 H 金矿 1 号矿区井下开拓的井巷长 32.8m、宽 5m，井巷呈东西向展布。

1）第一次抽水试验

贵州贞丰 H 金矿 1 号矿区第一次抽水试验历时 5 天，最大降深为 200m，平均流量 6683.9m^3/d。通过抽水试验和注水试验，计算出 $K=0.8$m/d，选取 ZK27140、ZK23940 作为观测孔，观测孔与抽水孔距离和观测孔水位降深具体数据统计如表 5.1 所示。

表 5.1 贵州贞丰 H 金矿 1 号矿区第一次抽水试验观测孔数据表

观测孔号	距抽水井的距离/m	观测孔降深/m
ZK27140	425	4.48
ZK23940	333	6.28

将数据代入式 5.23，预测出理论涌水量为 6642.08～6921.62m^3/d（表 5.2）。按照相对误差$=\frac{|预测涌水量-实测涌水量|}{实测涌水量}$，算得预测涌水量与实测涌水量误差均小于 4%。

表 5.2 贵州贞丰 H 金矿 1 号矿区第一次抽水试验涌水量计算结果表

观测孔号	涌水量/($m^3 \cdot d^{-1}$)	相对误差
ZK27140	6642.075	0.006
ZK23940	6921.617	0.035

2）第二次抽水试验

贵州贞丰 H 金矿 1 号矿区第二次抽水试验历时 4 天，最大降深为 460m，平均流量为 16586m^3/d。选取 ZK22340、ZK27140、ZK23940 作为观测孔，观测孔与抽水孔距离和观测孔水位降深具体数据统计如表 5.3 所示。

表 5.3 贵州贞丰 H 金矿 1 号矿区第二次抽水试验观测孔数据表

观测孔号	距抽水井的距离/m	观测孔降深/m
ZK22340	274	66.70
ZK27140	425	16.79
ZK23940	333	10.60

将数据代入式 5.23，预测出理论涌水量为 14682.57～15860.21m^3/d；预测涌水量与实测涌水量相对误差小于 11.5%（表 5.4）。

表 5.4 贵州贞丰 H 金矿 1 号矿区第二次抽水试验涌水量计算结果表

观测孔号	涌水量/($m^3 \cdot d^{-1}$)	相对误差
ZK22340	14682.57	0.115
ZK27140	15289.29	0.078
ZK23940	15860.21	0.043

贵州贞丰 H 金矿 1 号矿区两次抽水试验拟合计算表明，第一次抽水试验（大型降深抽水试验）流量计算相对误差较小，总体与预测水量相当；第二次抽水试验（小型降深抽水试验）预测涌水量稍偏小，误差总体控制在 12%以内。

5.1.2.2 不采用观测孔对贵州贞丰 H 金矿矿区矿坑涌水量计算验证

由于很多矿区很难具有观测孔，利用式 5.23 预测井巷涌水量时，需要考虑无观测孔时公式的准确性。

1）影响距离确定方法

针对无观测孔的情况，通过确定影响距离的方法预测涌水量。根据贵州贞丰 H 金矿 1 号矿区两次降深抽水试验中 ZK23940、ZK27140、ZK5532、ZK6324 观测孔的降深值外推影响距离值。贵州贞丰 H 金矿 1 号矿区两次降深抽水试验观测孔的降深值统计如表 5.5 和表 5.6 所示；影响范围外推曲线如图 5.8 和图 5.9 所示。

表 5.5　贵州贞丰 H 金矿 1 号矿区第一次抽水试验观测孔数据汇总表

观测孔号	距抽水井的距离/m	观测孔降深/m
ZK5532	3573	0.65
ZK6324	3353	0.95
ZK27140	425	4.44
ZK23940	333	6.28

表 5.6　贵州贞丰 H 金矿 1 号矿区第二次抽水试验观测孔数据汇总表

观测孔号	距抽水井的距离/m	观测孔降深/m
ZK5532	3573	2.25
ZK6324	3353	2.75
ZK27140	425	10.60
ZK23940	333	16.79

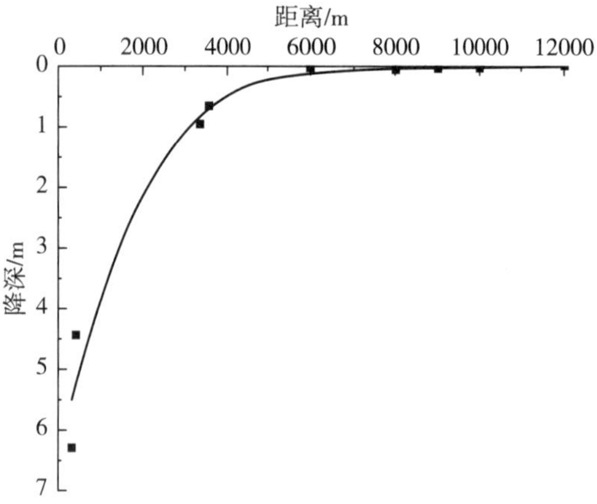

图 5.8　贵州贞丰 H 金矿 1 号矿区第一次抽水试验降深-距离曲线

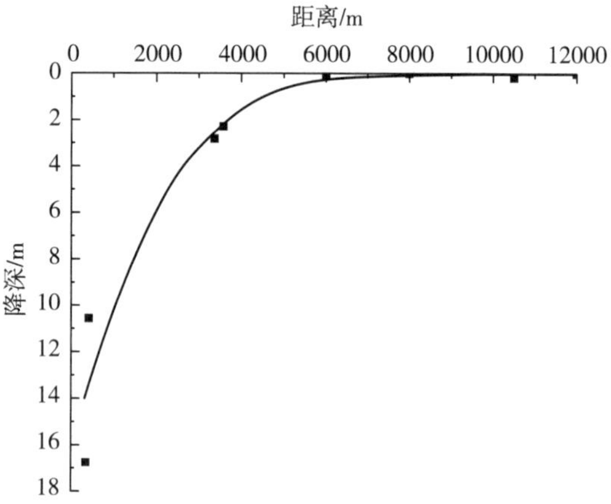

图 5.9　贵州贞丰 H 金矿 1 号矿区第二次抽水试验降深-距离曲线

贵州贞丰 H 金矿矿区 1097m 水平井巷生产排水观测孔的降深值统计如表 5.7 所示；影响范围外推曲线如图 5.10 所示。

表 5.7　贵州贞丰 H 金矿矿区 1097m 水平井巷生产排水观测孔数据汇总表

观测孔号	距 1097m 水平井巷抽水井的距离/m	观测孔降深/m
1097m 中段	0.0	20.76
ZK5532	1265.0	14.26
ZK6324	1474.3	13.46
ZK23940	4638.7	0.90

对上述 3 次降深-距离曲线外推，得出 3 次降深相对应的影响距离值，统计结果如表 5.8 所示。将降深与影响距离再做回归分析（图 5.11），得出降深-影响距离关系式（式 5.27）。

表 5.8 矿坑排水降深与影响距离数据统计表

项目	降深/m	影响距离/m
第一次抽水试验	20.40	6300
第二次抽水试验	199.42	8000
1097m 水平井巷排水	460.10	10000

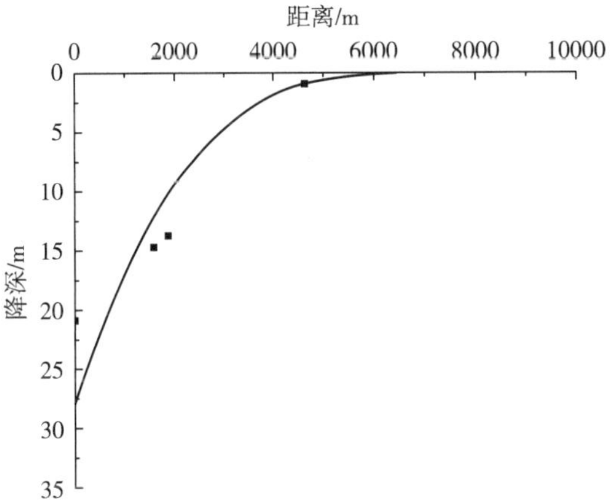

图 5.10 贵州贞丰 H 金矿矿区 1097m 水平井巷生产排水降深-距离曲线

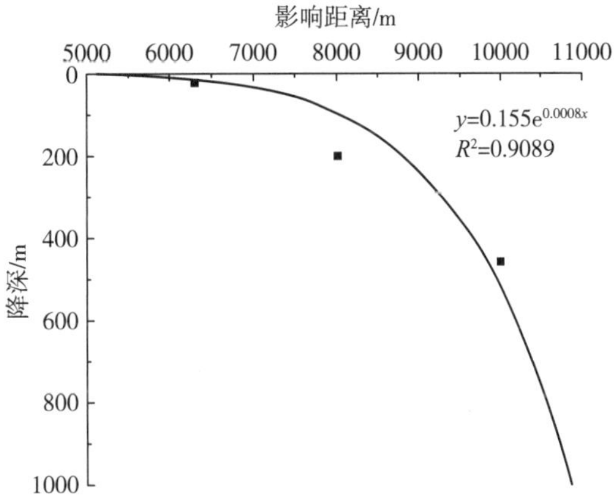

图 5.11 降深-影响距离拟合曲线

$$y = 0.155e^{00008x} \tag{5.27}$$

2）贵州贞丰 H 金矿矿区排水验证

贵州贞丰 H 金矿矿区经过长期开采抽水已形成较为稳定的地下水流场，利用 2011 年 9 月—2013 年 4 月 1097m 中段水平井巷抽水量统计数据可对式 5.23 的正确性进行计算验证。根据长期观测数据，1097m 中段水平井巷抽水量随时间推移逐渐平稳，平均约为 $10800m^3/d$（图 5.12）。

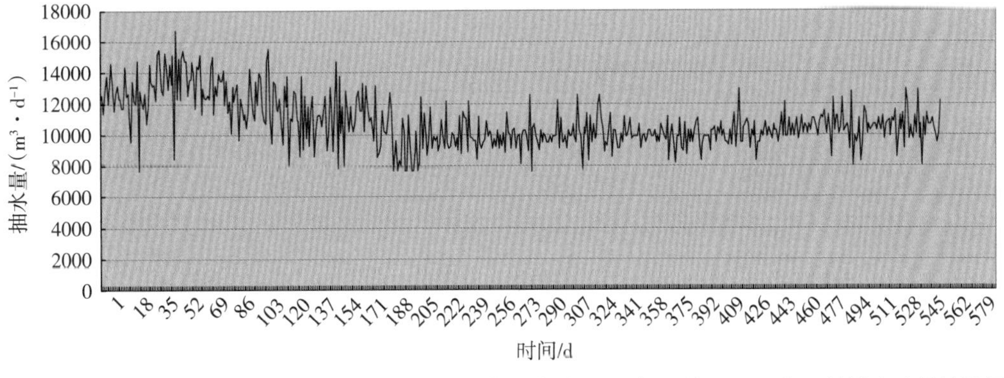

图 5.12 贵州贞丰 H 金矿矿区矿坑 1097m 中段水平井巷 2011 年 9 月—2013 年 4 月排水流量统计图

贵州贞丰 H 金矿矿区 1097m 中段水平井巷开拓系统可分为 20 条独立井巷（图 5.13），总长度约为 778m。该开拓系统确定了 1097m 中段水平井巷出水模型的过水断面，过水断面与井巷的长度和井巷的掘进方向有关。由于井巷没有观测孔，适用影响距离验证公式的准确性。

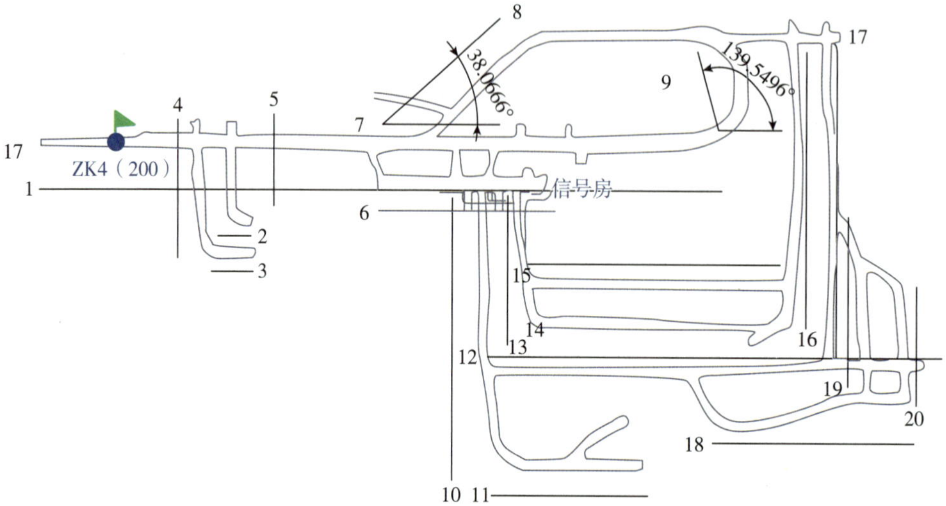

图 5.13　贵州贞丰 H 金矿矿区 1097m 中段水平井巷开拓系统展布及分段示意图

用 1097m 中段水平井巷影响距离验算井巷涌水量。贵州贞丰 H 金矿矿区主井降深为 20.76m，通过井下排水试验，由式 5.25，$r_w=2.5$m，$S_w=20.76$m，求得 $K=0.8$m/d。井巷总长度为 778m，外推影响距离 R 为 6300m，由式 5.23 累加井巷涌水量为 10487m^3/d（表 5.9），与实际平均抽水量 10800m^3/d 相比，误差仅为 2.9%。

表 5.9　贵州贞丰 H 金矿矿区开采排水降深 20.76m 分段计算表

井巷编号	l/m	R/m	r_w/m	S_w/m	$K\alpha$/(m·d^{-1})	β	涌水量 Q/(m^3·d^{-1})
1	127	6300	2.5	20.76	1.13	560.78	1650.21
2	3	6300	2.5	20.76	1.13	13.25	38.98
3	6	6300	2.5	20.76	1.13	26.49	77.96
4	18	6300	2.5	20.76	1.27	78.40	259.16
5	13	6300	2.5	20.76	1.27	56.63	187.17
6	26	6300	2.5	20.76	1.13	114.80	337.84
7	30	6300	2.5	20.76	1.31	130.28	443.55
8	47	6300	2.5	20.76	1.13	207.53	610.71
9	12	6300	2.5	20.76	1.10	53.21	151.67
10	37	6300	2.5	20.76	1.27	161.16	532.73
11	22	6300	2.5	20.76	1.13	97.14	285.86
12	70	6300	2.5	20.76	1.13	309.09	909.56
13	41	6300	2.5	20.76	1.27	178.59	590.32
14	43	6300	2.5	20.76	1.13	189.87	558.73

续表

井巷编号	l/m	R/m	r_w/m	S_w/m	$K\alpha/(m \cdot d^{-1})$	β	涌水量 $Q/(m^3 \cdot d^{-1})$
15	44	6300	2.5	20.76	1.13	194.29	571.73
16	45	6300	2.5	20.76	1.27	196.01	647.91
17	50	6300	2.5	20.76	1.13	220.78	649.69
18	64	6300	2.5	20.76	1.13	282.60	831.60
19	55	6300	2.5	20.76	1.27	239.57	791.89
20	25	6300	2.5	20.76	1.27	108.90	359.95
合计	778	—	—	—	—	—	10487.22

底板直接充水型的井巷出水法是确定性数学模型中的简单解析法。不同于以往解析法中常用的将井巷开拓系统视为一个等效的大井的大井法，它基于裘布依公式，以研究单条井巷涌水量为主并考虑渗透张量的影响，最后累加每条井巷涌水量预测总涌水量的一种方法。此种方法需要大量可靠的水文地质参数、大型抽水试验数据及大量的观测孔降深数据。

5.2 岩溶层开拓充水型

许多地下线性工程在开拓前采取局部疏干或全面疏干的措施进行人工排水。对于岩溶裂隙充水的工程区，裂隙为主要的导水通道，可重点考虑裂隙流对于地下线性工程的影响，将岩体概化为单体裂隙介质，忽略孔隙介质与裂隙介质在每个点的水力交换问题。然而，岩溶裂隙的各向异性对于地下水流的主方向和强度影响较大，需着重分析裂隙渗透张量对流体的控制作用。

5.2.1 预测模型推导

5.2.1.1 模型简介

岩溶含水介质的各向异性，导致不同层位、不同方向的井巷在开采时接受相邻含水层的补给量有所差异，因此在井巷开拓过程中，需提前探明各岩溶层充水条件。埋深较大的井巷开拓，充水水源可能来自底板、上部含水层、井巷侧壁。水力梯度和地下水流场随井巷的开拓而发生变化，这一变化会使涌水量预测的难度进一步加大。依据大型抽水试验、野外裂隙测量和岩溶洼地调查，可获取各岩溶层渗透张量主值的方向和大小，结合钻孔编录资料及水文地质试验数据求得各岩溶层渗透系数等水文地质参数。基于不同层位的三维化渗透张量，可建立井巷出水模型。

5.2.1.2 数学模型的建立

井巷形状类似于沟渠，地下水向井巷的补给与地下水向沟渠运动相似。对于一般的水平井巷而言，有闸门控制其排水流量的大小，陈崇希等（1999）将此类问题视为定流量的沟渠流问题，并且在假设承压含水层为均质各向同性、等厚且半无限，一侧为定流量抽水的完整廊道所限的前提下进行讨论；在泰斯、弗里斯等人的研究成果基础上得出了降深与定流量沟函数之间的关系。

鉴于大多数岩溶充水井巷的地层为倾斜岩层，岩体的各向异性一般较为明显，其渗透性为一个矢量，用渗透张量来表示岩体的渗透性在不同深度下，各地层在不同方向上的变化。由此，可将地下水向井巷的运动概化为地下水向沟渠的三维不稳定运动，其数学模型为

$$\frac{\partial}{\partial x}\left(K_x\frac{\partial H}{\partial x}\right)+\frac{\partial}{\partial y}\left(K_y\frac{\partial H}{\partial y}\right)+\frac{\partial}{\partial z}\left(K_z\frac{\partial H}{\partial z}\right)+W=\mu_s\frac{\partial H}{\partial t} \tag{5.28}$$

$$K\frac{\partial H}{\partial n}S_i=q_i(x,\ y,\ z,\ t)\qquad(x,\ y,\ z,\ t)\in S_i,\ t>0 \tag{5.29}$$

式中，K_x、K_y、K_z 为各主方向上的渗透系数主值，单位为 m/d；H 为含水层水头，单位为 m；μ_s 为贮水率，单位为 m^{-1}；W 为源汇项，表示单位时间从单位体积流入或流出的水量，单位为 m^3/s；t 为时间，单位为 d；n 为边界的外法线方向；q_i 为已知函数，表示计算区域 S_i 上单位面积的侧向补给量，单位为 m^3/s。

上述方程较难得出其数值解，因此本书将从宏观和微观相结合的角度对排水井巷进行分析。

受疏干排水的影响，一定时段内岩溶泉水消失，转为井巷出流，因此，井巷排水问题可以直接考虑为岩溶含水层中地下水直接下渗运动。此时，潜水面已趋于平缓，可以考虑为近似水平面（线），井巷横截面的流场基本形式如图 5.14 所示；远处水面渗透应当为弧线，方便起见，不妨考虑为直线，这一假定缩短了渗透长度，计算涌水量数值大于实测涌水量，满足安全度方面的需求。如此概化，水文地质概念模型的边界需为已知水头边界。由于岩体各向异性较为明显，在岩溶层开拓充水型井巷出水模型中将其概化为均质各向异性含水介质。假设含水层为均质体，各点渗透性的大小依其渗透张量的大小确定。从宏观

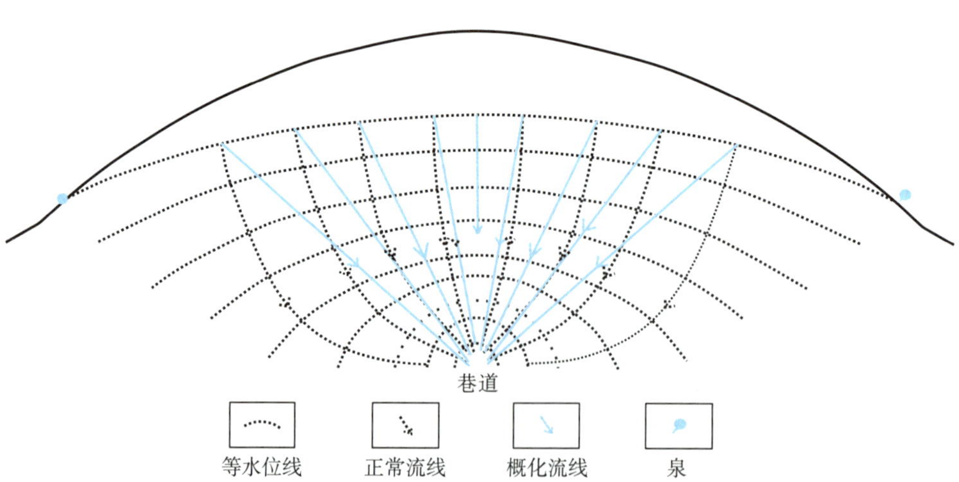

图 5.14 井巷出水模型横截面示意图

上看，在山体的一个截面内，井巷截面相对山体截面面积较小，可考虑简化为一个点（图5.15）。在开采疏干条件下，采区形成长条状降落漏斗，在采区周缘地下水沿同一含水层向降落漏斗中心径流。

从微观角度，以井巷截面为研究对象进行分析，若井巷底部无承压水的补给，仅有井巷顶板和侧壁有地下水补给，则井巷涌水量为井巷顶板与侧壁地下水补给量之和（图5.16）。井巷圆拱顶面直接渗出重力水，水力梯度为1，由此可得井巷圆拱顶面涌水量为

$$Q_{顶}=K_z\cdot 1\cdot \frac{\pi D}{2} \tag{5.30}$$

式中，K_z 为渗透张量在垂向上的分量，单位为m/s；D 为井巷拱顶圆形半径，单位为m。

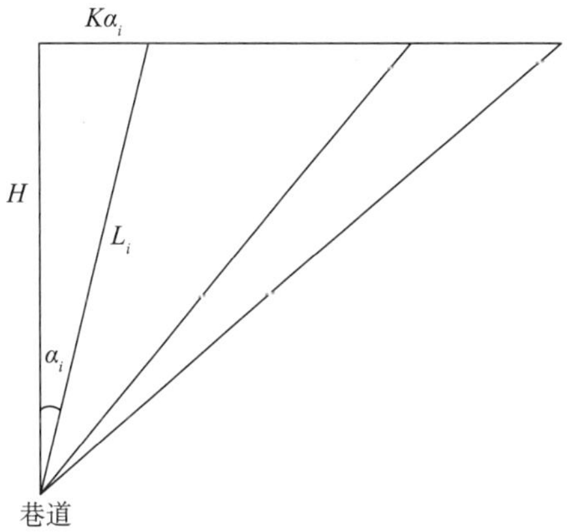

图 5.15 宏观概化流场示意图

K_{α_i}—井巷上任一点的渗透系数，单位为m/s；H—水面到井巷的水头差，单位为m；L_i—概化的第i条流线的径流长度，单位为m；α_i—概化的流线与垂向的夹角，单位为（°）

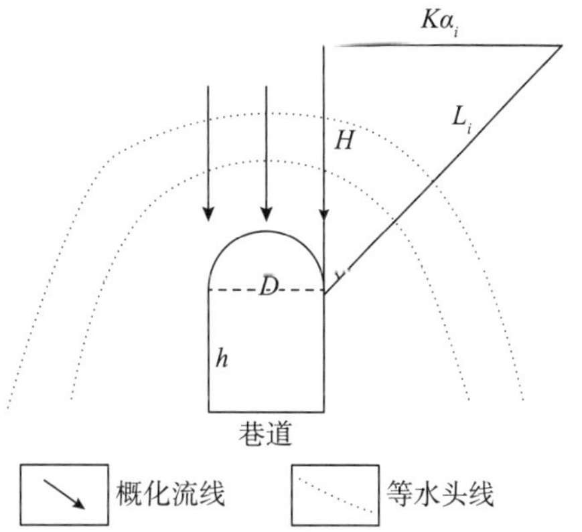

图 5.16 井巷截面流场概化图

K_{α_i}—井巷上任一点的渗透系数，单位为m/s；H—水面到井巷的水头差，单位为m；L_i—概化的第i条流线的径流长度，单位为m；D—井巷拱顶圆形半径，单位为m；α_i—概化的流线与垂向的夹角，单位为（°）；h—巷道侧壁高，单位为m

在裂隙水渗流状态下，井巷侧壁涌水量存在水压差距，遵循达西定律，过水断面流量的增量因其面积的变化而变化，而过水断面的面积增量又因流线与垂向上的夹角α的变化而变化，则井巷侧壁的进水量为

$$Q_{侧壁}=K_{\alpha_i}\frac{H}{L_i}A \tag{5.31}$$

式中，K_{α_i} 为井巷上任一点的渗透系数，单位为m/s；H 为水面到井巷的水头差，单位为m；L_i 为补给源径流长度，单位为m；A 为过水断面面积，单位为m^2。

岩体渗流场中的渗透张量可用椭球体表示其在各个方向上分量的大小；通过对裂隙及岩溶洼地等资料的分析，可得到渗透主轴的方向及渗透椭球长轴和短轴比值的大小，从而确定渗透椭球的形状。渗透椭球上的每个点 P（$K_{\alpha_i}x$，$K_{\alpha_i}y$，$K_{\alpha_i}z$）代表了不同方位上岩体渗透系数的大小，由 $K=\sqrt[3]{K_xK_yK_z}$ 可得到该点的渗透系数值。

在渗透张量椭球体的计算中，设 $a=Kxx$，$b=Kyy$，$c=Kzz$（图5.17），则椭球体方程：

$$\frac{x^2}{a^2}+\frac{y^2}{b^2}+\frac{z^2}{c^2}=1 \tag{5.32}$$

式中，x 为渗透椭球平面长轴轴向；y 为渗透椭球平面短轴轴向；z 为渗透椭球垂向轴向；a 为渗透椭球长轴轴长；b 为渗透椭球短轴轴长；c 为渗透椭球垂向轴长。

井巷展布方向的变化决定了渗透椭球在该方向上的截面形状，即该点的渗透张量分量也随之变化。假设井巷展布方向与 K_x 夹角为 φ，为了便于计算，可以先求出井巷上任一点的渗透张量在 K_xOK_y 平面上的投影 K_φ，再以 K_φ 为长轴，K_z 为短轴，建立一个椭圆方程，则椭圆上任意一点的值即为该点的渗透系数值（图 5.17 至图 5.19）。

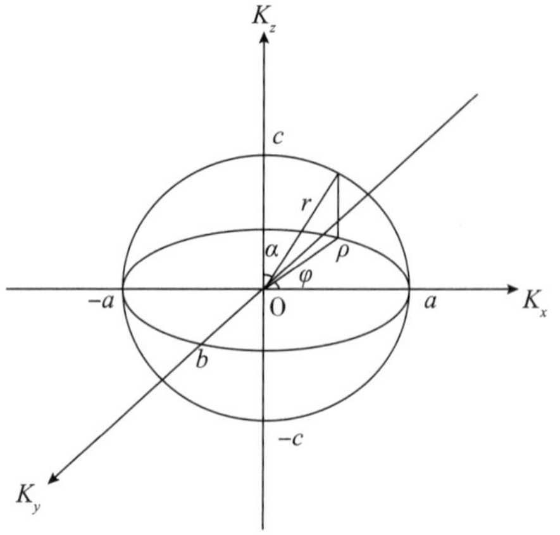

图 5.17　渗透椭球示意图

以每延米截面为研究对象，以井巷底板为水头基准面，则侧向流入井巷的水量增量均为变量，其中，水力梯度 $J=\frac{H}{L_i}=\cos\alpha_i$；渗透系数可以在 K_y 为长轴、K_z 为短轴的渗透椭圆上由夹角 α 而定，亦即 K_α 为 α 的函数。具体求解如下：

图 5.18 中，在 K_xOK_y 平面上，MN 为井巷走向，其与渗透主轴 K_x 的夹角为 φ：

$$\frac{x^2}{a^2}+\frac{y^2}{b^2}=1 \tag{5.33}$$

式中，K_x 为 K_xOK_y 渗透平面椭圆长轴轴向；K_y 为 K_xOK_y 渗透平面椭圆短轴轴向；a 为 K_xOK_y 渗透平面椭圆长轴轴长；b 为 K_xOK_y 渗透平面椭圆短轴轴长。

为了便于计算，用极坐标表示直角坐标系中椭圆的参数方程：

$$\begin{cases}x=\rho\cos\varphi\\ y=\rho\sin\varphi\end{cases},\ 0\leqslant\varphi\leqslant 2\pi,\ \frac{(\rho\cos\varphi)^2}{a^2}+\frac{(\rho\sin\varphi)^2}{b^2}=1 \tag{5.34}$$

$$\rho=\sqrt{\frac{a^2b^2}{a^2\sin^2\varphi+b^2\cos^2\varphi}} \tag{5.35}$$

则井巷在 K_xOK_y 平面上渗透张量的分量 $K_\varphi=\mathrm{ON}=\rho$，其随井巷与渗透椭球在平面上的夹角 φ 的变化而变化，为 φ 的函数。

在垂向上，渗透张量的分量为以 K_φ 为长轴、以 K_z 为短轴的椭圆，椭圆上任意一点 P 与 Z 轴的夹角为 $\alpha\left(\alpha\in\left[-\frac{\pi}{2},\ \frac{\pi}{2}\right]\right)$，井巷侧壁过水断面为以井巷中心到井巷拱顶的距离 d' 为半径的 α 角对应的弧长，其大小依 α 的改变而改变。

$$\mathrm{d}Q_{侧壁}=K_{\alpha_i}\frac{H}{L_i}d'\mathrm{d}\alpha_i \tag{5.36}$$

同上，在 $K_\varphi OK_z$ 平面上，任意一点 P 与渗透主轴 K_z 的夹角为 α（图 5.19）：

$$\frac{\varphi^2}{m^2}+\frac{z^2}{n^2}=1 \tag{5.37}$$

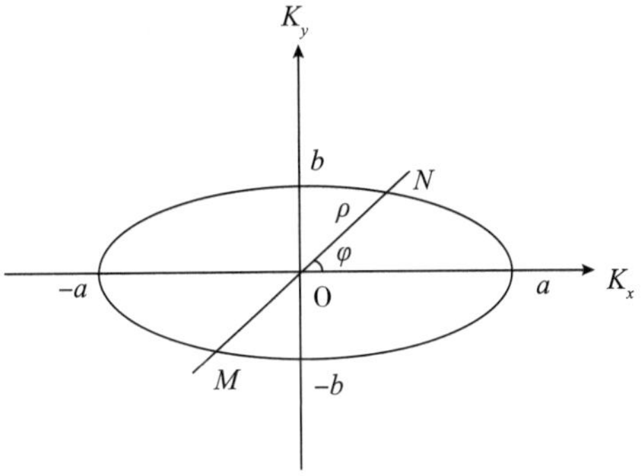

图 5.18 井巷与渗透椭球 K_xOK_y 平面示意图

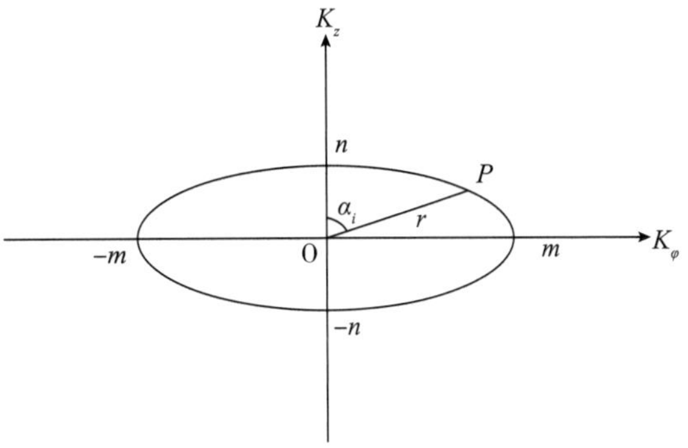

图 5.19 井巷与渗透椭球 $K_\varphi OK_z$ 平面示意图

式中，K_φ 为 $K_\varphi OK_z$ 渗透平面椭圆长轴轴向；K_z 为 $K_\varphi OK_z$ 渗透平面椭圆短轴轴向；m 为 $K_\varphi OK_z$ 渗透平面椭圆长轴轴长；n 为 $K_\varphi OK_z$ 渗透平面椭圆短轴轴长。为了便于计算，也用极坐标表示直角坐标系中椭圆的参数方程：

$$\begin{cases}\varphi=r\sin\alpha \\ z=r\cos\alpha\end{cases},\quad -\frac{\pi}{2}\leqslant\alpha\leqslant\frac{\pi}{2},\quad \frac{(r\sin\alpha)^2}{m^2}+\frac{(r\cos\alpha)^2}{n^2}=1 \tag{5.38}$$

$$r=\sqrt{\frac{m^2n^2}{m^2\cos^2\alpha+n^2\sin^2\alpha}} \tag{5.39}$$

则井巷上任一点 P 的渗透系数 $K_p=K_{\alpha_i}=r$。对式 5.35 两边分别积分得：

$$\begin{aligned}
Q_{侧壁}&=\int_0^\alpha K_\alpha\cos\alpha d'\mathrm{d}\alpha \\
&=d'\int_0^\alpha\sqrt{\frac{m^2n^2}{m^2\cos^2\alpha+n^2\sin^2\alpha}}\mathrm{d}\sin\alpha \\
&=d'\int_0^\alpha\sqrt{\frac{m^2n^2}{m^2-(m^2-n^2)\sin^2\alpha}}\mathrm{d}\sin\alpha \\
&=nd'\int_0^\alpha\sqrt{\frac{1}{1-\frac{m^2-n^2}{m^2}\sin^2\alpha}}\mathrm{d}\sin\alpha \\
&=nd'\int_0^\alpha\sqrt{\frac{1}{1-\left(\sqrt{\frac{m-n}{m}}\sin\alpha\right)^2}}\mathrm{d}\sin\alpha \\
&=nd'\int_0^\alpha\sqrt{\frac{1}{1-\left(\sqrt{\frac{m-n}{m}}\sin\alpha\right)^2}}\frac{m}{\sqrt{m^2-n^2}}\mathrm{d}\left(\sqrt{\frac{m-n}{m}}\sin\alpha\right) \\
&-\frac{d'mn}{\sqrt{m^2-n^2}}\int_0^\alpha\sqrt{\frac{1}{1-\left(\sqrt{\frac{m-n}{m}}\sin\alpha\right)^2}}\mathrm{d}\left(\sqrt{\frac{m-n}{m}}\sin\alpha\right)
\end{aligned} \tag{5.40}$$

令 $t=\sqrt{\frac{m-n}{m}}\sin\alpha$，$t\in\left[0,\sqrt{\frac{m-n}{m}}\sin\alpha\right]$，则

$$
\begin{aligned}
Q_{侧壁} &= \frac{d'mn}{\sqrt{m^2-n^2}}\int_0^t \sqrt{\frac{1}{1-t^2}}\,\mathrm{d}t \\
&= \frac{d'mn}{\sqrt{m^2-n^2}}\arcsin t \,\Big|_0^t \\
&= \frac{d'mn}{\sqrt{m^2-n^2}}\arcsin\left(\sqrt{\frac{m-n}{m}}\sin\alpha\right)\Big|_0^\alpha \\
&= \frac{d'mn}{\sqrt{m^2-n^2}}\left[\arcsin\left(\sqrt{\frac{m-n}{m}}\sin\alpha\right)-\arcsin 0\right]
\end{aligned} \tag{5.41}
$$

将 $m=K_\varphi$，$n=K_z$ 代入式 5.41 中，则

$$
Q_{侧壁}=\frac{K_\varphi K_z d'}{\sqrt{K_\varphi^2-K_z^2}}\arcsin\left(\sqrt{\frac{K_\varphi-K_z}{K_\varphi}}\sin\alpha\right) \tag{5.42}
$$

井巷两侧同时进水的总涌水量为井巷左侧壁进水量与右壁侧进水量之和，即 $Q_{左侧壁}+Q_{右侧壁}$；井巷总涌水量为顶板进水量与两侧壁进水量之和，即

$$
\begin{aligned}
Q_{排} &= Q_{顶板}+Q_{左侧壁}+Q_{右侧壁} \\
&= K_z\cdot 1\cdot\frac{\pi D}{2}+\frac{K_\varphi K_z d'}{\sqrt{K_\varphi^2-K_z^2}}\arcsin\left(\sqrt{\frac{K_\varphi-K_z}{K_\varphi}}\sin\alpha_{左}\right)+ \\
&\quad \frac{K_\varphi K_z d'}{\sqrt{K_\varphi^2-K_z^2}}\arcsin\left(\sqrt{\frac{K_\varphi-K_z}{K_\varphi}}\sin\alpha_{右}\right)
\end{aligned} \tag{5.43}
$$

式 5.28 至式 5.43 是针对井巷每延米截面为研究对象进行的，在实际涌水量预测中，可根据井巷所处方位和地层的变化将其剖分，通过积分累加，计算出井巷总涌水量。

用井巷出水法进行井巷涌水量预测时，可先按照井巷的具体走向、长度和埋深等确定疏干排水的补给范围，再根据区域调查结果，综合地质钻孔编录资料、抽水试验资料等确定同等海拔高度上井巷岩体裂隙的渗透张量，最终计算井巷涌水量。对于采矿工程，矿山常依据矿体所在位置，在经济上合理、技术上可行的条件下设计多个不同标高的探采中段；当矿体处于地下水位以下时，各个中段又配有相应的疏干排水方案，疏干排水会使不同中段的地下水补给范围有所差异，计算时需针对具体水文地质条件酌定。

5.2.1.3 适用条件

井巷出水法预测涌水量是针对以溶隙-裂隙水充水为主的井巷提出的。对于地下水以层流为主，但岩体裂隙各向异性突出的工程区，因岩体各方向的渗透张量不同，且井巷走向在开拓的过程中会随地层、构造等因素发生变化，井巷侧壁接受地下水补给的能力有所差异。井巷出水法在溶隙、裂隙各向异性特征的基础上，综合井巷的几何性质，通过求取井巷在不同方向上的渗透张量及过水断面的大小，进而求得井巷涌水量，适用于疏干排水条件下井巷处于自然稳定状态下的涌水量预测。

在实际应用中不难发现，矿山疏干排水、井巷开拓、井巷回填等人为工程活动对矿山地下水流场的影响较大，不仅仅是地下水补给方式和范围的变化，被补给对象的受水能力同样受到影响。一般在井巷开拓之前，矿山会依据实际情况，将拟开采井巷范围内地下水

的水头降到安全范围内；在井巷开拓过程中，进行带压开采或疏干开采，并在岩体较为破碎的地带适当地对井巷进行支护。在矿山开采过程中使用的矿体崩落、采空区回填、井巷喷浆支护等方法会影响地下水对井巷的补给，此时，运用井巷出水法预测涌水量要根据实际情况而定。

渗透张量是井巷出水法预测涌水量的主要参数，可通过野外裂隙测量获得岩体裂隙的几何参数，依据立方定律，探求各层渗透主值的方向和大小。岩溶洼地是在岩溶裂隙的基础上发育而来的岩溶地表宏观形态之一，其形状及长轴的主方向代表着地下水溶蚀围岩的主要方向。基于已求得的渗透张量，可对比同一地层中岩溶洼地的宏观形态与抽水试验降落漏斗的形态，进一步确定岩体的渗透张量，并结合钻孔编录资料及水文地质试验求得各岩溶层渗透系数等水文地质参数。

5.2.2 岩溶层开拓充水型井巷出水法的实例验证

由于云南会泽C铅锌矿矿区水文地质单元内部存在局部隔水边界，将其划分为不同的水文地质子系统。垂向上，矿区的水文地质结构大体相同，局部地段因断层等构造因素的存在而有所不同，矿区含隔水层分布情况见图3.10。目前，矿区的井巷大部分在石炭系中开拓，部分地段经过泥盆系上统宰格组（D_3zg），地下水通过上部含水层和井巷侧壁对井巷进行补给，底板涌水现象尚不突出，因此，将矿区的井巷概化为顶板和侧壁同时进水的模型，运用井巷出水法进行涌水量预测。

井巷出水模型以井巷为研究对象，通过对井巷的剖分进行涌水量预测。云南会泽C铅锌矿矿区井巷沿脉断面图如图5.20所示，依据矿山实际情况，井巷的充水水源为井巷顶板和侧壁补给的地下水，底板补给尚不突出，则井巷截面涌水量的补给源为顶板补给量和两侧壁补给量之和。其中，顶板补给以地下水垂直入渗补给为主，水力梯度近似为1，其补给量的大小与接受补给的过水断面的面积（即井巷顶板每延米截面的面积）有关。

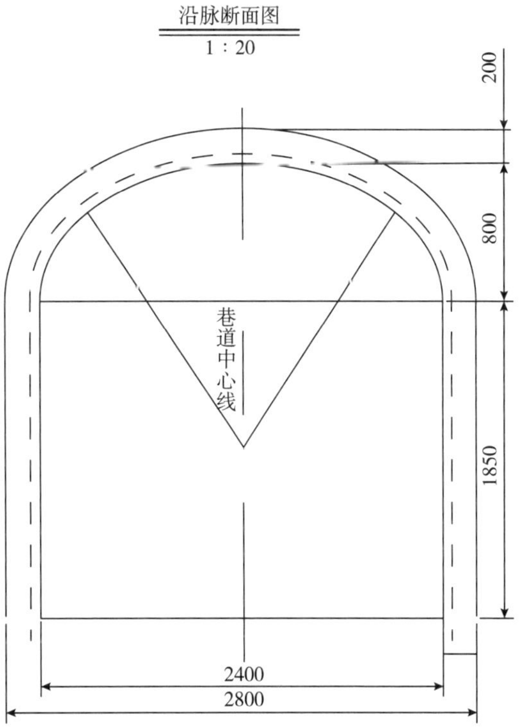

图5.20 井巷沿脉断面图

在计算井巷侧壁的补给量时，在井巷所在平面上，因采矿和探矿要求的不同，使各方向上的井巷长短不一，渗透张量各向异性较为明显，可将不同方向、不同层位的井巷分段进行计算。依据井巷方向与该水平岩体渗透张量主方向的夹角，计算出井巷平面上的等效渗透张量 K_φ，再将井巷截面概化为一个点，在垂向上进行计算。补给井巷的地下水的流线与垂向上的夹角 α 的最大值由补给边界确定。

当井巷涌水情况受大气降水影响时，对于补给边界离井巷较远的情况，α 的最大值由井巷在地表的投影与补给边界的距离和井巷埋深确定；当补给边界离井巷较近时，井巷在地表的投影可能落在隔水边界之外的区域，但是井巷侧壁的地下水依旧会补给井巷，此时，α 的最大值由井巷侧壁的岩层产状决定。旱季和雨季地下水位不断发生变动，补给边界随之发生改变，α 值也随之变化。不同方向、不同层位的井巷走向、经过的地层等均有不同，部分井巷与岩层走向近乎垂直，可将其视为近似无限边界；部分井巷与岩层走向大致平行，局部斜交，可将井巷剖分成左侧、右侧两部分进行分析。为了便于计算，以井巷截面为基准，将井巷左侧流线与竖直方向上的夹角设为 $\alpha_{左}$，将井巷右侧流线与竖直方向上的夹角设为 $\alpha_{右}$。

通常情况下，下部井巷进行开拓前及开拓的过程中需要提前排水，以保证生产工作安全、有序地进行。当上部的井巷和下部的井巷处于同一个水文地质子系统时，下部井巷的疏干排水相当于增加了水文地质子系统的排泄点，地下水流场发生变化，对上部井巷的涌水量有一定的影响。因此，在采用井巷出水法进行井巷涌水量预测时，所模拟预测的井巷需是当前情况下开拓的最低标高。

根据1996年坑内单孔抽水试验资料，石炭系下统摆佐组单位涌水量 $q=0.0183$l/(s·m)，上部渗透系数为0.1209m/d，下部渗透系数为0.04659m/d，平均为0.0837m/d。依据坑道内排水试验结果，采用地下水承压转无压完整井运动的井流公式，计算得出摆佐组渗透系数为0.1145m/d。威宁组和大塘组都含有不均匀软弱夹层，阻碍地下水流动，渗透系数相对较小，但摆佐组和宰格组为较好的岩溶裂隙含水层，导水性较强。当井巷及矿山厂三号竖井开拓至宰格组含水层时，涌水量突然增大，经计算得出宰格组渗透系数平均值为1.22m/d。依据综合抽水试验结果，计算得出威宁组、摆佐组、大塘组和宰格组渗透系数平均值为0.0944m/d，梁山组和马平组渗透系数为0.0055m/d。

5.2.2.1 模型概化

1）含水层结构的概化

云南会泽C铅锌矿矿区西部大面积出露二叠系中统峨眉山组玄武岩（$P_2\beta$），风化-半风化玄武岩中的裂隙水经短距离渗透、径流后，很快沿着地形低洼或沟谷处的风化裂隙带渗出，深部玄武岩带岩石多致密、坚硬并夹灰紫色凝灰岩，隔水性好，阻隔了大气降水对区内岩溶含水层的补给。

玄武岩下伏地层二叠系下统栖霞茅口组（P_1q+P_1m）岩溶含水层在矿区东侧大面积出露，与二叠系下统梁山组（P_1l）相对隔水层整合接触，可通过导水通道与下伏含水层发生水力联系。梁山组相对隔水层在矿区沿矿山厂断层呈条带状出露，部分地段被北西向断裂切割，连续性较差，与下伏石炭系假整合接触。石炭系在矿区范围内沿矿山厂断层呈条带状出露，与下伏泥盆系上统宰格组、泥盆系中统海口组（D_2h）整合接触。泥盆系下统地层缺失，与下伏寒武系下统筇竹寺组（$\in_1q$）呈假整合接触。震旦系上统灯影组（Z_2dn）和陡山沱组（Z_2d）在矿区深部有钻孔揭露，与上覆地层呈假整合接触。依据矿区坑道资料及钻孔编录资料，建立矿区含隔水层垂向分布图（图5.21）。

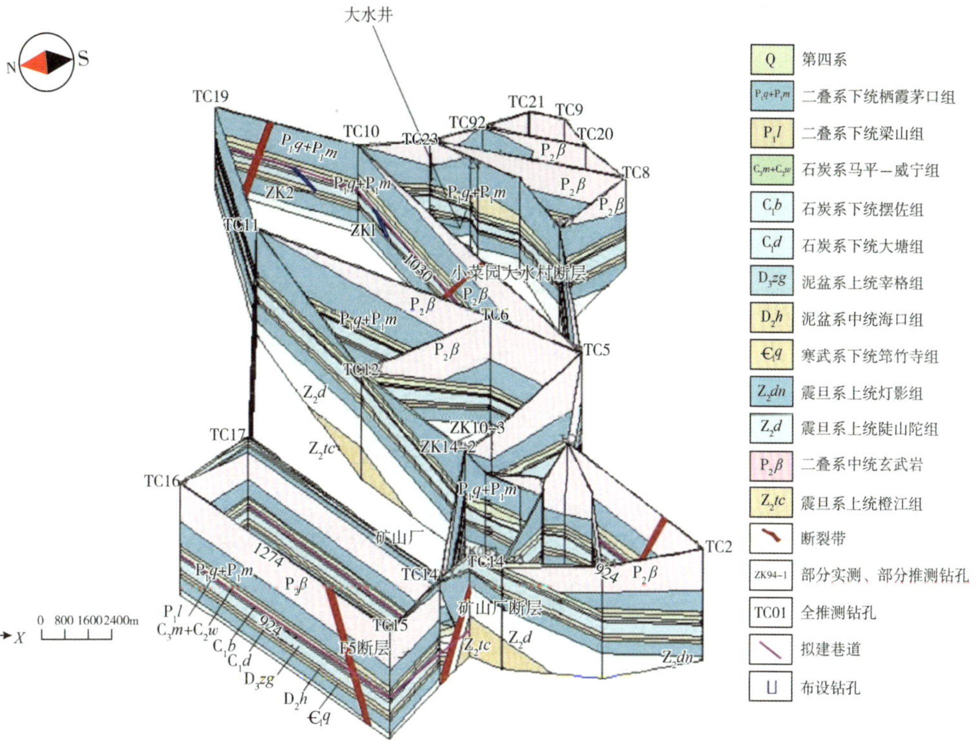

图 5.21 矿区含隔水层垂向分布图

2）边界条件的概化

云南会泽C铅锌矿矿区被走向北东的地层和矿山厂逆断层、走向西北的断层和走向近南北的东头断裂圈闭成近似于梯形的半封闭块段（图 5.22）。其具体边界条件概化如下：

（1）东南部边界。矿山厂东南部为走向北东、倾向东南的梁山组，其厚度稳定，岩性以粉砂岩、页岩为主，地表无泉水出露，坑下裂隙亦无明显渗水现象，地层富水性弱，为较好的相对隔水层。因此，该块段东南部边界定为相对隔水层。

（2）东部边界（东头断层）。东头断层位于矿山厂块段东部，走向近南北，切穿走向北东的梁山组相对隔水层和矿山厂逆断层。东头断层走向 5°～10°，断层破碎带宽 5～15m，见 2～15cm 的石灰岩角砾及断层泥等碎屑充填。沿断层带的多种现象表明，该断裂经历了由张性向右行压扭性转化的过程，断层结构面紧闭，且断层沿线未见受断层强烈控制的导水带，断层两盘地下水位和富水性差别较大。因此，确定东头断层为隔水断层，矿山厂模型以该断层为东部边界，亦为隔水边界。

（3）西北部边界。矿山厂所在位置出露石炭系下统地层，富水性相对较好，其西北部被矿山厂逆断层和泥盆系中统海口组相对隔水层切割。矿山厂逆断层走向北东 40°～45°，倾向南东，断层破碎带宽约 20～30m，由角砾碎裂石灰岩、糜棱岩、碎粉岩和片理化带组成，胶结紧密，具压扭性特征。断层下盘为峨眉山组玄武岩，富水性较差，且断层沿线未见线状泉点出露，据对矿山厂地表径流的观测，径流流经断层带前后流量未见减小，以此判断该断层具阻水性质。泥盆系中统海口组相对隔水层在二道沟附近出露，走向近北东，但局部被北西向断层切割，断距不大。矿山厂逆断层与泥盆系中统海口组相对隔水层隔断了下盘玄武岩下灌裂隙水，将矿山厂逆断层和泥盆系中统海口组定为矿山厂模型的西北部隔水边界。

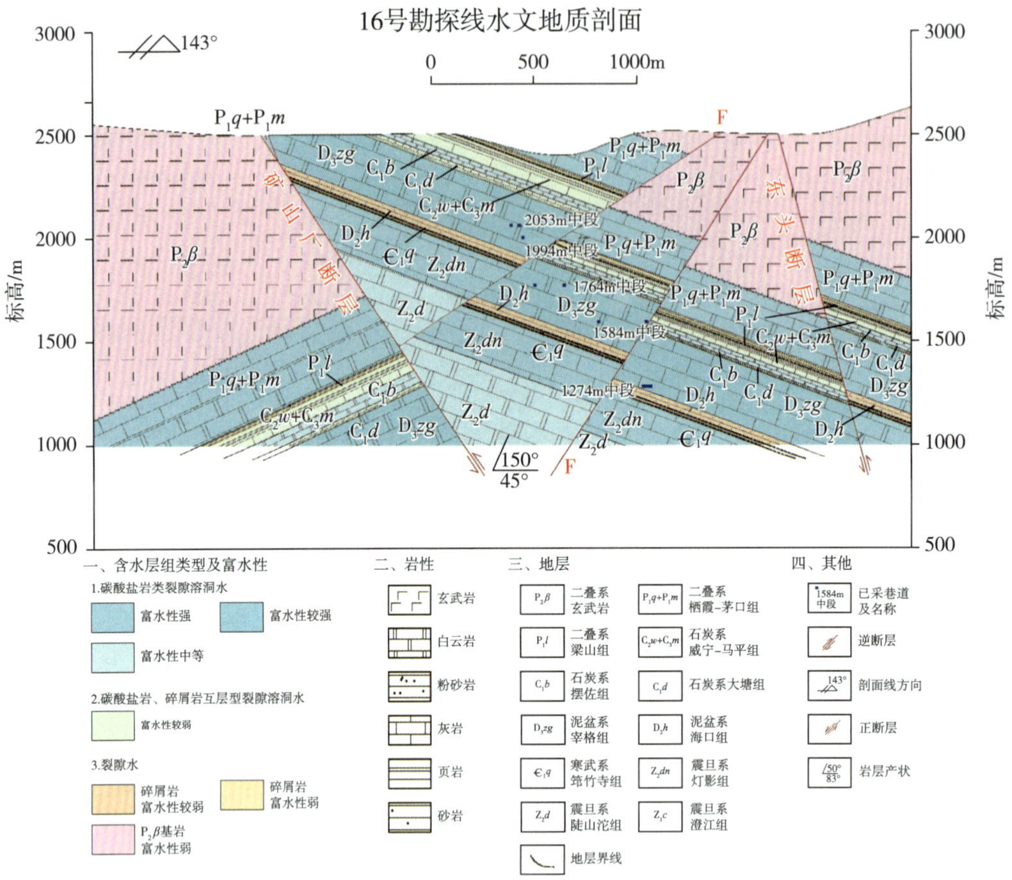

图 5.22　矿区边界剖面图

（4）西南部边界（黄家脑包-二尖山断层）。矿山厂块段西南部的含水层在黄家脑包-二尖山一带被走向北西的断层切割，该断层规模较小，整体具张性断层的性质，将其定义为透水边界。

受边界条件和地形等因素的影响，区内地下水整体由北东向南西径流。矿区地下水补给源为大气降水，径流流经矿山厂西支沟、炸药库泉等地表沟系排泄，部分地下水向各中段补给。牛栏江江面标高 1561m，为区域排泄基准面。1764m 中段及其以上中段的地下水现阶段已处于疏干状态，1584m 中段和 1274m 中段尚未疏干，1274～1584m 中段的井巷涌水通过排水系统抽至 1584m 中段，再通过平巷排入牛栏江。

5.2.2.2　涌水量预测及结果拟合

根据矿区前期对矿山厂 1764m 以上井巷的钻孔编录资料，矿山厂矿床均为以溶蚀裂隙为主的岩溶充水矿床，大部分矿体位于当地最低侵蚀基准面以上，补给有限，属于水文地质条件简单的矿床。1584m 以下井巷水文地质条件变得复杂。截至 2012 年年底，矿山厂 1764m 中段无新工程，其上部中段处于疏干状态，测得地下水位为1764m，矿坑涌水动态受大气降水的影响。下部1584m中段井巷处于地下水位以下，具有微承压性质，井巷排水以消耗含水层静储量为主。据井巷钻孔编录资料，2010年2月月初，矿区西部1584m中段井巷与矿区东部1571m探采结合平巷贯通，形成了今后矿坑水自流排泄流入牛栏江的唯一坑道。在井巷贯通以前，矿区西部1584m中段平面的涌水经3号斜井抽至1764m中段排水系统排出。2013年年底，连接1584m和1274m中段的斜井处于施工状态。现阶段，1274m中段尚处于不断开拓状态，是目前矿区西部的最低开拓井巷。1274m中段井巷开拓过程中，涌水来源主要是顶板和井巷侧壁渗水，从井巷涌水量动态监测数据来看，井巷涌水主要以消耗含水层静储量为主。1584m中段处于1764m中段和1274m中段之间，是矿山厂矿区仅高于1274m水平的深部开采中段，下部井巷的施工势必对上部井巷的涌水动态有一定的影响，故采用井巷出水法计算1584m水平的涌水量时，需在1274m中段开拓以前。为了减小其他井巷对矿山厂1584m水平涌水量预测的影响，特选取1584m中段刚开始开拓的时段进行预测和拟合。

1274m中段在开拓过程中遇到震旦系上统灯影组和陡山沱组，瞬间涌水量很大，与浅部分属于不同的地下水子系统。因此，选取2015年7月—2016年6月的1274m中段的涌水量动态单独进行计算和拟合。

矿区西部的三号竖井在1964.57m标高时钻遇震旦系上统灯影组岩溶含水层，1584m中段和1274m中段在2014年后开始修建三号竖井联道，均揭露震旦系上统灯影组和陡山沱组。地下水对1584m中段和1274m中段井巷的补给来源于震旦系岩溶含水层，与主井巷的石炭系、泥盆系上统宰格组分属不同的地下水子系统。因此，将1584m中段和1274m中段的三号竖井联道分别进行计算和拟合。

1）1584m中段主井巷涌水量预测及拟合

1584m中段是矿区西部较为重要的探采中段，根据探矿、采矿及安全生产的需要，该中段的井巷包括主巷、支巷、排水区等。前人经研究得出，1584m中段以下涌水量及钻孔涌水量曲线以右倾型为主，表明矿山开拓以消耗含水层静储量为主。同时，地下水同位素分析表明，矿区地下水与大气降水的联系紧密，其接受大气降水的补给。矿区浅层地下水氚年龄小于30a，1584m中段以下地下水氚年龄在40a及其以上。这表明由矿区浅部到深部中段，地下水循环及可更新能力逐渐减弱，深部中段开拓以消耗含水层静储量为主。地下水对井巷的补给量为该水平井巷排水量与疏干排水后井巷动态监测涌水量之和。即：

$$Q_{补}=Q_{排}+Q_{巷道动态监测涌水量}$$

为了减小其他井巷对1584m中段井巷涌水量预测的影响，特选取矿区西部1584m中段井巷与矿区东部1571m探采结合平巷贯通以前的时段进行预测和拟合。

井巷主要揭露摆佐组、大塘组和宰格组岩溶裂隙含水层。2007年12月27日—2010年1月23日，井巷开拓以1584m沿脉为主，随着井巷的不断开拓，涌水量不断增加，并随季节有一定的波动（图5.23）。

井巷沿脉不断开拓，至2010年1月23日，1584m中段井巷开拓范围为1584-右26号点至1584-42号点，井巷长为1204.81m（图5.24），选取此段井巷进行计算。井巷高约3m，局部井巷高2.8m，在计算中将井巷高度选取为3m。依据矿山开采设计图，井巷截面宽2.8m，井巷中心点到顶板的距离为2.5m。

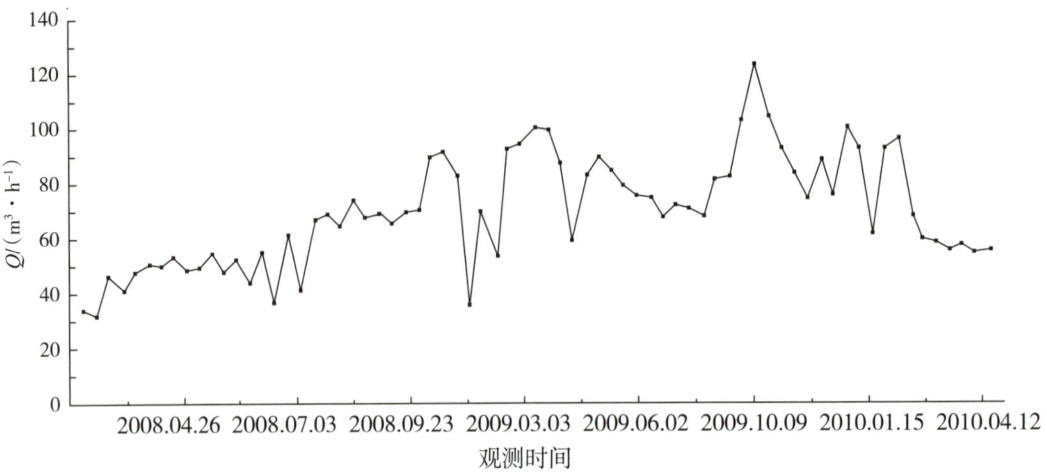

图 5.23　1584m 中段 2007 年 12 月—2010 年 1 月井巷涌水量动态变化图

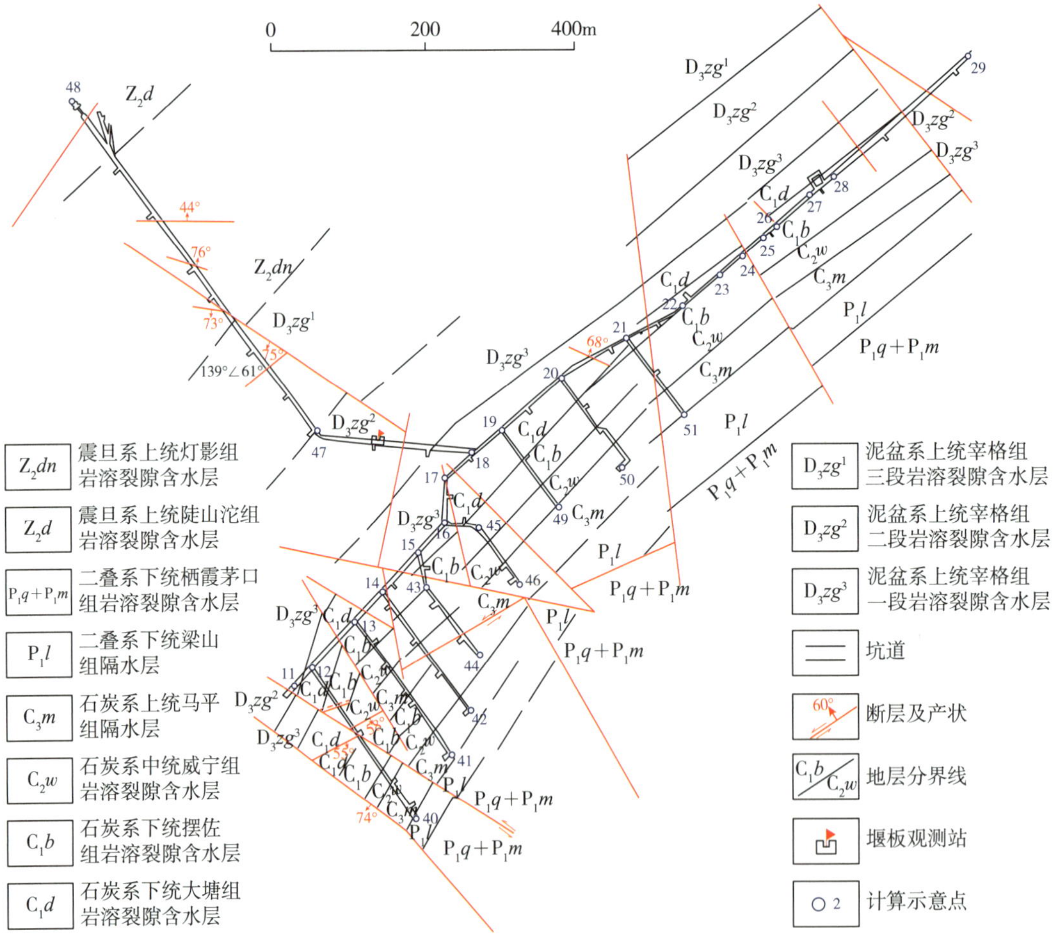

图 5.24　1584m 中段井巷主沿脉及三号竖井联道简图

在使用井巷出水法计算涌水量的过程中，井巷长度、井巷与地层渗透主轴的夹角、渗透系数、渗透张量、流线与井巷的夹角等共同决定着井巷涌水量的大小。其中，渗透系数由抽水试验获得，渗透张量由岩溶裂隙和岩溶洼地的宏观形态和发育的主方向、抽水试验降落漏斗的形态共同确定，流线与井巷的夹角由观测孔水头与井巷之间的水头差决定。

依据抽水试验观测孔记录，得到降落漏斗的主轴方向为北东 49°，以降落漏斗主轴方向为 X 轴、与之垂直的方向为 Y 轴、垂直方向为 Z 轴，计算得出各方向上的水力梯度：$J_x=0.0146$、$J_y=0.0497$、$J_z=0.0426$。因矿区上部 1764m 中段处于疏干状态，将 1764m 中段作为 1584m 中段的水头边界，依据观测孔水头记录数据，运用卡明斯基方程，推算出井巷沿线各点水头，以及井巷到 1764m 水头线之间的距离，再以此计算出 α 角。

经过对 1584m 水平井巷岩溶裂隙统计分析和计算得出，该中段渗透张量长轴主方向为 54°，$K_y=0.5668K_x$，$K_z=0.1973K_x$。根据井巷角度的变化情况，将井巷进行剖分处理，对不同角度的井巷进行分段计算，结果见表 5.10。

经过分段计算，得出该阶段地下水对井巷的补给总量为以上各段井巷涌水量的总和，数值为 101.9061m^3/h，即 2445.7463m^3/d。

由井巷涌水量动态监测结果（图 5.23）可以看出，井巷刚开始开拓时，涌水量为 50～70m^3/h。随着井巷工程的不断推进，地下水对井巷的补给量逐渐增大，涌水量为 80～110m^3/h，个别点在钻遇溶洞时瞬间涌水量突然增大，而后又趋于平缓。经过长时间的疏干，在 2009 年旱季涌水量有一定的回落，稳定在 70m^3/h 左右。由井巷出水法计算得出的井巷涌水量是以整个井巷为研究对象，采用观测孔 2009 年旱季的水头值为依据进行计算的，得出井巷涌水量为 101.9061m^3/h，与井巷涌水量动态监测的平均值接近。因地下水位的动态变化，井巷的补给范围也会随之改变，井巷补给边界与井巷竖直方向上的夹角也因此而发生变化。

2）1274m 中段井巷涌水量预测及拟合

1274m 中段是矿区西部目前最低的探矿中段，且还处于不断开拓阶段。矿区东部的牛栏江水面标高 1561m，是区域排泄基准面；矿区西部距牛栏江较远，中间有麒麟厂逆断层相阻隔。1274m 中段位于区域排泄基准面以下，是岩溶水深部缓流带，岩溶发育相对较弱。

截至 2016 年 7 月，1274m 中段井巷开拓状态如图 5.25 所示。三号竖井联道揭露震旦系岩溶含水层，与石炭系、泥盆系含水层中间有地层缺失，也有相对隔水层相阻隔，但是由人为工程活动导通。因此，分别对揭露震旦系岩溶含水层的三号竖井联道和 1274m 中段平面以石炭系、泥盆系岩溶含水层为主的井巷单独进行计算和拟合。

选取 2015 年 8 月—2016 年 7 月一整个水文年的涌水量动态监测资料进行拟合，1274m 水平井巷每月平均涌水量动态如图 5.26 所示。由于 1274m 水平井巷处于不断开拓状态，井巷揭露的含水层面积和厚度在发生变化，会出现枯水期涌水量大于丰水期的状态；经过一定时间的疏干排水，涌水量趋于稳定或有所下降，证明井巷补给范围内补给量小于排泄量，以消耗含水层静储量为主。

表 5.10　1584m 中段主沿脉井巷涌水量分段计算表

巷道编号		地层	巷道走向/(°)	K_x 主轴方向/(°)	抽水试验算得渗透系数 $K/(m \cdot d^{-1})$	K_y/K_x	K_z/K_x	$\alpha_{左}$	$\alpha_{右}$	单截面进水量/$(m^3 \cdot h^{-1})$ $Q=q_{左侧壁}+q_{右侧壁}+q_{顶}$	巷道长/m	巷道总涌水量 $Q_{总}/(m^3 \cdot h^{-1})$
11	12	D_3zg、C_1d	44	54	0.142	0.5668	0.1973	87.276	87.282	0.0537	53.62	2.8783
12	13	C_1d、C_1b	43	54	0.092	0.5668	0.1973	87.277	87.283	0.0157	80.23	1.2610
13	14	C_1b、C_1d	44	54	0.092	0.5668	0.1973	87.278	87.284	0.0153	52.22	0.8213
14	15	C_1d	44	54	0.08	0.5668	0.1973	87.184	87.159	0.0137	69.91	0.9560
15	16	D_3zg	43	54	1.423	0.5668	0.1973	87.171	87.134	0.2583	50.11	12.9427
16	17	C_1d、D_3zg	2	54	0.142	0.5668	0.1973	87.165	87.118	0.0513	55.63	2.8564
17	18	D_3zg	45	54	1.423	0.5668	0.1973	87.178	87.071	0.2586	47.69	12.3325
18	19	D_3zg	52	54	1.423	0.5668	0.1973	87.282	87.287	0.2593	47.45	12.3024
19	20	D_3zg	49	54	1.423	0.5668	0.1973	87.282	87.288	0.2591	100.79	26.1141
20	21	D_3zg、C_1d	59	54	0.142	0.5668	0.1973	87.282	87.287	0.0538	97.89	5.2671
21	22	C_1d、C_1b	62	54	0.092	0.5668	0.1973	87.281	87.286	0.0157	85.76	1.3503
22	23	C_1b	49	54	0.1145	0.5668	0.1973	87.280	87.285	0.0196	53.13	1.0424
23	24	C_1b	49	54	0.1145	0.5668	0.1973	87.279	87.284	0.0196	46.32	0.9088
24	25	C_1b	48	54	0.1145	0.5668	0.1973	87.278	87.284	0.0196	40.63	0.7969
25	26	C_1b	49	54	0.1145	0.5668	0.1973	87.278	87.2838	0.0196	13.41	0.2631
26	27	C_1b	49	54	0.1145	0.5668	0.1973	87.278	87.283	0.0196	49.78	0.9767
27	28	C_1b	47	54	0.1145	0.5668	0.1973	87.278	87.291	0.0196	51.68	1.0132
28	29	C_1b、D_3zg	50	54	0.142	0.5668	0.1973	87.277	87.291	0.0682	185.66	12.6658
21	51	C_1d、C_1b、C_2w、C_3m	142	54	0.083	0.5668	0.1973	89.000	89.000	0.0278	185.66	5.1568
涌水量合计/$(m^3 \cdot h^{-1})$												101.9061

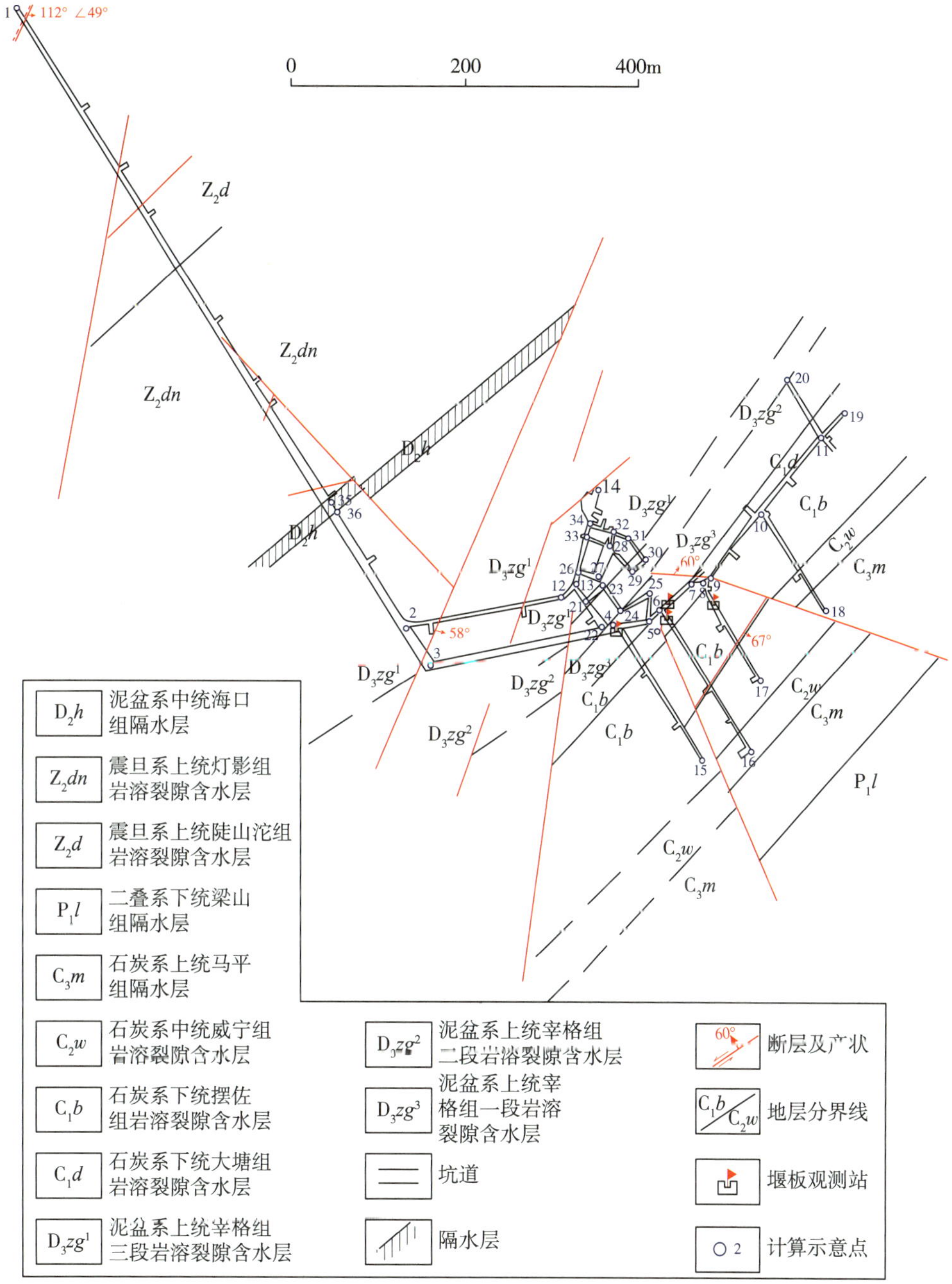

图 5.25　1274m 中段井巷主沿脉及三号竖井联道简图

经过对 1274m 水平井巷岩溶裂隙统计分析和计算得出，1274m 水平井巷渗透张量主方向为北东 34°，$K_y = 0.6292K_x$，$K_z = 0.2707K_x$。依据矿山开采设计图，井巷截面宽 2.8m，井巷中心点到顶板的距离为 3m。依据 1274m 中段观测孔水头记录数据，运用卡明斯基方程，推算出井巷沿线各点水头，以及井巷到观测孔水头线之间的距离，再以此计算出 α 角，进一步计算出井巷涌水量（表 5.11）。

表 5.11　1274m 中段井巷涌水量分段计算表

井巷编号		地层	井巷走向/(°)	K_x 主轴方向/(°)	抽水试验算得渗透系数 $K/(m \cdot d^{-1})$	K_y/K_x	K_z/K_x	$\alpha_{左}$	$\alpha_{右}$	单截面进水量/$(m^3 \cdot h^{-1})$ $Q=q_{左侧壁}+q_{右侧壁}+q_{顶}$	井巷长/m	井巷总涌水量 $Q_{总}/(m^3 \cdot h^{-1})$
2	12	D_3zg	81	34	1.512	0.6292	0.2707	87.300	87.28	0.2874	180.98	52.0225
12	13	D_3zg	52	34	1.512	0.6292	0.2707	87.260	87.28	0.2961	18.96	5.6148
26	14	D_3zg	17	34	1.512	0.6292	0.2707	87.278	87.27	0.2964	85.95	25.4742
3	4	D_3zg	81	34	1.512	0.6292	0.2707	87.284	87.26	0.2874	220.83	63.4767
4	15	D_3zg、C_1d、C_1b	143	34	0.350	0.6292	0.2707	84.000	84.00	0.0651	160.15	10.4296
4	5	D_3zg	81	34	1.512	0.6292	0.2707	87.260	87.15	0.2874	33.53	9.6376
5	6	D_3zg、C_1d	57	34	0.314	0.6292	0.2707	87.270	87.15	0.0612	18.91	1.1576
6	16	C_1d、C_1b、C_2w	143	34	0.073	0.6292	0.2707	83.000	97.00	0.0136	172.19	2.3356
6	7	C_1d	57	34	0.080	0.6292	0.2707	87.150	87.28	0.0156	41.37	0.6452
7	8	C_1d	75	34	0.080	0.6292	0.2707	87.170	87.29	0.0153	13.22	0.2023
8	17	C_1d、C_1b	146	34	0.092	0.6292	0.2707	80.000	80.00	0.0170	115.03	1.9587
8	9	C_1d	75	34	0.080	0.6292	0.2707	87.290	87.26	0.0153	11.44	0.1751
9	10	C_1d	43	34	0.080	0.6292	0.2707	87.180	87.21	0.0158	86.41	1.3621
10	18	C_1d、C_1b、C_2w、C_3m	143	34	0.073	0.6292	0.2707	87.000	87.00	0.0136	117.74	1.6039
10	11	C_1d	43	34	0.080	0.6292	0.2707	87.280	87.28	0.0158	98.88	1.5587
11	19	C_1d	43	34	0.080	0.6292	0.2707	87.270	87.28	0.0158	34.63	0.5459

续表

井巷编号		地层	井巷走向/(°)	K_x 主轴方向/(°)	抽水试验算得渗透系数 $K/(m \cdot d^{-1})$	K_y/K_x	K_z/K_x	$\alpha_{左}$	$\alpha_{右}$	单截面进水量/$(m^3 \cdot h^{-1})$ $Q=q_{左侧壁}+q_{右侧壁}+q_{顶}$	井巷长/m	井巷总涌水量 $Q_{总}/(m^3 \cdot h^{-1})$
11	20	C_1d	323	34	0.080	0.6292	0.2707	87.190	87.22	0.0149	68.14	1.0174
13	21	D_3zg	145	34	1.512	0.6292	0.2707	87.280	87.29	0.2825	21.00	5.9325
21	22	D_3zg	145	34	1.512	0.6292	0.2707	87.280	87.28	0.2825	32.69	9.2349
21	23	D_3zg	24	34	1.512	0.6292	0.2707	87.180	87.15	0.2978	24.24	7.2178
23	24	D_3zg	139	34	1.512	0.6292	0.2707	87.280	87.28	0.2817	31.24	8.8003
24	25	D_3zg	25	34	1.512	0.6292	0.2707	87.230	87.29	0.2979	37.92	11.2975
25	5	D_3zg	188	34	1.512	0.6292	0.2707	87.280	87.29	0.2939	25.39	7.4625
13	26	D_3zg	17	34	1.512	0.6292	0.2707	87.220	87.18	0.2964	12.44	3.6868
26	27	D_3zg	106	34	1.512	0.6292	0.2707	87.280	87.28	0.2821	21.49	6.0616
27	28	D_3zg	24	34	1.512	0.6292	0.2707	87.150	87.13	0.2978	32.89	9.7932
28	29	D_3zg	130	34	1.512	0.6292	0.2707	87.180	87.21	0.2809	36.82	10.3457
29	30	D_3zg	52	34	1.512	0.6292	0.2707	87.280	87.29	0.2961	17.4	5.1529
30	31	D_3zg	320	34	1.512	0.6292	0.2707	89.000	89.00	0.2820	27.17	7.6622
31	32	D_3zg	291	34	1.512	0.6292	0.2707	87.280	87.28	0.2815	19.34	5.4441
32	34	D_3zg	283	34	1.512	0.6292	0.2707	87.150	87.23	0.2825	28.22	7.9717
28	32	D_3zg	24	34	1.512	0.6292	0.2707	87.220	87.28	0.2978	16.3	4.8538
28	33	D_3zg	291	34	1.512	0.6292	0.2707	87.280	87.29	0.2815	25.63	7.2147
涌水量合计/$(m^3 \cdot h^{-1})$												297.35

经过分段计算，得出 2015 年 8 月—2016 年 7 月地下水对井巷的补给总量为以上各段井巷涌水量的总和，数值为 297.35m^3/h，即 7136.406m^3/d。

由井巷涌水量动态监测结果（图 5.26）可以看出，井巷刚开始开拓时，涌水量为 50～200m^3/h。随着井巷工程的不断推进，地下水对井巷的补给量逐渐增大，涌水量为 300～500m^3/h，随着井巷新工程的增加，地下水对井巷的补给量同样也会逐渐增加。由井巷出水法计算得出的井巷涌水量是以整个井巷为研究对象，采用观测孔 2015 年旱季的水头值为依据进行计算，得出井巷涌水量为 297.35m^3/h，与井巷涌水量动态监测的平均值接近。因地下水位的动态变化，井巷的补给范围也会随之改变，井巷补给边界与井巷竖直方向上的夹角也因此而发生变化。

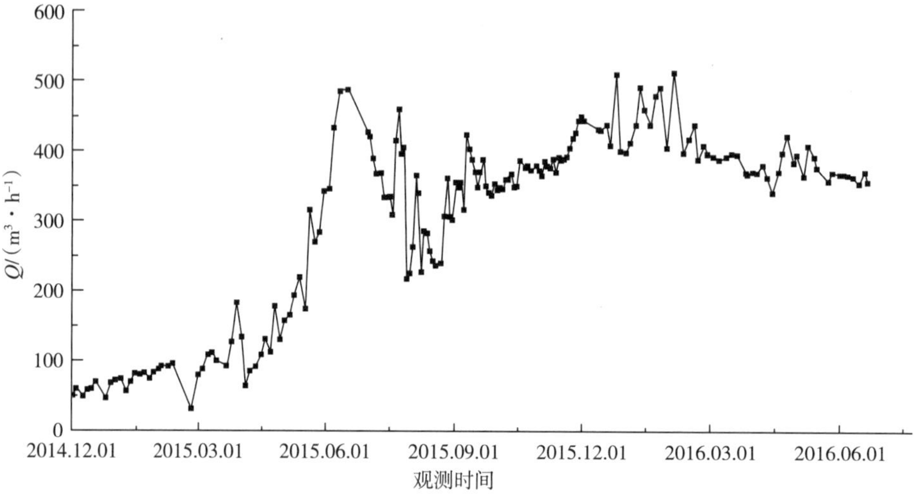

图 5.26　1274m 中段井巷 2014 年 12 月—2016 年 6 月涌水量动态变化图

3）1584m 中段三号竖井联道涌水量预测及拟合

2014 年 8 月，1584m 中段三号竖井联道开始有涌水量监测数据，2015 年 6 月三号竖井联道施工完成。从井巷主沿脉至三号竖井联道全线长 790.22m，揭露了宰格组和陡山沱组岩溶裂隙含水层，地层富水性强。随着井巷的不断开拓，涌水量不断增加，并随季节有一定的波动。经过长时间的疏干排水，井巷涌水量逐渐减小，至 2015 年年底几乎全部疏干，于 2016 年雨季又有一定的涌水，但涌水量较小，小于 1m^3/h（图 5.27）。

采用井巷出水法计算 1584m 中段三号竖井联道涌水量，依据矿山开采设计图，井巷截面宽 2.8m，井巷中心点到顶板的距离为 2.5m。依据抽水试验获得震旦系岩溶含水层渗透系数为 2.142m/d。由于三号竖井联道与地层走向近乎垂直，地下水对井巷补给的流线垂直于井巷的侧壁，与地层走向近乎平行，可将模型考虑为近无限边界，将井巷与地层走向的夹角取为 α 角。连接井巷主沿脉和三号竖井联道的井巷（12—13 段）的 α 角依据观测孔水位计算得出，方法与主沿脉井巷 α 角的计算相同。1584m 中段三号竖井联道涌水量分段计算结果如表 5.12 所示。经过分段计算，得出 2015 年 8 月—2016 年 7 月地下水对井巷的补给总量为以上各段井巷涌水量的总和，数值为 225.1113m^3/h，即 5402.6711m^3/d。

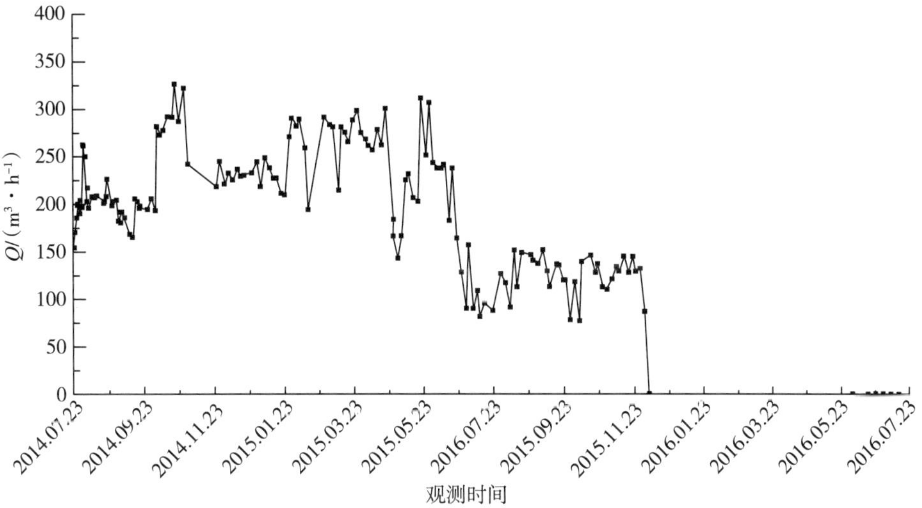

图 5.27 1584m 中段三号竖井联道涌水量动态变化图

由井巷涌水量动态监测结果（图 5.27）可以看出，井巷刚开始开拓时，涌水量为 150～200m³/h。随着井巷工程的不断推进，地下水对井巷的补给量逐渐增大，涌水量为 200～330m³/h，个别点在钻遇溶洞时瞬间涌水量突然增大，而后又趋于平缓。由井巷出水法计算得出的井巷涌水量是以整个井巷为研究对象，采用观测孔 2015 年旱季的水头值为依据进行计算，得出井巷涌水量为 225.1113m³/h，与井巷涌水量动态监测的平均值接近。因地下水位的动态变化，井巷的补给范围也会随之改变，井巷补给边界与井巷竖直方向上的夹角也因此而发生变化。

4）1274m 中段三号竖井联道涌水量预测及拟合

根据矿区涌水量动态监测记录，1274m 中段三号竖井联道从 2014 年 12 月开始有涌水量记录，随着井巷开拓面积的增加，涌水量直线上升，稳定在 200m³/d 左右，经过一段时间的疏干排水，2015 年 9 月 12 日起，1274m 中段三号竖井联道掌子面就处于无水状态（图 5.28）。

采用井巷出水法计算 1274m 中段三号竖井联道涌水量，依据矿山开采设计图，井巷截面宽 2.8m，井巷中心点到顶板的距离为 3m。依据三号竖井联道抽水试验获得震旦系岩溶含水层渗透系数为 2.142m/d。由于三号竖井联道与地层走向近乎垂直，地下水对井巷补给的流线垂直于井巷的侧壁，与地层走向近乎平行，可将模型考虑为近无限边界，将井巷与地层走向的夹角取为 α 角。1274m 中段三号竖井联道涌水量分段计算结果如表 5.13 所示。

经过分段计算，得出 2015 年 5—9 月地下水对井巷的补给总量为以上各段井巷涌水量的总和，数值为 204.6995m³/h，即 4912.6931m³/d。

由井巷涌水量动态监测结果（图 5.28）可以看出，井巷刚开始开拓时，涌水量为 50～120m³/h；随着井巷工程的不断推进，地下水对井巷的补给量逐渐增大，涌水量为 130～225m³/h；随着井巷排水工程的长时间进行，井巷处于近乎疏干的状态。由井巷出水法计算得出的井巷涌水量是以整个井巷为研究对象，将地下水对井巷的补给概化成近无限边界，得出井巷涌水量为 204.70m³/h，与井巷涌水量动态监测的平均值接近。

表 5.12　1584m 中段三号竖井联道涌水量分段计算表

井巷编号		地层	井巷走向/(°)	K_x 主轴方向/(°)	抽水试验算得渗透系数 $K/(m \cdot d^{-1})$	K_y/K_x	K_z/K_x	$\alpha_{左}$	$\alpha_{右}$	单截面进水量/$(m^3 \cdot h^{-1})$ $Q=q_{左侧壁}+q_{右侧壁}+q_{顶}$	井巷长/m	井巷总涌水量 $Q_{总}/(m^3 \cdot h^{-1})$
48	52	Z_2d、Z_2dn	143	54	2.142	0.5309	0.1115	77.000	103.000	0.3230	357.40	115.4483
52	47	D_3zg	143	54.	1.432	0.5668	0.1973	77.000	103.000	0.2914	187.00	54.5000
47	18	D_3zg	43	54	1.432	0.5668	0.1973	87.277	87.283	0.2783	198.24	55.1629
涌水量合计/$(m^3 \cdot h^{-1})$												225.1113

表 5.13　1274m 中段三号竖井联道涌水量分段计算表

井巷编号		地层	井巷走向/(°)	K_x 主轴方向/(°)	抽水试验算得渗透系数 $K/(m \cdot d^{-1})$	K_y/K_x	K_z/K_x	$\alpha_{左}$	$\alpha_{右}$	单截面进水量/$(m^3 \cdot h^{-1})$ $Q=q_{左侧壁}+q_{右侧壁}+q_{顶}$	井巷长/m	井巷总涌水量 $Q_{总}/(m^3 \cdot h^{-1})$
1	35	Z_2d、Z_2dn	143	34	2.1450	0.53090	0.11150	88.0	88.0	0.2555	607.46	155.1847
36	2	D_2h	143	34	0.0029	0.62924	0.27075	88.0	88.0	0.0005	15.01	0.0081
2	3	D_3zg	143	34	1.5120	0.62924	0.27075	88.0	88.0	0.2810	175.35	49.5027
涌水量合计/$(m^3 \cdot h^{-1})$												204.6995

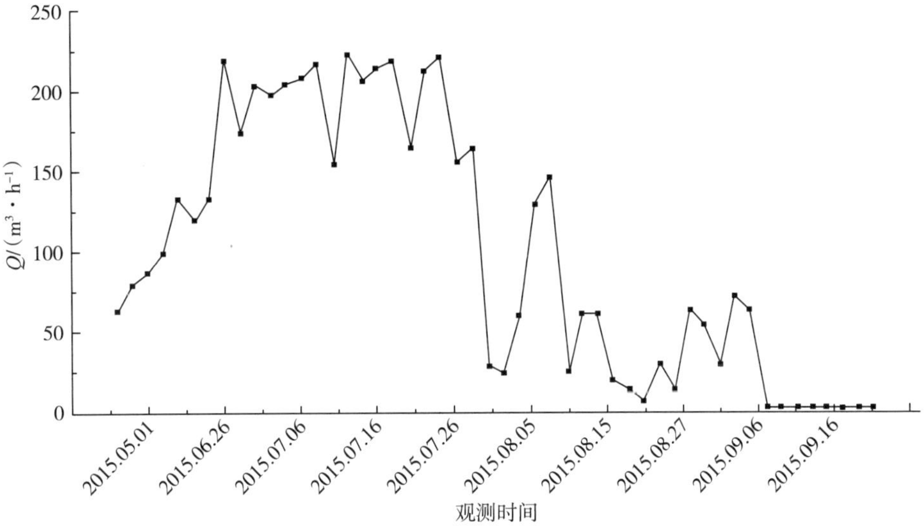

图 5.28 1274m 中段三号竖井联道涌水量动态变化图

5.2.2.3 小结

岩溶层开拓充水型井巷出水模型适用于各向异性特征较为明显的溶隙-裂隙充水矿床，通过综合分析岩体的渗透张量特征及井巷几何特性预测涌水量。井巷出水法计算得出的井巷涌水量可考虑作为井巷涌水量的正常值，再依据历年雨季和旱季涌水量动态求出雨季和旱季涌水量的比例系数，进一步得出井巷最大涌水量。

云南会泽 C 铅锌矿是以岩溶裂隙充水为主的岩溶矿床，岩溶裂隙是地下水的主要径流通道。由于岩溶裂隙的各向异性，地下水在各方向上的径流强度大小不一。通过对比在矿区 1584m 中段抽水试验形成的降落漏斗的平面形态、矿区石炭系岩溶洼地的宏观形态、岩溶裂隙渗透张量计算结果，确定岩体的渗透张量，并基于此，选取西部矿段单独排水时期的 1584m 中段、1274m 中段、1584m 中段二号竖井联道、1274m 中段三号竖井联道作为研究对象，运用井巷出水模型进行涌水量计算拟合，计算结果与井巷排水时段的平均值接近，说明该方法具有较好的可行性。

6 改良大井法

根据地方工程经验，传统大井法预测的涌水量可能偏大 50%以上。通常地下井巷可看作位于含水层中的非完整井，此种条件下，传统大井法将过水断面近似为一个半球面，过大的过流断面面积是导致计算水量偏大的原因之一。本书通过引入基于渗透张量的椭球型过流断面，优化了传统大井法，减小了底部进水的承压水非完整井巷公式的计算值，使之更接近于抽水试验的实测水量。当不考虑渗透张量时，即改良大井法中的面积系数 $M=1$ 时，此时改良大井法的计算值会回归到传统大井法。

6.1 预测模型推导

大井法是把复杂的井巷系统替代为一个假想的、与井巷系统面积相等的“大井”。“大井”涌水量按照一般垂直钻孔涌水量计算公式确定，钻孔半径用“大井”的引用半径代替，影响半径用“大井”的引用影响半径代替。

对于井巷整体近水平展布、充水方式为底部进水的特定开拓模式，即半无限巨厚层承压含水层非完整井井底进水模型（图 6.1），可以基于达西定律建立井巷涌水量与降深的函数关系式。

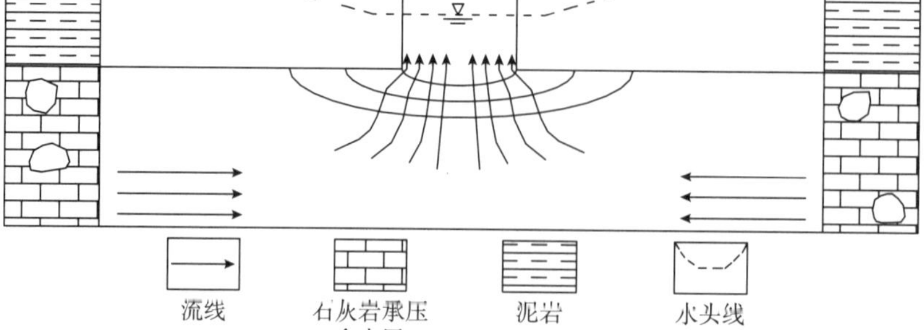

图 6.1　承压含水层非完整井井底进水模型示意图

井巷涌水量主要取决于过水断面面积、渗透系数和水力梯度。渗透系数表征含水介质通过地下水的能力，对地下水过流断面有决定性作用。人为转动直角坐标系，使其与渗透系数3个主方向重合时，渗透系数 K 即可用3个主渗透系数 K_x、K_y、K_z 表示，$K=\sqrt[3]{K_xK_yK_z}$。水力梯度可理解为渗透方向上地下水流经单位渗流长度克服的摩擦力所需的机械能，即水头损失。

当各方向上的主渗透系数都相等时，即介质各向同性，地下水由源从各个方向流向汇时所受的阻力是一样的，各方向的水力梯度也就是一样的，所以对于一个汇点，平面上等水头线是一个个同心圆；而在各向异性介质中，主渗透系数大的方向，地下水流动所受阻力小，水力梯度小，各等水头线的间距则较大，反之主渗透系数小的方向，地下水流动所受阻力大，各等水头线间距较小，这种现象导致各向异性介质中一个汇点平面上等水头面不再是同心圆，而是以汇点为中心的长短轴等比例缩放的椭圆（以下简称同心椭圆）。对于井底进水的非完整井，等水头面则为以井的中轴线为中心的同心半球面（各向同性介质）或者同心椭球面（各向异性介质）。

由达西定律可知相同流量下，过水断面面积相同时，同一渗流方向上的渗透系数与渗流长度成正比。当各方向上主渗透系数不同时，同心半球等水头面3个主渗透方向上的半径则随渗透系数变化，使同心半球等水头面变为与各向异性介质相适应的同心椭球等水头面，也就是说，3个主渗透系数决定的球面（椭球面）与等水头面形状是相似的，也与过水断面形状是相似的。

求解涌水量-降深的函数关系式时，由于在均质各向异性条件下，数学计算中难以确定水力梯度，故在水平渗透系数 K_x 与 K_y 相差不大时，为简化计算，假设含水层在水平方向上各向同性，仅在垂直方向上考虑各向异性，即水平渗透系数 $K_p=\sqrt{K_xK_y}$，$K_p=\lambda K_z$。此时，过水断面形状为一个平面等轴的扁椭球体，可通过图6.2所示的椭圆绕Z轴旋转360°后得到，椭球体表面积可以理解为过水断面面积。

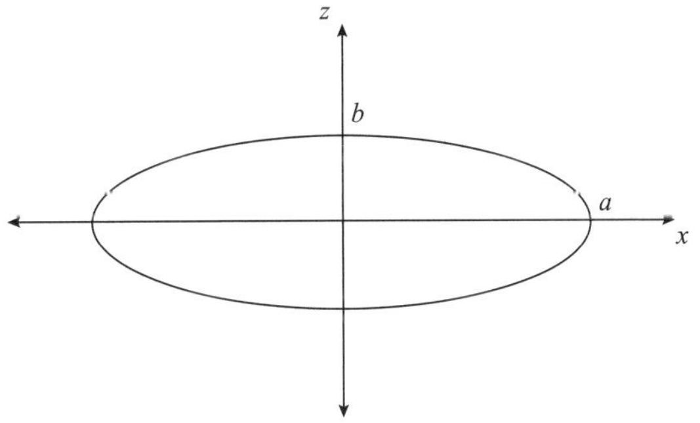

图 6.2　椭圆旋转示意图

假设椭圆方程如下，其中 a 为椭圆长轴长度，b 为椭圆短轴长度。

$$\frac{x^2}{a^2}+\frac{z^2}{b^2}=1 \tag{6.1}$$

将椭圆公式变换成 $x=f(z)$ 的形式，并对 z 求导有

$$f(z)=\pm a\sqrt{1-\frac{z^2}{b^2}} \tag{6.2}$$

$$f'(z)=\mp\frac{az}{b\sqrt{b^2-z^2}} \tag{6.3}$$

椭圆绕 Z 轴旋转所得旋转体表面积 S 的公式为

$$S=2\pi\int_{-b}^{b}|f(z)|\sqrt{1+f'^{2}(z)}\,\mathrm{d}z \tag{6.4}$$

将式 6.2、式 6.3 代入式 6.4 有

$$S=2\pi\int_{-b}^{b}a\sqrt{1-\frac{z^{2}}{b^{2}}}\sqrt{1+\frac{a^{2}z^{2}}{b^{2}(b^{2}-z^{2})}}\,\mathrm{d}z \tag{6.5}$$

对式 6.5 进行处理有

$$S=\frac{2\pi a}{b^{2}}\int_{-b}^{b}\sqrt{b^{4}+(a^{2}-b^{2})z^{2}}\,\mathrm{d}z \tag{6.6}$$

由前文所述，$K_p=\lambda K_z$，即有

$$a=\lambda b \tag{6.7}$$

显然有 $\lambda>1$。式 6.6 可化为

$$S=2\pi a\int_{-b}^{b}\sqrt{1+\frac{\lambda^{2}-1}{b^{2}}z^{2}}\,\mathrm{d}z \tag{6.8}$$

令

$$\frac{\lambda^{2}-1}{b^{2}}=c^{2} \tag{6.9}$$

则式 6.8 变为

$$S=2\pi a\int_{-b}^{b}\sqrt{1+c^{2}z^{2}}\,\mathrm{d}z \tag{6.10}$$

作积分变量替换，令

$$1+c^{2}z^{2}=t^{2} \tag{6.11}$$

则

$$dz=\frac{t}{c\sqrt{t^{2}-1}}\mathrm{d}t \tag{6.12}$$

式 6.10 可变为

$$S=\frac{4\pi a}{c}\int_{1}^{\sqrt{1+b^{2}c^{2}}}\frac{t^{2}}{\sqrt{t^{2}-1}}\mathrm{d}t \tag{6.13}$$

做代数处理后式 6.13 可拆分为两个积分之和

$$S=\frac{4\pi a}{c}\left[\int_{1}^{\sqrt{1+b^{2}c^{2}}}\sqrt{t^{2}-1}\,\mathrm{d}t+\int_{1}^{\sqrt{1+b^{2}c^{2}}}\frac{1}{\sqrt{t^{2}-1}}\mathrm{d}t\right] \tag{6.14}$$

令

$$I_1=\int_{1}^{\sqrt{1+b^{2}c^{2}}}\sqrt{t^{2}-1}\,\mathrm{d}t \tag{6.15}$$

$$I_2=\int_{1}^{\sqrt{1+b^{2}c^{2}}}\frac{1}{\sqrt{t^{2}-1}}\mathrm{d}t \tag{6.16}$$

则

$$S = \frac{4\pi a}{c}(I_1 + I_2) \tag{6.17}$$

计算 I_1，令

$$\sqrt{t^2 - 1} = u \tag{6.18}$$

则

$$\mathrm{d}t = \frac{u}{\sqrt{1+u^2}}\mathrm{d}u \tag{6.19}$$

式 6.15 又可拆分为两个积分之和

$$I_1 = \int_0^{bc} \sqrt{1+u^2}\,\mathrm{d}u - \int_0^{bc} \frac{1}{\sqrt{1+u^2}}\mathrm{d}u = I_3 - I_4 \tag{6.20}$$

$$I_3 = \int_0^{bc} \sqrt{1+u^2}\,\mathrm{d}u \tag{6.21}$$

$$I_4 = \int_0^{bc} \frac{1}{\sqrt{1+u^2}}\mathrm{d}u \tag{6.22}$$

计算 I_3，令

$$u = \tan\theta \tag{6.23}$$

$$\mathrm{d}u = \sec^2\theta\mathrm{d}\theta \tag{6.24}$$

则式 6.21 变为

$$I_3 = \int_0^{\arctan bc} \sec^3\theta\mathrm{d}\theta \tag{6.25}$$

三角函数之间有变换

$$\cos\theta = \frac{1 - \tan^2\dfrac{\theta}{2}}{1 + \tan^2\dfrac{\theta}{2}} \tag{6.26}$$

$$\sin\theta = \frac{2\tan\dfrac{\theta}{2}}{1 + \tan^2\dfrac{\theta}{2}} \tag{6.27}$$

令

$$\tan\frac{\theta}{2} = w \tag{6.28}$$

则

$$\frac{1}{2}\sec^2\frac{\theta}{2}\mathrm{d}\theta = \mathrm{d}w \tag{6.29}$$

用式 6.26 至式 6.29 对式 6.25 进行处理，有

$$I_3 = 2\int_0^{\frac{-1+\sqrt{1+b^2c^2}}{bc}} \frac{(1+w^2)^2}{(1-w^2)^3}\mathrm{d}w \tag{6.30}$$

式 6.30 中被积函数可分解为 3 个分式之和，即式 6.30 可分为 3 个积分之和

$$I_3=2(I_5-I_6+I_7) \tag{6.31}$$

$$I_5=\int_0^{\frac{-1+\sqrt{1+b^2c^2}}{bc}}\frac{1}{1-w^2}\mathrm{d}w \tag{6.32}$$

$$I_6=\int_0^{\frac{-1+\sqrt{1+b^2c^2}}{bc}}\frac{4}{(1-w^2)^2}\mathrm{d}w \tag{6.33}$$

$$I_7=\int_0^{\frac{-1+\sqrt{1+b^2c^2}}{bc}}\frac{4}{(1-w^2)^3}\mathrm{d}w \tag{6.34}$$

计算 I_5，解式 6.32 有

$$I_5=\frac{1}{2}\ln\left|\frac{bc-1+\sqrt{1+b^2c^2}}{bc+1-\sqrt{1+b^2c^2}}\right| \tag{6.35}$$

计算 I_6，令 $w=\frac{1}{v}$，则积分限改变，当 $w=f$ 时，$v=\frac{1}{f}$；当 $w=0$ 时，$v=\eta$，$\eta\to\infty$。I_6 变为反常积分，

$$I_6=-4\int_\eta^{\frac{bc}{-1+\sqrt{1+b^2c^2}}}\frac{v^2}{(v^2-1)^2}\mathrm{d}v \tag{6.36}$$

用分部积分法求解式 6.36 可得

$$I_6=2\left[\frac{v}{v^2-1}\bigg|_\eta^{\frac{bc}{-1+\sqrt{1+b^2c^2}}}-\int_\eta^{\frac{bc}{-1+\sqrt{1+b^2c^2}}}\frac{1}{v^2-1}\mathrm{d}v\right] \tag{6.37}$$

令积分上限

$$\frac{bc}{-1+\sqrt{1+b^2c^2}}=\frac{1}{f} \tag{6.38}$$

$$I_6=\frac{2f}{1-f^2}-\left(\ln\left|\frac{1-f}{1+f}\right|-\lim_{\eta\to\infty}\ln\left|\frac{\eta-1}{\eta+1}\right|\right) \tag{6.39}$$

式 6.39 中的极限值为 0，反常积分 I_6 收敛，则

$$I_6=\frac{(-2+2\sqrt{1+b^2c^2})bc}{(-2+2\sqrt{1+b^2c^2})}-\ln\left|\frac{bc+1-\sqrt{1+b^2c^2}}{bc-1+\sqrt{1+b^2c^2}}\right| \tag{6.40}$$

计算 I_7，令 $w=\frac{1}{v}$，得

$$I_7=-4\int_\eta^{\frac{1}{f}}\frac{v^4}{(v^2-1)^3}\mathrm{d}v \tag{6.41}$$

用分部积分法后可得

$$I_7=\frac{v^3}{(v^2-1)^2}\bigg|_\eta^{\frac{1}{f}}-3\int_\eta^{\frac{1}{f}}\frac{v^2}{(v^2-1)^2}\mathrm{d}v \tag{6.42}$$

$$I_7=\frac{f}{(1-f^2)^2}+\frac{3}{4}I_6 \tag{6.43}$$

计算 I_3，由式 6.31 有

$$I_3=\frac{1}{2}\ln\left|\frac{bc-1+\sqrt{1+b^2c^2}}{bc+1-\sqrt{1+b^2c^2}}\right|-\frac{1}{2}\frac{(-2+2\sqrt{1+b^2c^2})bc}{(-2+2\sqrt{1+b^2c^2})}+\frac{b^3c^3}{2(-1+\sqrt{1+b^2c^2})} \tag{6.44}$$

计算 I_4，由式 6.22 有

$$I_4=\ln(bc+\sqrt{1+b^2c^2}) \tag{6.45}$$

计算 I_2，由式 6.16 有

$$I_2=\ln(\sqrt{1+b^2c^2}+bc) \tag{6.46}$$

即 $I_2=I_4$，又由式 6.17 及式 6.20 有

$$S=\frac{4\pi a}{c}I_3 \tag{6.47}$$

用式 6.7、式 6.9 将式 6.47 化为只与 a 和 λ 相关的函数

$$S=2\pi a^2\left[\frac{\ln\dfrac{\sqrt{\lambda^2-1}-1+\lambda}{\sqrt{\lambda^2-1}+1-\lambda}}{\lambda\sqrt{\lambda^2-1}}+\frac{\lambda(\lambda-1)\sqrt{\lambda^2-1}}{\lambda(\lambda-1)\sqrt{\lambda^2-1}}\right] \tag{6.48}$$

为验证积分结果的正确性，取椭球的特殊情况球体进行验证。当 $\lambda\to1$ 时，即 $a\to b$，对式 6.48 中大括号内部分求极限：

$$\lim_{\lambda\to1}\left[\frac{\ln\dfrac{\sqrt{\lambda^2-1}-1+\lambda}{\sqrt{\lambda^2-1}+1-\lambda}}{\lambda\sqrt{\lambda^2-1}}+\frac{\lambda(\lambda-1)\sqrt{\lambda^2-1}}{\lambda(\lambda-1)\sqrt{\lambda^2-1}}\right]=\lim_{\lambda\to1}\left[\frac{2}{\lambda\sqrt{\lambda+1}(\sqrt{\lambda+1}-\sqrt{\lambda-1})}+1\right]=2 \tag{6.49}$$

由式 6.49 证明极限存在，也就是说在椭球逐渐向球变化时，其表面积满足球表面积 $S=2\pi a^2\times2=4\pi a^2$。

综上所述，所得椭球表面积公式正确，可运用于水量计算。所得表面积公式最终形式为

$$S=2\pi a^2M,\ M=\left[\frac{\ln\dfrac{\sqrt{\lambda^2-1}-1+\lambda}{\sqrt{\lambda^2-1}+1-\lambda}}{\lambda\sqrt{\lambda^2-1}}+1\right] \tag{6.50}$$

式中，M 为表面积修正系数。

至此，确定了平面等轴的扁椭球体过水断面面积的代数式，将该面积代数式代入达西定律可得

$$Q=-K_P\frac{\mathrm{d}s}{\mathrm{d}a}2\pi Ma^2 \tag{6.51}$$

式中，K_P 为水平渗透系数，单位为 m/d；s 为距井中心距离 a 处的降深，单位为 m。

对于椭球进水面，仅由地表分布的观测孔求得的水头值难以计算水力梯度，为简化计算，采用球形流的模型计算水力梯度，即两等水头面间距为定值，水力梯度为定值。对式 6.51 分离变量积分后可得

$$\frac{1}{a}=\frac{2\pi K_P Ms}{Q}+C \tag{6.52}$$

式中，C 为任意常数，$a\in[r_w,\infty)$。将 $a=r_w$ 和 $a=R$ 代入式 6.52，得

$$\frac{1}{r_w}=\frac{2\pi K_P Ms_w}{Q}+C \tag{6.53}$$

$$\frac{1}{R}=\frac{2\pi K_P Ms_R}{Q}+C \tag{6.54}$$

用式 6.53 与式 6.54 相减，消去常数 C

$$\frac{1}{r_w}-\frac{1}{R}=\frac{2\pi K_P M(s_w-s_R)}{Q} \tag{6.55}$$

对式 6.55 做简单处理可得到水量和降深的关系式

$$Q=\frac{2\pi K_P M(s_w-s_R)}{\left(\dfrac{1}{r_w}-\dfrac{1}{R}\right)},\quad M=\left[\frac{\ln\left|\dfrac{\sqrt{\lambda^2-1}-1+\lambda}{\sqrt{\lambda^2-1}+1-\lambda}\right|}{\lambda\sqrt{\lambda^2-1}}+1\right] \tag{6.56}$$

式中，s_R 可理解为距抽水井中心 R（$R>r_w$）处的降深，单位为 m，实际运用时为距抽水井 R 处的观测孔中水位降深；当 R 为影响半径时，理论上 $s_R=0$。由于模型假设为井底进水模型，过水断面只有半个椭球面，所以实际流量 $Q'=\dfrac{Q}{2}$，应为

$$Q'=\frac{\pi K_P M(s_w-s_R)}{\left(\dfrac{1}{r_w}-\dfrac{1}{R}\right)},\quad M=\left[\frac{\ln\left|\dfrac{\sqrt{\lambda^2-1}-1+\lambda}{\sqrt{\lambda^2-1}+1-\lambda}\right|}{\lambda\sqrt{\lambda^2-1}}+1\right] \tag{6.57}$$

式 6.57 即为底板直接充水型涌水量预测公式改进后的“大井法”水量计算公式。

一般情况下，或在没有观测孔的情况下，可认为抽水井影响半径 $R\gg r_w$，即式 6.57 中 $\left(\dfrac{1}{r_w}-\dfrac{1}{R}\right)\approx\dfrac{1}{r_w}$；在理论上影响半径 R 处降深 $S_R=0$，则式 6.57 可作简化为

$$Q'=\pi K_P M s_w r_w \tag{6.58}$$

式 6.57 和式 6.58 之间会存在误差，设式 6.57 算出的涌水量为 Q_1，式 6.58 算出的涌水量为 Q_2，则其相对误差为

$$\frac{Q_1-Q_2}{Q_1}=\frac{s_w r_w-s_R R}{(s_w-s_R)R} \tag{6.59}$$

再假设影响半径不是无穷远，即 R 存在一个确定数值，按定义 $S_R=0$，则式 6.58 可以简化为

$$\frac{Q_1-Q_2}{Q_1}=\frac{r_w}{R} \tag{6.60}$$

6.2 改良大井法的实例验证

贵州贞丰 H 金矿矿区金矿井巷仅揭露茅口组巨厚层石灰岩顶部，可将井巷系统看作

井底进水的"非完整大井"。根据大型抽水试验和野外实测岩溶洼地、裂隙统计数据计算，含水层水平渗透系数与垂向渗透系数相差较大，水平渗透系数约为垂向渗透系数的 3.94 倍，即 $K_p=3.94K_z$。为核实式 6.57 的正确性，分别利用贵州贞丰 H 金矿矿区 1097m 水平井巷抽水量及贵州贞丰 H 金矿 1 号矿区两次抽水试验对公式进行验证。

6.2.1 贵州贞丰 H 金矿矿区开采排水

贵州贞丰 H 金矿矿区矿坑 1097m 水平井巷 2011 年 9 月—2013 年 4 月持续排水，抽水量随时间推移逐渐平稳，后期基本稳定在 10800m^3/d 左右。采坑"大井"的引用半径由贵州贞丰 H 金矿矿区矿坑 1097m 水平井巷开拓系统确定，近似为一不规则七边形（图 6.3），依据《水文地质手册（第二版）》，不规则多边形可由下式计算引用半径：

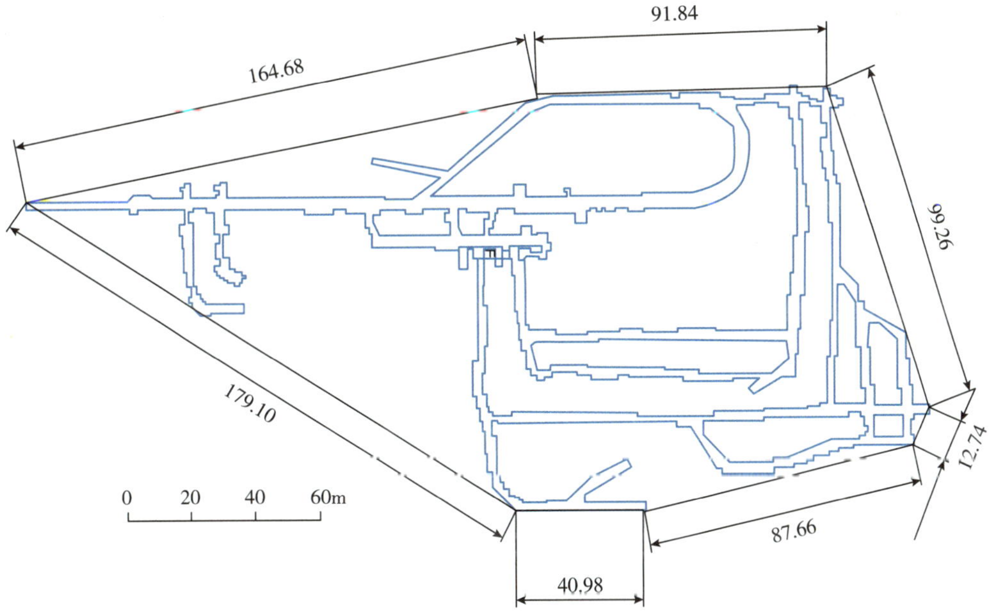

图 6.3 贵州贞丰 H 金矿矿区 1097m 水平井巷"大井"引用半径计算图

$$r_w=\frac{P}{2\pi} \tag{6.61}$$

式中，P 为多边形周长，r_w 为"大井"引用半径。

1097m 水平井巷开拓系统所决定的七边形图面周长 P 为 676.26m。由式 6.61，$r_w=107.63$m。

依据井下放水试验计算，该矿坑渗透系数 $K=0.75$m/d，再由 $K=\sqrt[3]{K_xK_yK_z}$ 和 $K_p=\sqrt{K_xK_y}$ 两公式可求得，该处水平渗透系数 $K_p=1.139$m/d。现状生产条件下矿坑降深为 21.6m，将数据代入式 6.58 中得到涌水量 $Q'=9455.30m^3/d$，与实际抽水量 10800m^3/d 相比，相对误差为 12.45%。

6.2.2 贵州贞丰H金矿1号矿区抽水试验

利用贵州贞丰 H 金矿 1 号矿区 2012 年和 2013 年 1 号主井两次抽水试验的观测数据也可对式 6.57 和式 6.58 进行验证。

贵州贞丰 H 金矿 1 号矿区矿井仅开拓了长约 23m、宽 2.5m 的井巷，由此计算井巷长宽比为 9.2，以前述多边形法换算得大井引用半径为 8.91m。

6.2.2.1 第一次抽水试验

第一次抽水试验历时 5 天，最大降深为 200m，平均实测涌水量为 6683.9m^3/d。该区域渗透系数 $K=0.82m/d$，计算水平渗透系数 $K_p=1.25m/d$。选取 ZK22340、ZK27140、ZK5532、ZK23940、ZK6324 作为观测孔，各观测孔与抽水井的距离和降深具体数据如表 6.1 所示。

表 6.1 第一次抽水试验观测孔数据总汇表

观测孔号	观测孔距抽水井的距离/m	观测孔降深/m
ZK22340	380.67	3.02
ZK27140	915.07	4.48
ZK5532	3557.08	0.95
ZK23940	378.91	6.28
ZK6324	3335.03	0.68

将表 6.1 中数据代入式 6.57，并以公式相对误差$=\frac{|计算水量-实测水量|}{实测水量}$计算相对误差。计算结果显示，采用不同观测孔计算涌水量的相对误差均小于 20%（表 6.2）。

表 6.2 第一次抽水试验“大井法”涌水量计算结果表

观测孔号	涌水量/($m^3 \cdot d^{-1}$)	相对误差/%
ZK22340	8019.920	19.99
ZK27140	7850.598	17.46
ZK5532	7934.389	18.71
ZK23940	7888.073	18.01
ZK6324	7946.480	18.89

6.2.2.2 第二次抽水试验

第二次抽水试验历时 4 天，最大降深为 460m，平均实测涌水量为 16584m^3/d。大井引用半径与第一次抽水试验相同，取值 8.91m。水平渗透系数 $K_p=1.25m/d$。选取 ZK22340、ZK27140、ZK5532、ZK23940、ZK6324 作为观测孔，各观测孔与抽水井距离和降深具体数据如表 6.3 所示。

表 6.3　第二次抽水试验观测孔数据总汇表

观测孔号	观测孔距抽水井的距离/m	观测孔降深/m
ZK22340	380.67	66.55
ZK27140	915.07	10.38
ZK5532	3557.08	2.25
ZK23940	378.91	18.13
ZK6324	3335.03	2.80

计算结果显示，采用不同观测孔计算涌水量的相对误差值为 3.41%～10.02%(表 6.4)。

表 6.4　第二次抽水试验“大井法”涌水量计算结果表

观测孔号	涌水量/($m^3 \cdot d^{-1}$)	相对误差/%
ZK22340	16019.08	3.41
ZK27140	18053.32	8.86
ZK5532	18246.50	10.02
ZK23940	17992.48	8.50
ZK6324	18227.63	9.91

通过两次抽水试验发现，计算结果总体趋势为第二次抽水试验（大型降深抽水试验）的相对误差比第一次抽水试验（小型降深抽水试验）的相对误差明显减小，亦即大型降深抽水试验情况下式 6.57 计算出的涌水量更接近于真实情况。

6.2.2.3　不采用观测孔数据时的涌水量计算

需要进行井巷涌水量计算的绝大多数工程，很难具有可用的观测孔，因此需要考虑无观测孔时式 6.58 的准确性。验证时，参数取值与贵州贞丰 H 金矿 1 号矿区第一次抽水试验和第二次抽水试验两次计算分别对应相同。改以式 6.58 进行计算，计算结果统计如表 6.5 所示，验证结果表明不采用观测孔数据所得的计算涌水量与实测涌水量的误差为 10.29%～18.97%，均在 20%以内。

表 6.5　不采用观测孔数据时的涌水量计算表

试验	主井降深/m	计算涌水量/($m^3 \cdot d^{-1}$)	实测涌水量/($m^3 \cdot d^{-1}$)	相对实测涌水量的误差/%
第一次抽水试验	200	7952.29	6683.9	18.97
第二次抽水试验	460	18290.26	16584	10.29

6.2.2.4　采用观测孔数据计算的涌水量与不采用观测孔数据计算的涌水量之间的对比及误差分析

设式 6.57 所得涌水量为 Q_1（采用观测孔数据所得涌水量），式 6.58 所得水量为 Q_2（不采用观测孔数据所得涌水量），设定相对误差$=\frac{|Q_1-Q_2|}{Q_1}$。

1）第一次抽水试验

计算 Q_1 与 Q_2 的相对误差为 0.07%～1.30%，相对误差非常小（表 6.6）。排除异常点 ZK22340 后，用表 6.6 中距抽水井的距离 R 作为横坐标，相对误差作为纵坐标，绘制距离尺与相对误差关系图（图 6.4）。由图 6.4 可知，随着 R 变大，相对误差越来越小。

表 6.6　第一次抽水试验 Q_1 与 Q_2 相对误差计算表

观测孔号	观测孔距抽水井的距离 R/m	Q_1/(m^3 · d^{-1})	Q_2/(m^3 · d^{-1})	相对误差/%
ZK22340	380.67	8019.923	7952.29	0.84
ZK27140	915.07	7850.598	7952.29	1.30
ZK5532	3557.08	7934.389	795.29	0.23
ZK23940	378.91	7888.073	795.29	0.81
ZK6324	3335.03	7946.480	7952.29	0.07

2）第二次抽水试验

设式 6.57 所得涌水量为 Q_3，式 6.58 所得涌水量为 Q_4，Q_3 对应采用观测孔数据所得涌水量，Q_4 对应不采用观测孔数据所得涌水量，设定相对误差$=\dfrac{|Q_3-Q_4|}{Q_3}$。排除异常点 ZK22340 后，计算 Q_3 与 Q_4 的相对误差为 0.24%～1.66%（表 6.7）；类似地，用表 6.7 中数据可绘制图 6.5，亦有上述规律，并且相比第一次抽水试验，第二次抽水试验所得的回归曲线更准确。

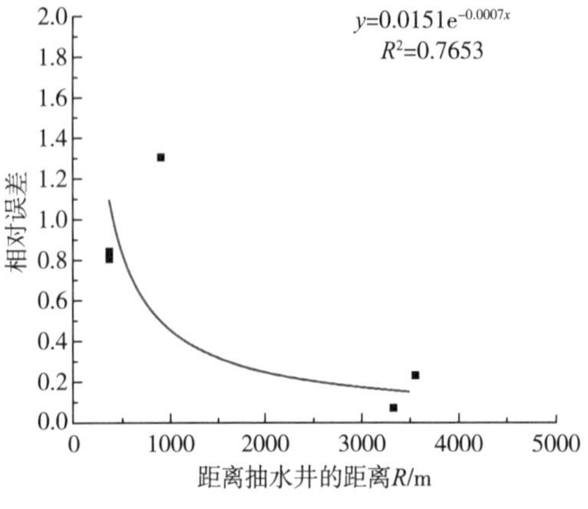

图 6.4　第一次抽水试验距抽水井的距离 R 与相对误差关系图

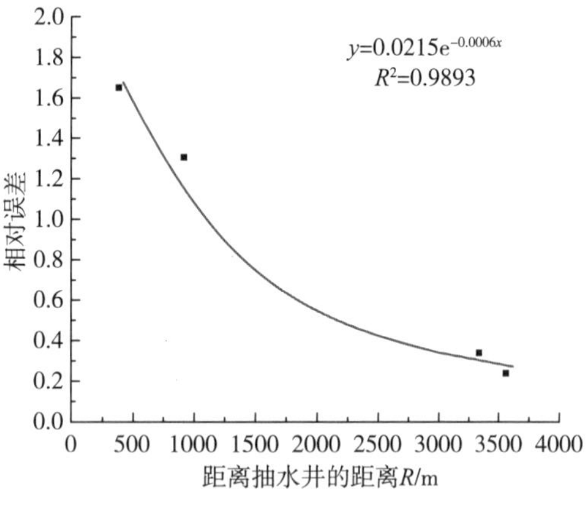

图 6.5　第二次抽水试验距抽水井的距离 R 与相对误差关系图

表 6.7　第二次抽水试验 Q_3 与 Q_4 相对误差计算表

观测孔号	观测孔距抽水井的距离 R/m	Q_3/(m^3 · d^{-1})	Q_4/(m^3 · d^{-1})	相对误差/%
ZK22340	380.67	16019.08	18290.26	14.18
ZK27140	915.07	18053.32	18290.26	1.31

续表

观测孔号	观测孔距抽水井的距离 R/m	Q_3/($m^3 \cdot d^{-1}$)	Q_4/($m^3 \cdot d^{-1}$)	相对误差/%
ZK5532	3557.08	18246.50	18290.26	0.24
ZK23940	378.91	17992.48	18290.26	1.66
ZK6324	3335.03	18227.63	18290.26	0.34

由此可能存在规律，抽水量越大，降深越大，观测孔数据对式 6.57 的计算结果的影响就越小，即式 6.57 的计算结果就越逼近式 6.58 的计算结果，亦即有观测孔数据的计算结果就越逼近无观测孔数据的计算结果。据此可以推论，无观测孔数据的计算结果，方法本身带来的误差不会太大。

7 成果与展望

岩溶区井巷开拓工程面临的水文地质条件较为复杂，涌（突）水成为制约许多岩溶区地下工程安全的首要难题。本书基于岩溶发育规律总结，探讨了岩溶区渗透张量的确定方法，并针对常见的岩溶层中开拓充水型和底板直接充水型两种井巷开拓涌水类型，建立涌水量预测理论模型，并将其应用于数据资料丰富的几个排水矿山进行拟合验证，以期佐证涌水量预测实用新方法的合理性。

7.1 主要认识与结论

7.1.1 岩溶发育规律

岩溶是可溶岩在裂隙、断层、构造运动、地形地貌、气候条件等因素综合作用下的产物。岩溶区地面形态调查法是最常见的岩溶调查手段，主要调查地表溶洞、岩溶裂隙、岩溶洼地的形态和发育特征及地下水流态等内容；钻探资料对地下岩溶发育状况能较为直观地刻画，但由于岩溶发育的不均匀性，对岩溶发育规律的认识可能存在一定的偏差；地球物理探测的方法可以探查并推断岩溶发育类型、发育规律及空间展布情况。对于某区域岩溶发育规律总结，需多种手段相结合，互相弥补，避免单一调查方法的不足，即在地面形态调查工作的基础上，应结合区域构造发展史进行深入分析，进而合理推断埋藏型岩溶存在的可能性。地壳隆升或沉降影响着岩溶的发育条件，若地壳隆升，则先形成的岩溶位置抬升，成为高层溶洞，在后期环境的影响下，进一步发展为现代岩溶；若地壳沉降，则溶洞或溶隙降至地表以下被覆盖或埋藏。

岩溶发育规律研究，除综合分析地表岩溶在平面上的分布规律之外，需综合地表不同高度的溶洞、地下钻孔或坑道在开拓过程中钻遇溶洞、溶孔、溶隙等现象，进行垂向上的分层，尤其需要将岩溶发育的层位以地层的特征底板或顶板为基准，归纳发育的空间位置。

7.1.2 渗透张量

渗透张量表征了岩体裂隙在各方向上的渗透特性，岩溶区的岩体各向异性特征较为突出，裂隙控制着地下水径流的主方向及强度，进一步影响着岩溶的宏观发育结果。通过对抽水试验降落漏斗形态、岩溶洼地发育规律及岩溶裂隙测量结果进行对比分析，发现岩溶洼地的形态发育明显受岩溶裂隙和构造的控制。在难以进行大型抽水试验时，可以通过调查研究区岩溶洼地的宏观形态和野外裂隙测量来描述岩体的各向异性特征。同样，在难以进行岩溶洼地统计分析和大型抽水试验时，可以通过裂隙测量来确定渗透张量。

1）抽水试验流场形态

本书选取 3 个岩溶例证区验证了抽水试验揭示的流场形态作为确定渗透张量方式的精确度。对贵州贞丰 H 金矿矿区和云南保山 X 铅锌矿矿进行了天然流场数值模型验证和抽水状态模型拟合验证。在天然流场数值模型中，运用了抽水试验确定的渗透张量，结果表明，钻孔观测的水位和天然流场数值模型计算的结果吻合度较高；基于抽水试验所确定的渗透张量，项目组采用井巷出水法计算云南会泽 C 铅锌矿矿坑涌水量，计算结果与实际涌水量接近，误差不大，证明了抽水试验揭示的流场形态作为渗透张量确定方式的精度较高。

2）岩溶洼地形态

岩溶洼地形态受裂隙发育主方向和裂隙宽度的影响，通常呈半球形或半椭球形，反映了地下水径流的特征。理论上，岩溶洼地的长轴即为地下渗透张量的主渗透轴 K_x，与其垂直的短轴为 K_y，而其深度则是渗透张量垂向上渗透主值 K_z 的一半。对云南保山 X 铅锌矿矿区、贵州贞丰 H 金矿矿区和云南会泽 C 铅锌矿矿区进行的岩溶洼地统计分析，结果显示岩溶洼地形态回归得出的渗透张量与大型抽水试验确定的渗透主方向基本一致。其中，贵州贞丰 H 金矿矿区、云南保山 X 铅锌矿矿区大型抽水试验与岩溶洼地统计分析所得结果的水平长轴和短轴及水平长轴与垂向轴之间线性关系方程的相对误差均小于 10%，表明岩溶洼地发育规律能够表征地下岩溶裂隙在各个渗透方向上的主要值。

3）裂隙测量统计

裂隙测量获得的渗透张量显示出明显的主渗透方向，与大型抽水试验结果和岩溶洼地统计分析结果相对接近，但节理裂隙测量与抽水试验所得结果水平长轴和短轴及水平长轴与垂向轴之间线性关系方程的相对误差为 2.49%～78.39%，这是因为节理裂隙测量受到尺寸效应和测量深度的影响。尽管如此，在缺乏其他确定渗透张量手段时，节理裂隙测量仍然是一种有效且可行的方法。

7.1.3 水量水位拟合外推法

水量水位拟合外推法重点关注主含水层。随着开采量的调整，主含水层因开发导致其承压水头降低，打破了自然条件下主含水层与各关联含水层之间的动力平衡，致使它们之间产生渗流补给，但补给量与复杂的地质构造和水文地条件关系密切，难以建立普适的数学方程。本书引入电流理论公式刻画或模拟渗流场，将各关联含水层之间的渗流用与电阻类似的“流阻”$\left(\sigma'=\dfrac{\upsilon L}{KA}\right)$加以简化，并建立渗流方程。具体为：一个封闭容器集中参数模型可定义为$\kappa_1=\frac{dP}{dt}=-Q$，解为$P(t)=P_0-Q\frac{t}{\kappa_1}$；若一个封闭容器与外界定压系统连通，即变为一个开放容器的集中参数模型——$\kappa_1\frac{dP}{dt}+\sigma_1 P=-Q$，解的表达式为$P(t)=P_0-\frac{Q}{\sigma_1}(1-e^{-\sigma_1 t/\kappa_1})$；当一个封闭容器与另一个非定压容器相连，模型成为两个封闭容器，此时解为$P(t)=P_0-Q\left[\frac{\kappa_2}{\kappa_1(\kappa_1+\kappa_2)\lambda}(1-e^{\lambda t})+\frac{t}{\kappa_1\kappa_2}\right]$，$\lambda\frac{\sigma_1(\kappa_1+\kappa_2)}{\kappa_1\kappa_2}$。集中参数混杂化处理后具有较好的数学解，可有效地解决一些精度要求不高的复杂地下水开发中涌水量预测问题。

运用Lumpfit程序对贵州贞丰H金矿矿区1097m中段井巷排水进行拟合，结果表明“一开放水池”拟合度高达99.33%，与矿区水文地质条件吻合，可用以适当外推预测。

7.1.4 水池模型法

以岩溶管道-溶隙流为主的岩溶区，地下水流态复杂，难以刻画。通过分析区域岩溶分带情况，基于遵循能量守恒及水均衡理论建立只考虑输入与输出关系的水池模型来预测井巷涌水量。该模型的建立通过综合钻孔垂向岩溶分层情况，结合实测剖面的岩溶发育情况，以及区域岩溶洼地在相应层位的发育状况、古岩溶的发育情况等确定岩溶发育层(带)，以此确定水池个数及水池连通方式；结合井巷开拓情况，构建排水时间与水池中水头、排水孔面积、水池面积等因子之间的隐式，预测井巷涌水量。

结合井巷工程的开拓情况，理想状态下旱季单层水池排水量为$Q_{t_n}=A_n\sqrt{2gh_{t_n}}=A_n\sqrt{2g}\sqrt{h_{t_n}}=A_n\sqrt{2gh_0}-\frac{A_n}{F}g\left[A(t_1-t_0)+A_1(t_2-t_1)+\cdots+A_n(t_n-t_{n-1})\right]$；理想状态下，雨季单个水池$t_n$时刻$n$个排水孔的流量为$Q_n=A_n\sqrt{2gh_n}$；理想状态下的双层水池模型将上部岩溶发育层（带）概化为第一层水池，第二层岩溶发育层（带）概化为第二层水池，多层水池以此类推。当开采到第二层水池时，第一层水池中的水可能并未全部疏干，上下两个水池中的水由于能态的差异而流动。第一层水池与单层水池模型类似，可将其看作半封闭水池，接受大气降水等外界补给。旱季有效降水量较小，可忽略不计。第一层水池通过与第二层水池之间的弱岩溶裂隙发育层（带）对第二层水池进行渗流补给，岩溶裂隙成为主要导水通道，因而可用渗流进行刻画，遵循达西定律。第一层水池水位的变化主要受有效降水补给量和排泄量的影响。雨季，在强降水的作用下，第一层水池水位随之波动，并伴随一定的滞后效应，进而影响着对第二层水池渗流补给量的大小，第二层水池的水位也随之呈现动态变化。第二层水池在两个水池的水头能态差异驱动下，常年接受第一层水池的渗流补给，补给量大小随水头差的波动而变化，其原理与第一层水池雨季接受大气降水补给类似。由此可进一步推算出第三层、第四层……第N层水池的代数公式。在水池长时间疏干排水之后，第一层水池对第二层水池的渗流补给类似于第一层水池接受大气降水补给的情况，随时间呈现动态变化。在计算的过程中可将渗流补给量考虑为一个随时间动态变化的量，在计算中将其处理为一个常量，建立第二层水池的水均衡方程，A

$\sqrt{2gh_{2_0}}-A\sqrt{2gh_{2_t}}+c_1\ln\left|\frac{A\sqrt{2gh_{2_0}}-c_1}{A\sqrt{2gh_{2_t}}-c_1}\right|=\Delta t\frac{A^2g}{F_2}$。在水池模型二层法实际应用中，由于地下水在介质中流动存在水头损失，旱季有水头损失的单层水池模型涌水量为 $Q_n=A_n\sqrt{2(1-\xi)g}\left[\sqrt{h_{1_t(n-1)}}-\frac{A_n}{f}(t_n-t_{n-1})\sqrt{\frac{(1-\xi)g}{2}}\right]$；雨季有水头损失的单层水池模型 t_n 时刻 n 个排水孔的流量为 $Q_n=A_n\sqrt{2(1-\xi)gh_n}$；有水头损失的双层水池模型在 t_n 时刻 n 个排水孔的流量为 $Q_n=A_n'\sqrt{2(1-\xi')gh_{2_n}}$。以此类推，若例证区在垂向上存在多层水池，可将其概化为多个水池模型。在地下工程开拓过程中，可依据前述计算过程进行外推，预测地下工程涌水量。

本书以云南个旧 G 矿田高峰山矿段的 1800m 中段井巷和 1730m 中段井巷为例，结合区域岩溶垂向发育规律，及矿区内各地层岩溶发育情况，将 1800m 中段井巷和 1730m 中段井巷概化为双层水池模型。分别在旱季和雨季对 1800m 中段井巷所在的上部水池进行模拟，效果较好；因 1730m 中段井巷仅有雨季监测资料，仅对其下部水池进行了雨季动态模拟，除个别月份的涌水量拟合误差较大以外，其余拟合误差均在±20%以内，预测效果较好。本书还以大马芦矿段 1540m 中段井巷为例进行了单层水池模型涌水量模拟，拟合误差均在±20%以内。

7.1.5 井巷出水法

7.1.5.1 底板直接充水型

底板直接充水型以单个井巷为研究对象，基于井底进水的承压含水层非完整井模型演绎推导涌水量计算公式，再累加全部井巷得出最终涌水量。井巷开拓水位需降至底板以下，此时井巷可看作长方体抽水井。底板直接充水型底板透水方式以井巷底部单面进水为主，考虑各向异性，井巷底面过水断面应为半椭圆柱面，过水断面的弧度主要由垂直于井巷掘进方向的渗透椭球面展布方向所控制，其涌水量与井巷长度成正比。取单位井巷长度（1m）进行研究，井巷底板进水面为椭圆柱面，此时过水椭圆柱断面面积（A）为

$$A=\frac{r}{2}\pi\left\{1.5\left[1+\left(\frac{1}{\lambda_2}\right)(\cos^2\alpha+\lambda_1^2\sin^2\alpha)^{\frac{1}{2}}\right]-\left(\frac{1}{\lambda_2}\right)^{\frac{1}{2}}(\cos^2\alpha+\lambda_1^2\sin^2\alpha)^{\frac{1}{4}}\right\}$$

根据达西定律，有

$$Q=\frac{K_\alpha\beta(H_0-h_w)}{\ln\left(\frac{R}{r_w}\right)}=\frac{K_\alpha\beta s_w}{\ln\left(\frac{R}{r_w}\right)}$$

由 $K=\sqrt[3]{K_xK_yK_z}$，扩展至三维空间，则

$$K_\alpha=\sqrt{\frac{\left(\frac{1}{K_x^2}\right)\left(\frac{1}{K_y^2}\right)}{\left(\frac{1}{K_y^2}\right)\cos^2\alpha+\left(\frac{1}{K_x^2}\right)\sin^2\alpha}}=K\sqrt{\frac{\left(\frac{a^2b^2}{c^4}\right)^{\frac{2}{3}}}{\left(\frac{b^4}{a^2c^2}\right)^{\frac{2}{3}}\cos^2\alpha+\left(\frac{a^4}{b^2c^2}\right)^{\frac{2}{3}}\sin^2\alpha}}$$

可得单段井巷涌水量计算公式：

$$Q'=\frac{\varphi K\beta s_w}{\ln\left(\frac{R}{r_w}\right)}$$

累加井巷各段涌水量，可得巷道涌水量。

对贵州贞丰 H 金矿矿区 1097m 水平井巷排水（无观测孔）和贵州贞丰 H 金矿 1 号矿区两次抽水试验（有观测孔）采用井巷出水法拟合计算。结果表明，1097m 水平井巷计算涌水量与实际抽水量误差仅 2.8%；1 号矿区两次抽水试验流量计算相对误差在 12%以内。

7.1.5.2 岩溶层开拓充水型

以岩溶裂隙充水为主的地下工程，因岩溶含水介质的各向异性，导致各方向的井巷在开拓时接受相邻含水层的补给量不同。本书以渗透张量理论为基础，建立了不同充水条件下的井巷出水法涌水量预测模型。岩溶层开拓充水型井巷出水法涌水量预测模型充分考虑了井巷工程的充水条件，综合井巷的展布情况、岩体裂隙的渗透特性，分析地下水对井巷的补给状况；以井巷每延米截面为研究对象，经过概化与计算得出了每延米截面井巷涌水量与井巷宽度、渗透张量在垂直方向上及井巷所在方向上的分量、补给范围、井巷垂直方向夹角多元因素相关，结合工程的充水情况，建立数学解析模型。当巷道顶板与两边侧壁同时进水时，巷道每延米横截面的涌水量为顶板涌水量与左侧壁和右侧壁涌水量之和，即 $Q_{涌}=Q_{顶板}+Q_{左侧壁}+Q_{右侧壁}$，其表达式为

$$Q_{涌}=K_z\cdot 1\cdot\frac{\pi D}{2}+\frac{K_\varphi K_z d'}{\sqrt{K_\varphi^{\ 2}-K_z^{\ 2}}}\arcsin\left(\sqrt{\frac{K_\varphi-K_z}{K_\varphi}}\sin\alpha_{左}\right)$$
$$+\frac{K_\varphi K_z d'}{\sqrt{K_\varphi^{\ 2}-K_z^{\ 2}}}\arcsin\left(\sqrt{\frac{K_\varphi-K_z}{K_\varphi}}\sin\alpha_{右}\right)$$

在实际的涌水量预测中，可根据井巷所处方位和地层变化将其剖分，通过积分累加，计算井巷的总涌水量。

本书以云南会泽 C 铅锌矿矿区西部矿段为研究对象，在概念模型的基础上，选取西部矿段单独排水时期的 1584m 中段井巷、1274m 中段井巷、1584m 中段井巷三号竖井联道、1274m 中段井巷三号竖井联道为例，运用井巷出水法涌水量预测模型进行计算拟合。计算结果与井巷排水时段的平均值接近，说明该方法有较好的实用性。

7.1.6 改良大井法

对于井巷整体近水平展布，半无限、巨厚层承压含水层非完整井底板直接充水型，基于达西定律建立井巷涌水量与水位降深的函数关系式。井巷涌水量主要取决于过水断面面积、渗透系数和水力梯度。以渗透张量理论 3 个主渗透方向（K_x、K_y、K_z）表征渗透系数。在均质各向异性含水层中，假设含水层水平方向上各向同性，仅考虑垂直方向各向异性，即水平渗透系数 $K_p=\sqrt{K_xK_y}$，$K_p=\lambda K_z$，过水断面则可概化为平面等轴的椭球

体。考虑椭球体的特殊情况，计算得出表面积修正系数（M），椭球体表面积（S）即为过水断面面积：

$$S=2\pi a^2 M,\ M=\left[\frac{\ln\dfrac{\sqrt{\lambda^2-1}-1+\lambda}{\sqrt{\lambda^2-1}+1-\lambda}}{\lambda\sqrt{\lambda^2-1}}+1\right]$$

再联立达西定律，对于椭球体进水面，采用球形径向流的模型计算水力梯度，且过水断面只有半个椭球面，所以实际涌水量 $Q'=\dfrac{Q}{2}$，得出涌水量和水位降深的关系式，即底板直接充水型改良大井法涌水量预测公式：

$$Q'=\frac{\pi K_P M(s_w-s_R)}{\left(\dfrac{1}{r_w}-\dfrac{1}{R}\right)}$$

若无观测孔，则

$$Q'=\pi K_P M s_w r_w$$

利用贵州贞丰 H 金矿矿区 1097m 中段井巷排水量及贵州贞丰 H 金矿 1 号矿区两次抽水试验对公式进行验证。其中，1097m 中段井巷计算涌水量与实测涌水量相对误差为 12.45%；1 号矿区第一次抽水试验计算涌水量与实测涌水量相对误差小于 20%，第二次抽水试验计算涌水量与实测涌水量相对误差值为 3.41%～10.02%。不采用观测孔数据时，计算涌水量与实测涌水量的误差为 10.29%～18.97%。抽水量越大，水位降深越大，观测孔数据对计算结果的影响就越小，即有观测孔数据的计算结果就越逼近无观测孔数据的计算结果。据此可以推论，无观测孔数据的计算结果，方法本身带来的误差不会太大。

7.2 展望

岩溶区井巷开拓涌水量预测是一个复杂的研究课题，本书通过研究岩溶发育规律，结合岩体各向异性特征，基于渗流理论、水均衡理论、能量守恒定理、渗透张量理论，对几个典型常见的矿山开采涌水量进行了计算拟合，取得了一些研究成果，但也尚存在一些可以深入探讨的问题，具体包括：

（1）在水池模型的模拟计算中，水头损失系数选取前人在模拟岩溶区泉点流量时的经验值，理论方法还有待提升。

（2）采用岩溶洼地的宏观形态表征渗透张量的方法在几个资料丰富的典型矿区进行了验证，效果较佳，但限于佐证样本数量，该方法的普适性还有待更多的生产实践来检验。

（3）井巷出水法针对岩溶裂隙充水井巷工程，以渗透张量理论为指导，在达西定律的基础上，以井巷每延米横截面为研究对象，在模型建立的过程中，将远处地下水补给井巷的流线概化成了直线，与实际流场相比水力梯度会有所增加，后续研究可在水力梯度变化方面进行深入探讨。

参考文献

曹贤发，张家生，刘之葵，等，2014. 溶蚀程度随高程分布特征的定量分析方法 [J]. 中南大学学报（自然科学版），45 (7)：2339 - 2345.

常威，谭家华，黄琨，等，2020. 地下水多元示踪试验在岩溶隧道水害预测中的应用：以张吉怀高铁兰花隧道为例 [J]. 中国岩溶，39 (3)：400 - 408.

陈崇希，2010. 影响半径稳定井流模型与可持续开采量：地下水动力学一个基本理论问题的分歧：与薛禹群院士商榷 [J]. 水利学报，41 (8)：1003 - 1008.

陈崇希，2012. 地下水混合井流解析模型 [J]. 水文地质工程地质，39 (5)：1 - 7.

陈崇希，2013. 无界含水层抽水井是否可用“影响半径”稳定井流公式：与朱大同教授“讨论”的回复 [J]. 水利学报，44 (5)：627 - 630.

陈崇希，2014. 影响半径稳定井流模型与可持续开采量：地下水动力学一个基本理论问题的分歧再讨论：薛禹群院士讨论的答复 [J]. 水利学报，45 (1)：117 - 121，125.

陈崇希，陈明佑，陈爱光，等，1985. 矿坑涌水量计算方法研究 [M]. 武汉：武汉地质学院出版社：2 - 35.

陈崇希，林敏，1999. 地下水动力学 [M]. 武汉：中国地质大学出版社：22 - 58.

陈光亮，丛山，1994. 双层水位理论与下层局部疏干法 [J]. 金属矿山 (2)：13 - 18.

陈酩知，刘树才，杨国勇，2009. 矿井涌水量预测方法的发展 [J]. 工程地球物理学报，6 (1)：68 - 72.

陈帅，2024. 基于 GMS 数值模拟的某矿床涌水量预测研究 [J]. 铀矿冶，43 (1)：20 - 26.

陈思佳，骆祖江，2016.“分段大井法”预测矿井工作面涌水量 [J]. 中国煤炭地质，28 (1)：41 - 43.

陈彦美，陈植华，康彩琴，2012. 从马坑铁矿看我国南方岩溶金属矿山防治水工作 [J]. 金属矿山，41 (2)：108 - 113，152.

陈雨孙，1983. 渗流理论的新进展：《多孔介质流体动力学》中译本评介 [J]. 工程勘察 (3)：20 - 21.

陈玉婷，李三奇，袁乾峰，2023. 有自由面三维稳定渗流的等效管网模型 [J]. 水电能源科学，41 (9)：120 - 124.

成建峰，2018. 某矿 1404 工作面水文地质特征及顶板涌水量预计 [J]. 现代矿业，34 (9)：229 - 230.

丛山，2008. 双层水位矿床地下水深层局部疏干方法的理论与实践 [M]. 北京：地质出版社：10 - 25.

崔光中，朱远峰，覃小群，1988. 岩溶水系统的混合模型：以北山岩溶水系统模拟为例 [J]. 中国岩溶，7 (3)：253 - 258.

代群力，1993. 双层水位理论与开采实践 [J]. 中国煤田地质 (1)：41 - 47.

丁莹莹，尹尚先，连会青，等，2024. 基于 SSA - CG - Attention 模型的多因素采煤工作面涌水量预测

[J]. 煤田地质与勘探，52 (4)：111 - 119.
董建楠，2010. 北京大灰厂地震观测孔水位动态特征及模型研究 [D]. 北京：中国地质大学（北京）.
董兴文，1995a. 矿井最大涌水量计算和参数确定：试论南方岩溶矿井的水均衡预测方法 [J]. 四川地质学报，15 (1)：75 - 80.
董兴文，1995b. 矿井最大涌水量计算与参数确定：试论岩溶管流矿井的水均衡预测方法 [J]. 工程勘察 (4)：24 - 26.
杜敏铭，邓英尔，许模，2009. 矿井涌水量预测方法综述 [J]. 地质学报，29 (1)：70 - 73.
杜学才，卫云波，李国庆，等，2022. 隧洞突涌水风险评价方法综述 [C] //中国水利学会. 2022 中国水利学术大会论文集（第三分册）. 郑州：黄河水利出版社.
杜宇本，蒋良文，胡卸文，等，2021. 高速铁路复杂岩溶地质勘察及灾害防治 [J]. 铁道工程学报，38 (4)：16 - 21.
段乃金，2010. 解析法求潜水含水层水文地质参数的对比研究：以银川地区为例 [D]. 西安：长安大学：12 - 34.
冯文光，1986. 非达西低速渗流的研究现状与展望 [J]. 石油勘探与开发 (4)：76 - 80.
高振西，1936. 喀斯特地形略论 [J]. 地质论评，1 (4)：437 - 451.
关志成，2002. 寒区流域水文模拟研究 [D]. 南京：河海大学.
关志成，朱元甡，段元胜，等，2001. 水箱模型在北方寒冷湿润半湿润地区的应用探讨 [J]. 水文，21 (4)：25 - 29.
管恩太，武强，2005. 矿井涌水量预测评述 [J]. 中州煤炭 (1)：7 - 8.
郭纯青，2001. 中国岩溶地下河系及其水资源 [J]. 水文地质工程地质 (5)：43 - 45.
郭纯青，李志宇，杨军，等，2015. 云南某工程建设场地岩溶分布与形成机制 [J]. 地质与勘探 51 (9)：984 - 992.
郭海，2016. 河北省秦皇岛某铁矿矿坑涌水量预测 [D]. 石家庄：河北地质大学.
郭尚平，于大森，吴万婵，1996. 生物渗流的多重介质模型 [J]. 石油工业出版社：52 - 63.
韩行瑞，张凤岐，尹子良，等，1985. 娘子关泉域岩溶发育规律的研究 [M] //中国地质科学院水文地质工程地质研究所. 中国地质科学院水文地质工程地质研究所所刊（第 1 号）. 北京：地质出版社：152 - 177.
何才华，熊康宁，1997. 贵州龙宫喀斯特地貌发育与洞穴成因 [J]. 贵州师范大学学报（自然科学版），15 (2)：1 - 7.
黄琨，2012. 孔隙介质渗流基本方程的探索 [D]. 北京：中国地质大学（北京）：28 - 35.
黄庭威，2021. 裂隙岩体 REV 尺寸及等效渗透系数影响因素研究 [D]. 合肥：合肥工业大学.
黄卓广，黄钟焕，黄梅新，2006. 比拟法在矿区矿坑涌水量预测应用实例 [J]. 西部探矿工程，18 (3)：93 - 94.
姬亚东，2019. 基于聚类分析与模糊综合评判的煤层顶板涌水危险性评价 [J]. 矿业安全与环保，46 (4)：68 - 72.
姜清辉，叶祖洋，姚池，等，2012. 复杂裂隙网络无压渗流分析的变分不等式提法 [J]. 中国科学：技术科学，42 (11)：1339 - 1350.
蒋中明，肖喆臻，唐栋，2020. 坝基岩体裂隙渗流效应数值模拟方法 [J]. 水利学报，51 (10)：1289 - 1298.
库丽曼，刘树根，徐国盛，等，2007. 济阳坳陷下古生界碳酸盐岩储层形成机理和发育特征 [J]. 成都理工大学学报（自然科学版）(2)：111 - 120.
李保珠，2012. 云南会泽 C 铅锌矿区岩溶水系统及麒麟厂深部矿坑涌水量预测研究 [D]. 昆明：昆明理工大学：25-33.
李传勋，2012. 基于非线性渗流定律的软土一维固结理论研究［D］杭州：浙江大学.
李海峰，2015. 热液型矿床碎屑岩围岩中渗流机理研究［D］. 合肥：合肥工业大学.
李海港，梁玉杰，车轮，2018. 基于GRA-TSA联合分析的山岭隧道涌水来源识别研究［J］. 科技创新导报，15（26）：84-89.
李建林，常晓峰，王燕，2017. 矿井涌水量的中长期混沌预测［J］. 河南理工大学学报（自然科学版），36（5）：23-28.
李建林，王路扬，李松营，等，2023. 基于灰色-多步马尔科夫模型的矿井涌水量预测［J］. 河南理工大学学报（自然科学版），42（5）：66-71.
李亮经，马广海，田佳辉，等，2009. 坎上铁矿水文地质特征及涌水量预测［J］. 水文地质工程地质，36（6）：37-41.
李术才，张庆松，2014. 隧道及地下工程突涌水机理与治理［M］. 北京：人民交通出版社：1-2.
李崴，王者超，毕丽平，等，2019. 辐射流条件下裂隙岩体渗透性表征单元体尺寸与等效渗透系数［J］. 岩土力学，40（2）：720-727.
李源航，2014. 贵州二叠系茅口组古岩溶发育特征及水文地质意义探讨［J］. 贵州地质，31（2）：141-146.
李智，张晓鹏，曲为贵，2023. 白音锡勒牧场萤石矿水文地质调查与涌水量预测研究［J］. 地下水，45（3）：42-43，78.
连炎清，1989. 地下水平均滞留时间及储存量计算的多输入单输出模型：以山西临汾龙子祠泉岩溶水系统地下水储量计算为例［J］. 水文地质工程地质（2）：25-28.
刘博，关永强，孙玉壮，等，2021. 峰峰矿区突水类型划分及突水模式［J］. 煤矿安全，52（11）：186-194.
刘大野，陈立云，徐会，2010. 矿井单位涌水量比拟法在矿井涌水量预测中的应用［J］. 中国煤炭地质，22（10）：41-44.
刘宏，赵跃平，邬相国，王等，2009. 强溶蚀带岩溶地基稳定性研究［J］. 人民长江（20）：56-58，70.
刘洪斌，2023. 岩溶隧洞充填裂隙渗透性演化规律与隧洞突涌水预测解析方法研究［D］. 武汉：中国地质大学（武汉）.
刘晓丽，王恩志，王思敬，等，2008. 裂隙岩体表征方法及岩体水力学特征研究［J］. 岩石力学与工程学报，27（9）：1814-1821.
刘洋，李世海，刘继棠，2011. 裂隙岩体非稳态渗流数值模型及其应用［J］. 力学与实践，33（6）：23-29.
刘招伟，2004. 园梁山隧道岩溶突水机理及其防治对策［D］. 北京：中国地质大学（北京）：1-11.
龙玉桥，李伟，李砚阁，等，2011. 疏干开采条件下晋祠岩溶水系统的水箱模型［J］. 中国岩溶，30（1）：27-33.
卢耀如，1986. 中国岩溶：景观·类型·规律［M］. 北京：地质出版社.
卢耀如，杰显义，张上林，等，1973. 中国岩溶（喀斯特）发育规律及其若干水文地质工程地质条件［J］. 地质学报（1）：121-136，141.
罗焕炎，陈雨孙，1988. 地下水运动的数值模拟［M］. 北京：中国建筑工业出版社.
罗居刚，雷宏波，2007. 椭圆形结构任意弧长的计算问题［J］. 治淮（4）：16-18.
罗明明，周宏，郭绪磊，等，2021. 峡口隧道间歇性岩溶涌突水过程及来源解析［J］. 地质科技通报，40（6）：246-254.

罗奇斌，赵宝峰，毛旭阁，等，2022. 基于数值模拟方法的煤矿开采涌水量预测分析 [J]. 西北大学学报（自然科学版），52（6）：1100-1110.
毛健全，李景阳，1986. 贵州省独山南部地区构造网络对喀斯特发育的控制 [J]. 地理研究，5（4）：47-57.
毛烨峰，伍进，2009. 岩溶发育控制因素及发育规律浅析 [J]. 西部探矿工程（S1）：80-82.
蒙彦，雷明堂，2003. 岩溶区隧道涌水研究现状及建议 [J]. 中国岩溶，22（4）：287-292.
苗阶，刘帅，刘超，2014. 模糊数学在预测大孤山铁矿深部涌水量中的应用 [J]. 地质找矿论丛，29（2）：295-298.
缪钟灵，1986. 论徐霞客对西南喀斯特研究的贡献 [J]. 地理研究，5（4）：18-24.
缪钟灵，1990. 岩溶管道水研究的新进展 [J]. 勘察科学技术（3）：33-35，14.
年宾，2022. 矿井涌水量的支持向量机：马尔科夫链预测模型 [J]. 现代矿业，38（2）：242-245.
牛玉龙，王媛，于可，等，2020. 裂隙网络非达西渗流 REV 及非达西系数张量研究 [J]. 水利学报，51（4）：468-478.
彭汉兴，1983. 湖南洛塔岩溶发育规律 [J]. 河北地质学院学报（2）：54-62.
彭红明，袁有靖，李铜邦，等，2022. 青海天峻新关角隧道涌排水水源识别与量化分析 [J]. 地质科技通报，41（1）：60-70.
蒲俊兵，2022. 现代岩溶学学科体系：祝贺《现代岩溶学》出版六周年 [J]. 中国岩溶，41（3）：429-440.
钱七虎，2012. 地下工程建设安全面临的挑战与对策 [J]. 岩石力学与工程学报，31（10）：1945-1956.
秦峰，王媛，2009. 非达西渗流研究进展 [J]. 三峡大学学报（自然科学版）（3）：25-29.
秦贞娜，张骁，许强平，等，2021. 安徽庐枞火山岩盆地某矿床矿坑涌水量预测 [J]. 地质学刊，45（1）：83-89.
冉涛，2014. 龙门峡南煤矿岩溶发育规律及连通试验研究 [D] 成都：成都理工大学.
任美锷，1984. 徐霞客对世界岩溶学的贡献 [J]. 地理学报，39（3）：252-258.
任美锷，刘振中，1983. 岩溶学概论 [M]. 北京：商务印书馆：22-46.
任美锷，刘振中，王飞燕，等，1979. 中国岩溶发育规律的若干问题 [J]. 南京大学学报（自然科学版）（4）：95-108.
戎昆方，戎庆，刘志宇，2009. 研究岩溶的新观点：以贵州独山南部织金洞为例 [M]. 北京：地质出版社：23-56.
施龙青，赵云平，王颖，等，2016. 基于灰色理论的矿井涌水量预测 [J]. 煤炭技术，35（9）：115-118.
宋颖霞，2014. 矿井涌水量时间序列预测方法研究 [J]. 绿色科技（7）：268-269.
沈莽庭，郭维民，王大刚，等，2024. 巴西圣弗朗西斯科克拉通地质演化与重要成矿作用 [J]. 华北地质，47：(1)，26—42.
田开铭，1985. 对深部疏干巨厚基岩含水层时双层水位形成条件的初步分析 [J]. 中国岩溶，4（Z1）：124-130.
田开铭，1994. 对连续介质中非连续流的研究 [J]. 中国矿业，3（2）：22-25.
田开铭，万力，田际平，2003. 岩石渗透性随灰岩埋深的各向异性变化律 [J]. 地质学报，1（1）：144.
田开铭，夏日元，1989. 用人工双层水位方法防止矿井排水引起的地面岩溶塌陷的研究 [R]. 北京：中国地质大学（北京）：36-62.
田志伟，任素雅，林云，等，2024. 大采深高承压水条件下煤层底板突水问题及解决对策 [J]. 中国煤炭地质，36（2）：43-47.

王纯祥，蒋宇静，江崎哲郎，等，2008. 复杂条件下长大隧道涌水预测及其对环境影响评价 [J]. 岩石力学与工程学报，27 (12)：2411-2417.

王档良，房亚飞，邓国伟，等，2022. 基于改进多元回归模型与GIS的陕北凉水井矿井工作面涌水量预测 [J]. 煤炭科技，43 (4)：85-92.

王建荣，1991. 形成“双层水位”的力学条件 [J]. 勘察科学技术 (5)：39-41.

王俊奇，刘博伟，岳潇，2022. 管单元用于缩减岩体渗透张量计算规模 [J]. 哈尔滨工业大学学报，54 (2)：108-116.

王俊奇，韦小婷，王子颜，2023. 裂隙岩体渗透张量反演分析的 DFN-EHO-SA 模型 [J]. 华北电力大学学报 (自然科学版)，50 (4)：1-11.

王岭玲，2022. 基于智能计算的深度学习模型优化研究 [D]. 武汉：中国地质大学 (武汉).

王培涛，扬天鸿，于庆磊，等，2013. 基于离散裂隙网络模型的节理岩体渗透张量及特性分析 [J]. 岩土力学 (Z2)：448-455.

王锐，张超，2022. 露天矿矿坑涌水量预测计算实例 [J]. 四川地质学报，42 (S2)：64-68.

王瑞久，1984. 山西娘子关泉的地下水储量计算 [J]. 水文地质工程地质 (6)：38-42.

王鑫永，王锡勇，章杨松，等，2020. 岩体裂隙连通路径及岩体等效渗透张量参数研究 [J]. 防灾减灾工程学报，40 (5)：789-795.

王旭升，陈崇希，2002. 改进的 Theis 井流模型及其解析解：考虑含水层顶板的挠曲作用 [J]. 地球科学：中国地质大学学报，27 (2)：199-202.

王延峰，2004. 大庆扶杨低渗透油层渗流机理研究与应用 [D]. 大庆：大庆石油学院.

王卓甫，1989. 非达西渗流研究述评 [J]. 河海大学科技情报 (4)：25-33.

魏加华，郭亚娇，王荣，等，2015. 复杂岩溶介质地下水模拟研究进展 [J]. 水文地质工程地质，42 (3)：27-34.

温文富，曹丽文，2011. 比拟法和解析法在某矿井涌水量预测中的分析比较 [J]. 中国煤炭，37 (7)：38-40.

文章，刘凯，陈晓恋，2015. 承压含水层中非完整井附近“非达西-达西”两区渗流模型近似解析解 [J]. 地球科学：中国地质大学学报，40 (5)：918-924.

吴兵，娄鹏，王超，2014. 基于 Q—S 曲线法预测工作面涌水量 [J]. 矿业安全与环保，41 (6)：48-52.

吴煌，杨智成，李梦华，2023. 基于长短期记忆神经网络的矿井涌水量预测 [J]. 中国水运 (下半月)，23 (3)：25-27.

吴吉春，薛禹群，2009. 地下水动力学 [M]. 北京：中国水利水电出版社：12-35.

吴金随，2015. 破碎岩体非达西渗流研究及其应用 [D]. 北京：中国地质大学.

吴亮，2017. 金属矿床矿坑涌水量动态变化规律研究 [D]. 合肥：合肥工业大学.

夏露，谢娟，于青春，2019. 裂隙延展性统计分布离散性对岩体块体化程度 REV 的影响 [J]. 水文地质工程地质，46 (4)：112-118.

夏日元，1989. 谈“双层水位”开采方法在南方大水岩溶矿区的应用 [J]. 勘察科学技术 (2)：5-8.

辛莹娟，2010. 低渗透非达西渗流研究 [J]. 西部探矿工程 (10)：115-117.

许模，赵红梅，赵勇，等，2015. 季节变动带内岩溶隧道涌突水危险性评价 [J]. 地下空间与工程学报，11 (5)：1322-1327.

薛禹群，2011. 关于稳定井流模型和 Dupuit 公式的讨论：对陈崇希教授“商榷”一文的答复 [J]. 水利学报，42 (10)：1252-1256.

薛禹群，张幼宽，林家勇，1984. 双重介质渗流模型及其里兹有限元解在矿坑涌水量预测中的应用 [J]. 水文地质工程地质 (2)：33-39.

闫庆来，何秋轩，尉立岗，等，1990. 低渗透油层中单相液体渗流特征的实验研究［J］. 西安石油大学学报（自然科学版）（2）：1－6.
严启坤，1993. 概念性岩溶水文模型中几个疑难问题的探讨［J］. 中国岩溶，12（4）：295－303.
颜慧明，常威，郭绪磊，等，2022. 岩溶水流系统识别方法及其在引调水工程隧洞选线中的应用［J］. 地质科技通报，41（1）：127－136.
杨凤鸣，2020. 阳泉市娘子关泉域岩溶水环境现状及成因分析［J］. 广东水利水电（12）：23－30，36.
杨天鸿，于庆磊，陈仕阔，等，2009. 范各庄煤矿砂岩岩体结构数字识别及参数表征［J］. 岩石力学与工程学报，28（12）：2482－2488.
杨文衡，1983. 徐霞客对我国古代岩溶洞穴研究的贡献［J］. 中国岩溶，2（2）：137－145.
杨新安，程军，杨喜曾，1999. 峰峰矿区矿井突水分类及发生机理研究［J］. 地质灾害与环境保护，10（2）：24－29，36.
叶祖洋，姜清辉，姚池，等，2013. 岩体裂隙网络非稳定渗流分析与数值模拟［J］. 岩土力学（4）：1171－1178，1190.
俞锦标，杨立铮，章海生，等，1990. 中国喀斯特发育规律典型研究［M］. 北京：科学出版社：26－53.
袁道先，1993. 碳循环与全球岩溶［J］. 第四纪研究，13（1）：1－6.
袁道先，刘再华，林玉石，2002. 中国岩溶动力系统［M］. 北京：地质出版社.
袁铁铮，1958. 云南丘北—六郎洞地区喀斯特发育规律的几点认识［J］. 水文地质工程地质（1）：13－16.
袁学圣，2022. 基于温度示踪技术的趵突泉泉域岩溶水系统渗流特征研究［D］. 济南：济南大学.
岳潇，2015. 三维裂隙网络线单元渗流模型确定渗透张量研究［D］. 北京：华北电力大学.
张鹤缤，2023. 基于等维 GM（1，1）-马尔可夫链模型的涌水量预测研究［J］. 数学的实践与认识，53（8）：139－145.
张宏仁，1975. 地下水非稳定流理论的发展和应用［M］. 北京：地质出版社：25－46.
张剑英，1994. 采用不同方法预计矿井涌水量对比［J］. 西安地质学院学报，16（1）：77－82.
张礼，齐庆新，张勇，等，2021. 采动覆岩裂隙场三维形态特征及其渗透特性研究［J］. 采矿与安全工程学报，38（4）：695－705.
张丽，刘晓宇，李世海，2009. 裂隙岩体稳定/非稳定渗流数值模拟［J］. 岩石力学与工程学报，28（Z2）：3409－3416.
张奇华，邬爱清，2010. 三维任意裂隙网络渗流模型及其解法［J］. 岩石力学与工程学报，29（4）：720－730.
张有天，2005. 岩石水力学与工程［M］. 北京：中国水利水电出版社.
张奇华，徐威，殷佳霞，2012. 二维任意裂隙网络裂隙-孔隙渗流模型的两种解法［J］. 岩石力学与工程学报，31（2）：217－227.
张人权，梁杏，靳孟贵，等，2010. 水文地质学基础［M］. 6 版. 北京：地质出版社.
张义之，1983. 预测矿坑涌水量的《水力均衡》方程探讨［J］. 化工矿山技术（S1）：37－41.
赵文举，马孝义，张建兴，等，2009. 基于模拟退火遗传算法的渠系配水优化编组模型研究［J］. 水力发电学报，28（5）：210－214，113.
郑华萍，1997. 应用综合分析法分析矿井涌水量［J］. 西安矿业学院学报，17（2）：150－154.
郑树泉，王倩，武智霞，等，2019. 工业智能技术与应用［M］. 上海：上海科学技术出版社.
郑顺华，王迎超，陈玉争，等，2023. 充填型岩溶隧道突水运动特征数值模拟研究［J］. 工程地质学报（11）：1－10.
郑琰，黄兴，肖玉杰，2019. 基于时间序列的商品需求预测模型研究［J］. 重庆理工大学学报（自然科学），33（9）：217－222.

郑燕，马亚杰，刘金国，等，2016. 煤矿充水含水层 Q-S 曲线类型判别与对比 [J]. 矿业安全与环保，43 (5)：78-82.

周末，李贵云，2014. 中国南方喀斯特湿润热带亚热带喀斯特的世界典范 [J]. 人与自然 (10)：10-15.

周志芳，庄超，2015. 裂隙岩体渗透张量的特征值扰动分析 [J]. 水利学报，46 (5)：536-542.

朱长军，刘学伟，2004. 地下水的非达西渗流规律研究 [J]. 河北建筑科技学院学报 (1)：16-18.

朱大同，2012. 关于 Dupuit 公式和 Forchheimer 公式的讨论 [J]. 水利学报，43 (4)：502-504.

朱德浩，李慧芳，1991. 世界岩溶地貌和洞穴考察研究的先驱：徐霞客 [J]. 中国岩溶，10 (3)：245-250.

朱学愚，仰步雨，朱国荣，等，1983. 湖南斗立山煤矿裂隙岩溶水涌水量的计算 [J]. 中国岩溶，2 (2)：89-106.

祝小辉，2012. 用比拟法与稳定流"大井"法计算预测铁嶂矿区白云岩矿矿坑涌水量 [J]. 矿产勘查，3 (4)：570-574.

Соколов Д С, 1962. Основные условия развития карста [M]. Госгеолтехизд: 1-322.

Axelsson G, Arason T H, 1992. Lumpfit, Automated Simulation of Pressure Changes in Hydrological Reservoirs (Version 3.1, User's Guide) [M]. Reykjavík: Bokaverzlun Sigurdar Kristjanssonar.

Aiwen J, Shang P J, 2019. Analysis of financial time series through forbidden patterns [J]. Physica A: Statistical Mechanics and Its Applications, 53 (4): 122-138.

Akiyama S, Hattanji T, Matsushi Y, et al., 2015. Dissolution rates of subsoil limestone in a doline on the Akiyoshi-dai Plateau, Japan: An approach from a weathering experiment, hydrological observations, and electrical resistivity tomography [J]. Geomorphology, 247 (15): 2-9.

Alexandru A, Ciobanu G, 2018. Fuzzy sets within finitely supported mathematics [J]. Fuzzy Sets and Systems, 339 (1): 119-133.

Axelsson G, 1989. Simulation of pressure response data from geothermal reservoirs by lumped parameter models [C] //Ramey H J, Kruger P, Home R. Proceedings Fourteenth Workshop on Geothermal Reservoir Engineering. California: 257-263.

Baghbnan A, Jing L R, 2007. Hydraulic properties of ractured rock masses with correlated fracture length and aperture [J]. International Journal of Rock Mechanics and Mining Sciences, 44 (5): 704-719.

Bagheri F, Karami G H, Bagheri R, et al., 2021. Geochemical and multi-isotopes ($\delta^{18}O$, $\delta^{2}H$, $\delta^{13}C$, ^{3}H and $\delta^{37}Cl$) evidences to karst development and flow directions in transboundary aquifer, Northeast of Iran [J]. Applied Geochemistry, 132: 105071.

Bear J, 1983. 多孔介质流体力学 [M]. 李竞生，陈崇希，译. 北京：中国建筑工业出版社.

Bouchet A, Pastore J I, Brun M, et al., 2017. Compensatory fuzzy mathematical morphology [J]. Signal, Image and Video Processing, 11 (6): 1065-1072.

Cacas M C, Ledoux E, Marsily G, et al., 1990. Modeling fracture flow with a stochastic discrete fracture network: Calibration and validation: 1. the flow model [J]. Water Resources Research, 26 (3): 479-489.

Carlier E, Mroueh H, 2012. Comment on "Tank-reservoir drainage as a simulation of the recession limb of karst spring hydrographs": Paper published in Hydrogeology Journal, (2011) 19: 1009-1019, by Francesco Fiorillo [J]. Hydrogeology Journal, 20: 1427-1428.

Chapuis R P, 1995. Controlling the quality of groundwater parameters: some examples [J]. Canadian Geotechnical Journal, 33 (1): 172-177.

Chapuis R P, Chenaf D, Bussière B, 2001. A user's approach to assess numerical codes for saturated and unsaturated seepage conditions [J]. Canadian Geotechnical Journal, 38 (5): 1113-1126.

Corbel J, 1958. Les karsts de l'Est canadien [J]. Cahiers de Géographie du Québec (4): 193-216.

Cvijić J, 1893. Das Karstphä nomen: Versuch einer morphologischen Monographie [J]. Geographische Abhandlung, 5 (3): 218-329.

Davis W M, 1930. Origin of Limestone Caverns [J]. Geological Society of America Bulletin, 41 (3): 475-628.

Dershowitz W S, Einstein H H, 1987. Three dimensional flow modeling in jointed rock masses [C] // Herget, Vongpaisal, editors. Proceedings of the sixth international congress on rock mechanics. Montreal, Canada: 87-92.

Diego J P, 2019. Time series analysis and forecasting with ecotool [J]. Plos One, 14 (10): 221-238.

Fiorillo F, 2011. Tank-reservoir drainage as a simulation of the recession limb of karst spring hydrographs [J]. Hydrogeology Journal, 19: 1009-1019.

Fu T G, Chen H S, Kelin Wang K L, 2016. Structure and water storage capacity of a small karst aquifer based on stream discharge in southwest China [J]. Journal of Hydrology, 534: 50-62.

Gohil V A, Bhatnager S P, 2019. Time-resolved CCD photometry and time-series analysis of the RR Lyrae type star RR Gem [J]. Research in Astronomy and Astrophysics, 19 (9): 29-36.

Golnoush A, Mashinchi M, Selamat A, 2015. Software fault prediction using BP-based crisp artificial neural networks [J]. International Journal of Intelligent Information and Database Systems, 9 (1): 15-31.

Hu C H, Hao Y H, Yeh T C J, et al., 2008. Simulation of spring flows from a karst aquifer with an artificial neural network [J]. Hydrological Processes, 22 (5): 569-604.

Jacob T, Chery J, Bayer R, et al., 2009. Time-lapse surface to depth gravity measurements on a karst system reveal the dominant role of the epikarst as a water storage entity [J]. Geophys Journal International, 177 (2), 347-360.

Lamoreaux J W, Stevanović Z, 2015. Historical Overview on Karst Research [M] //Stevanović Z. Karst Aquifers-Characterization and Engineering. Cham, Switzerland: Springer International Publishing: 3-18.

Laubach S E, 1997. A method to detect natural fracture strike in sandstones [J]. Aapg Bulletin, 81 (4): 604-623.

Laubach S E, 2003. Practical approaches to identifying sealed and open fractures [J]. Aapg Bulletin, 87 (4): 561-579.

Lee C H, Deng B W, Chang J L, 1995. A continuum approach for estimating permeability in naturally fractured rocks [J]. Engineering Geology, 39 (1): 71-85.

Liang C Y, Qian C X, Chen H C, et al., 2018. Prediction of compressive strengthof concrete in wet-dry environment by BP artificial neural networks [J]. Advances in Materials Science and Engineering, 15 (2): 1-11.

Li M P, Ren Q Q, Jiang R T, et al., 2024. Development characteristic and main controlling factors of the Ordovician karst caves in the Keping area, Tarim Basin [J]. Unconventional Resources, 4: 100075.

Li R, Hu M Y, Pan R F, et al., 2015. Development characteristics and forming mechanism of Middle Permian fault-karst carbonate reservoirs in the central Sichuan Basin [J]. China Petroleum Exploration, 24 (1): 105-114.

Li Z M, Chen X, Zhang Y, et al., 2019. Fuzzy mathematics and game theory based D2D multicast network construction [J]. Journal of Systems Engineering and Electronics, 30 (1) : 13-21.

Long J C S, 1982, Porous Media Equivalent for a Networks of Discontinuous Fracture [J]. Water Resource Research, 18: 645 - 658.

Long J C S, Remer J S, Wilson C R, et al. , 1982. Porous media equivalents for networks of discontinuous fractures [J]. Water Resource Research; 18 (3): 645 - 658.

Long J C S, Witherspoon P A, 1985. The Relationship of the Degree of Interconnection to Permeability in Fracture Networks [J]. Journal of Geophysical Research, 90: 3087 - 3098.

Luo M, Chen Z, Criss E R, et al. Dynamics and anthropogenic impacts of multiple karst flow systems in a mountainous area of South China [J]. Hydrogeology Journal, 2016, 24 (8): 1993 - 2002.

Maramathas A, 2006. A new approach for the development and management of brackish karst springs [J]. Hydrogeology Journal, 14 (7): 1360 - 1366.

Maramathas A, Maroulis Z, Marinos K M, 2003. Brackish karstic springs model: Application to Almiros spring in Crete [J]. Ground Water, 41 (5): 608 - 619.

Marrett R, Ortega O J, Kelsey C, 1999 . Extent of power - law scaling for natural fractures in rock [J]. Geology, 27 (9): 799 - 802.

Miller R G, Low P E, 1963. Threshold gradient for water flow in clay systems [J]. Soil Siciety of America Journal, 27 (6): 605 - 609.

Moliner J, Epifanio I, 2019. Robust multivariate and functional archetypal analysis with application to financial time series analysis [J]. Physica A: Statistical Mechanics and Its Applications, 519 : 195 - 208.

Narayanakumar S, Raja K, 2016. A BP artificial neural network model for earthquake magnitude prediction in himalayas india [J]. Circuits and Systems, 7 (11): 3456 - 3468.

Neuman P S, 1973. Saturated - unsaturated seepage by finite elements [J]. Journal of Hydraulic Engineering, 99 (12): 2233 - 2250.

Neuman S P, Zhang Y, 1990. A quasi - linear theory of non - Fickian and Fickian subsurface dispersion: 1. Theoretical analysis with application to isotropic media [J]. Water Resources Research, 26 (5): 887 - 902.

Neuzil C E, Tracy J V, 1981. Flow through fracture [J]. Water Resources Research, 17 (1): 191 - 199.

Oda M, 1986. An equivalent continuum model for coupled stress and fluid flow analysis in jointed rock masses [J]. Water Resources Research, 22 (13): 1845 - 1856.

Perrin J, Jeannin P Y, Zwahlen F, 2003. Epikarst storage in a karst aquifer: a conceptual model based on isotopic data, Milandre test site, Switzerland [J]. Journal of Hydrology, 279 (1 - 4): 106 - 124.

Pham H, Parashar R S, Sund N, et al. , 2020. A method to represent a well in a three - dimensional discrete fracture network model [J]. Ground Water, 59 (2): 281 - 286.

Rebeca S L, Jane N L, Francisco H R B, et al. , 2023. Vincenzo La Bruna, Siliciclastic content controls the sealing behavior of layers and karst development in a carbonate - siliciclastic sequence, Salitre Formation, Brazil [J]. Marine and Petroleum Geology, 148: 106013.

Rivaz A, Azizian M, Kamyad A V, et al. , 2018. A full fuzzy generalized mathematical model of tumor growth and its analysis [J]. Journal of Intelligent and Fuzzy Systems, 35 (6): 6453 - 6460.

Rowan A, Clegg M W, 1964. An Approximate Method for Non - Darcy Radial Gas Flow [J]. Siciety of Petroleum Engineers Journal, 4 (2): 96 - 114.

Rusjan S, Sapač K, Petrič M, et al, 2019. Identifying the hydrological behavior of a complex karst system using stable isotopes [J]. Journal of Hydrology, 577: 123956.

Scanlon B R, Mace R E, Barrett M E, et al. , 2003. Can we simulate regional groundwater flow in a karst system using equivalent porous media models? Case study, Barton Spring Ewards aquifer, USA [J]. Journal of Hydrology, 276 (1 - 4): 137 - 158.

Sheng D L, Li B C, Ying W, et al., 2020. Source and quality of groundwater surrounding the Qinghai Lake, NE Qinghai - Tibet Plateau. [J]. Ground water, 59 (2): 245 - 255.

Simpson E S, Duckstein L, 1976. Finite State Mixing Cell Models in Karst Hydrology and Water Resources [J]. Karst Water Resources (2): 489 - 512.

Snow D T, 1969. Anisotropic permeability of fractured media [J]. Water Resource Research, 5 (6): 1273 - 1289.

Song X C, Xu W Y, 2004. Numerical model of three - dimensional discrete fracture network for seepage in fracture rocks (II) computation of steady flow [J]. Chinese Journal of Rock Mechanics and Engineering, 23 (12) : 2021 - 2026.

Stormont G C, Daemen J J K, 1992. Laboratory study of gas permeability changes in rock salt during deformation [J]. International Jounal of Rock Mechanics and Mining Sciences and Geomechanics Abstracts, 29 (4): 325 - 342.

Wang J P, Zhang D P, 2015. Image denoising based on artificial bee colony and BP neural network [J]. Telkomnika Telecommunication Computing Electronics and Control, 13 (2): 614 - 623.

Wen Z, Liu Z T, Jin M G, 2014. Numerical modeling of Forchheimer flow to a pumping well in a confined aquifer using the strong - form mesh - free method [J]. Springer Berlin Heidelberg, 22 (5): 1207 - 1215.

Wicks C M, Hoke J A, 1999. Linear systems approach to modeling groundwater flow and solute transport through karstic basins [J]. Karst Modeling: Karst Waters Institute Special Publication (5): 97 - 101.

Xu G H, Chen S H, 2006. Seepage analysis considering drainage holes by p - version adaptive composite element method [J]. Chinese Journal of Rock Mechanics and Engineering, 25 (5): 969 - 973.

Zheng J, Wang X H, Lv Q, et al., 2020. A new determination method for permeability tensor of fractured rock masses [J]. Journal of Hydrology, 585: 124811.

Zhu H H, Yan J X, Liang W H, 2019. Challenges and Development Prospects of Ultra - Long and Ultra - Deep Mountain Tunnels [J]. Engineering, 5: 384 - 392.